DES MANUSCRITS

DE BUFFON

PARIS. — IMP. SIMON RAÇON ET COMP., RUE D'ERFURTH, 1.

DES MANUSCRITS

DE BUFFON

AVEC

DES FAC-SIMILE DE BUFFON ET DE SES COLLABORATEURS

PAR

P. FLOURENS

MEMBRE DE L'ACADÉMIE FRANÇAISE
ET SECRÉTAIRE PERPÉTUEL DE L'ACADÉMIE DES SCIENCES
(INSTITUT DE FRANCE);
MEMBRE DES SOCIÉTÉS ET ACADÉMIES ROYALES DES SCIENCES DE LONDRES,
ÉDIMBOURG, MUNICH, SAINT-PÉTERSBOURG, PESTH, PRAGUE, STOCKHOLM, TURIN,
MADRID, BRUXELLES, ETC., ETC.,
PROFESSEUR AU MUSÉUM D'HISTOIRE NATURELLE
ET AU COLLÉGE DE FRANCE.

PARIS

GARNIER FRÈRES, LIBRAIRES-ÉDITEURS

6, RUE DES SAINTS-PÈRES ET PALAIS-ROYAL, 213

1860
1859

Ce volume se compose de trois parties :

La première est une étude des Manuscrits
de Buffon;

La seconde, la reproduction de quelques
fragments de ces Manuscrits;

La troisième indique au lecteur la part
qui peut être assignée à chacun des trois principaux collaborateurs de Buffon : Daubenton,
Gueneau de Montbeillard et Bexon.

L'Introduction présente Buffon dans l'abandon de la vie privée.

J'ai publié, en 1844, une *Histoire des travaux et des idées* de Buffon. J'ai donné, de
1853 à 1855, une édition annotée de ses
Œuvres. Ce volume-ci complète l'ensemble
de mes études sur cet homme d'un ordre si
élevé.

INTRODUCTION.

DE BUFFON.

INTRODUCTION.

DE BUFFON.

Les manuscrits de l'*Histoire naturelle* ont été écrits, copiés et recopiés par des secrétaires, mais ils portent de nombreuses ratures, qui toutes sont de la main de l'auteur; les interlignes y sont chargés de mots modifiés ou changés; les phrases substituées à d'autres s'y multiplient; quelquefois une page entière d'une petite écriture saccadée dénote un entraînement de la pensée, une improvisation pour laquelle l'auteur n'a attendu personne. Buffon avait coutume, après un premier travail, déjà fort *travaillé*, d'enfermer le manuscrit, de le laisser sans s'en occuper, sans le revoir, pendant un temps assez long pour que son esprit parvînt à se dégager entièrement de l'impression sous laquelle il l'avait composé.

Lorsqu'il le reprenait, apportant à cet examen le calme le plus complet qu'il pût obtenir de lui-même, il s'en faisait faire la lecture à haute voix par une personne qui ne connût en rien cette ébauche : toute phrase dont le lecteur ne saisissait pas la contexture, qui ne s'écoulait point facile et harmonieuse, toute pensée qui ne se rattachait pas au sens général, qui faisait embarras ou confusion, étaient changées; il reprenait ce courageux travail autant de fois qu'un défaut découvert exigeait une modification nouvelle.

Cet art du mieux a fait le charme de la vie de Buffon : « Le plaisir de travailler est si grand, disait-« il, que je passais quatorze heures à l'étude, et « qu'il n'y a que le plaisir de l'étude qui m'ait « quelquefois distrait de la pensée de la gloire. »

L'ordre dans la pensée a été la qualité dominante de Buffon; et cette qualité, il l'appliquait à tout : dans ses ouvrages, c'est de l'ordre avec pompe, avec art ; dans son administration, c'est de l'ordre avec loyauté, avec bonhomie. Ses rapports avec l'État témoignent de la part large que Louis XV sut faire à de grands projets; ils excluent toute idée de contrôle, de petitesse.

La gestion habile et simple de sa fortune privée, très-clairement exposée dans des registres tout entiers écrits de sa main, explique le plaisir avec lequel il disait dans sa vieillesse : « Depuis trente ans

La nature étoit alors dans
sa première ~~force~~ et travailloit la matière organique et vivante avec une ~~force~~ puissance plus active dans
un élément plus chaud, ~~[...]~~ +cette ~~cause agissante~~, également
~~[...] s'exerceroit encore~~
et sur les hautes terres que les ~~[...]~~
que dans le sein de la mer. ~~[...] face de la terre~~
~~[que la mer] n'avoint pu surmonter~~, ces terres ne pouvoient
~~étoit [...] trop [...] pour qu'il put la toucher~~
elles ~~ne pouvoit~~ donc être peuplées que des plantes
et d'animaux capables de supporter une chaleur bien
plus grande que celle qui nous convient +. Mais nous
~~avons [...] que [...] qui [...] semblable, il n'est~~
~~qu'une supposition qui n'est pas fondée~~ ~~auxiliaire [...]~~
~~de la mer n'est que [...] précisément de la terre~~
~~celle~~ de la population plus ancienne ~~de la terre [...]~~
~~[...] contenir sont plus nombreux plus évidents par la mer~~
les monumens ~~[...]~~

Notes marginales (gauche) :

+ cette cause est suffisante
pour rendre raison de
toutes les productions
gigantesques Si communes
aussi fréquentés dans les
premiers ages du monde

+ et nous avons des monu-
-mens dans les mines, sur-
-tout dans celles d'Ardenne
de charbon et d'ardoise
qui nous démontrent par
les poissons et les végétaux
qu'elles contiennent que ce
ne sont pas des espèces
~~semblables à celles qui~~
~~existent aujourd'huy~~ -
qui existent actuellement -
On peut donc croire que

+ Les coquillages ainsi que les
végétaux de ce premier temps
s'étant prodigieusement multipliés pendant le long espace
de quatre ou cinq mille ans
et la durée de leur vie n'étant
que de quelques années, les
animaux à coquille et surtout ceux qui couvrissent l'eau de
la mer en pierre ost à mesure
qu'ils périssoient abandonné leurs
dépouilles aux caprices des eaux
alors les auront transportées,
brisées et déposées, en mille
et mille endroits car c'est

mais ceux qui déposent pour la terre sont aussi
certains et nous démontrent que ces espèces anciennes ~~ornemées~~
~~démontrent un grand nombre d'espèces perdues~~
et dans les végétaux marins ou terrestres
dans les animaux ~~marins~~ ~~au lieu que pour peu~~
se sont anéantis, ou plutôt au lieu de se m'el ~~lie de que~~
~~vous voulez que quelques exemples d'animaux terrestres~~
la terre et la mer ont ~~par~~ la chaleur ~~...~~
~~pour ... prouve ... que l'espace ... perdues qui ont~~

C'est dans ce même temps, que le mouvement
du flux et du reflux a produit les courants qui ont
donné à toutes les collines et à toutes les montagnes
de médiocre hauteur, des directions correspondantes;
ensorte que les angles saillants correspondent ~~toujours~~
à ~~des~~ toute angles rentrants.

« j'ai mis un si grand ordre dans l'emploi de ma
« fortune et dans celui de mon temps, que j'ai
« toujours de l'argent en réserve et du temps à
« donner à mes amis. »

Si l'on détache de Buffon l'auréole du grand écrivain et du hardi penseur, on trouve sans transition,
dans sa vie privée et dans sa correspondance, un
bourgeois bourguignon plein de sens, plein d'adresse,
et enclin à ce genre de trivialité qui tient à la force du
tempérament. « J'aime les maisons, disait Montes-
« quieu, où je puis me tirer d'affaire avec mon esprit
« de tous les jours. » Buffon ne met en usage, dans ses
lettres, que son esprit de tous les jours. Elles nous le
montrent bon, naturel, ami constant ; mais elles ne
supportent la lecture qu'étant rattachées à sa vie, vie
progressive, s'il en fût jamais, où se voit la lutte
d'une âme vigoureusement trempée, qui aspire à la
grandeur et n'arrive à se dégager que par de longs
efforts.

« Tout marque dans l'homme, même à l'extérieur, »
a-t-il dit, « sa supériorité sur tous les êtres vivants.....
« L'excellence de sa nature perce à travers les organes
« matériels, et anime d'un feu divin les traits de son
« visage[1]..... »

L'excellence de cette nature, il semble avoir voulu

---

[1] *Histoire naturelle de l'homme.*

en trouver le type en lui-même, et s'être imposé la loi que rien dans ses actes ne vînt amoindrir son modèle. Les écarts que sa raison se permet parfois, au profit de sa vanité, ne coûtent jamais rien à la bonne foi de l'honnête homme.

Au milieu de ses papiers de famille, on en trouve un qui porte ce titre : *Extrait d'un arrêt de la Cour des aides, donné sur lettres patentes le 17 décembre 1613, au sujet de la famille de MM. Le Clerc, originaires de Clamecy en Nivernois.*

Cet *extrait* établit, ou tend à établir, que les sieurs Le Clerc, originaires de Clamecy, furent anoblis, en 1349, par Philippe de Valois; qu'ils virent, en 1419, sous Charles VI, un des leurs, Jean Le Clerc, pourvu de la charge de chancelier de France, et que, sous Louis XIII, Antoine Le Clerc, sieur de la Forest, demanda et obtint des lettres de réhabilitation, *devenues nécessaires*, parce que son père, son aïeul et son bisaïeul avaient exercé la profession d'avocat au bailliage d'Auxerre, profession **qui** *dérogeait à la noblesse.*

La copie de ce document est tout entière de la main du grand homme, qui a pris le soin de la faire précéder de ces quelques mots : *L'original du présent Extrait est écrit par M. le comte de la Rivière*[1], *qui*

---

[1] Le vicomte Gabriel de la Rivière, capitaine de grande arme-

l'a remis à M. le comte de Buffon, en octobre 1772.

A cette date, de profondes et hardies conceptions occupaient le philosophe, qui, dans son *Homo duplex*, nous a donné la plus judicieuse analyse des faiblesses de la vanité, et qui se charge ici de nous prouver tout ce que cette analyse aura d'éternellement vrai.

On remarquera que Buffon ne prend point la responsabilité de cette généalogie, dont il ne nous reste aucune autre trace, et qu'il n'admettait sans doute que comme un *système* : « La plupart des natura-« listes, disait-il, ne font que des remarques par-« tielles ; ils décrivent une pierre, puis encore une « seconde pierre, à mesure qu'ils les rencontrent ; « mieux vaut un *faux système*, car il sert au moins à « enchaîner nos idées et il prouve qu'on sait penser. »

Ce que des actes authentiques nous offrent de très-réel, c'est que Louis Le Clerc, conseiller du roi et juge-prévôt de la ville de Montbard, maria, en 1706, son fils unique[1], à la fille de Louis Marlin, notaire à Moutier. Dix-huit mille livres formaient la dot de la future et lui étaient données par son oncle maternel, messire Georges Blaizot, *seigneur de Saint-Étienne et de Marigny, conseiller-maître-auditeur en la cour*

---

rie, etc., etc., était beau-frère de M. Nadault, dont la sœur devint, plus tard, la seconde femme du père de Buffon.

[1] Né en 1682.

souveraine des comptes de Savoie, directeur des fermes du roi de Sicile[1], etc., etc.

Le 7 septembre 1707, fut enregistré à Montbard le premier enfant issu de ce mariage :

« GEORGES-LOUIS LE CLERC, fils de Benjamin-Fran-
« çois Le Clerc, conseiller du roi et receveur du gre-
« nier à sel de Montbard, et de dame Anne-Christine
« Marlin. »

Cet enfant devint le grand Buffon.

Le *seigneur* Georges Blaizot fut son parrain, et mourut peu de temps après. Il laissait une veuve qui, quelques années plus tard[2], fit don au jeune Georges Le Clerc, petit-neveu et filleul de son mari, et à peine âgé de sept ans, d'une partie considérable de la fortune de celui-ci.

Benjamin Le Clerc fut père de quatre autres enfants :

— En 1708, de Jean-Marie, qui fut prieur de Flacey, diocèse de Sens, et mourut en 1731; — en 1710, de Jeanne, morte en 1718; — en 1711, de Madeleine, morte en 1731, sans avoir été mariée; — et en 1712, de Charles-Benjamin, mort, dans un âge avancé, prieur de l'abbaye du Petit-Cîteaux et vicaire général du même ordre. Il est désigné, dans la correspondance de Buffon, sous le nom de l'abbé de Rivet.

[1] Et résidant à Chambéry.
[2] Le 21 novembre 1714.

Le chef de cette nombreuse famille ne possédait
à Montbard qu'une maison d'habitation, partie dé-
membrée de l'ancien château des ducs de Bourgogne.
Appelé à gérer la fortune laissée à son fils aîné, il
acheta le château seigneurial de Buffon[1], acquit une
charge de conseiller au parlement de Dijon, et se
montra plus enclin à se rendre la vie facile qu'habile à administrer les biens qui lui étaient confiés.

Envoyé au collége de Dijon, collége où Bossuet avait
fait ses études, le jeune Le Clerc, plus méditatif que
brillant, s'y fit remarquer par son aptitude pour la
géométrie. Les *Éléments d'Euclide* étaient, à ce qu'on
assure, son livre de prédilection.

Les relations d'amitié qu'il noua dès lors avec quelques-uns de ses condisciples, restèrent inébranlables
devant les fortunes diverses qui leur échurent. Parmi
eux se distinguent le président de Brosses[2], spirituel

---

[1] Situé à 7 kilomètres de Montbard, et duquel dépendait un village
de 340 habitants.

[2] De Brosses (Charles), premier président au parlement de Bourgogne, né à Dijon le 17 février 1709, montra dès sa jeunesse un esprit
vif et distingué. Quoique magistrat fort scrupuleux, il s'occupa toute
sa vie de l'étude des lettres et des sciences, et donna de nombreux
ouvrages sur les sujets les plus variés : on a de lui de remarquables
études sur *Salluste* : à la sollicitation de Buffon, il publia une *histoire
des navigations aux terres australes* (2 volumes in-4° avec cartes,
1756). Il était membre de l'Académie de Dijon, et fut élu, en 1758,
membre de l'Académie des inscriptions et belles-lettres. Il mourut
à Paris, le 7 mai 1777.

a.

auteur des *Lettres sur l'Italie;* le président Ruffey[1], l'un des fondateurs de l'Académie de Dijon; Jean Nadault[2], dont la famille s'allia deux fois à celle du naturaliste; un abbé Le Blanc[3], éternel candidat à l'Académie française ; un capucin Ignace[4], éternel commensal du seigneur de Montbard.

Le Clerc terminait ses études lorsque le jeune duc de Kingston[5], quittant les cours de ce même collége, pour visiter, sous la conduite d'un gouverneur, le midi de la France, lui proposa de l'associer à son voyage.

[1] Ruffey (Germain-Gilles-Richard), né à Dijon, 17 octobre 1706, président de la Cour des comptes de Dijon, fut un philologue instruit, cultivant les belles-lettres, l'histoire et la science des antiquités. Il mourut à Dijon, le 19 septembre 1794. Ruffey eut, pour belle-mère, la baronne de La Forêt, qui habitait l'ancien château de Montfort, voisin de celui de Montbard; elle en faisait les honneurs avec beaucoup d'amabilité, et eut longtemps le privilége d'y réunir l'élite de la noblesse de Bourgogne.

[2] Nadault (Jean), né à Montbard le 25 octobre 1700, avocat général à la chambre des comptes de Dijon, 1730. Nommé correspondant de l'académie des sciences de Paris en 1749 ; vers la même époque, il fut élu membre de l'académie de Dijon. Mort en 1779.

[3] Le Blanc (Jean-Bernard), né à Dijon, le 3 décembre 1707, publia plusieurs ouvrages en prose et en vers, donna, en 1736, sa tragédie d'*Abensaïd,* et fut trente ans candidat à l'académie française. Madame de Pompadour fit rétablir pour lui la place d'historiographe des bâtiments du roi. Mort à Paris, en 1781.

[4] Ignace Bougot, né à Dijon. Il passa sa vie sous le patronage de Buffon, qui le cite dans les notes de l'*Histoire naturelle* pour des observations faites sur les oiseaux, et qui en parle aussi dans sa correspondance.

[5] Évelyn Pierrepont, duc de Kingston, pair d'Angleterre et l'un des plus riches seigneurs de ce pays, marié, en 1769, à une femme originaire du Devonshire, devenue célèbre par ses bizarreries. Mort en 1773.

L'excursion s'étendit jusqu'en Italie et dura plusieurs années. Pendant cette période, rien, ni dans
les écrits ni dans la correspondance du voyageur, ne
décèle son avenir[1]. L'homme jeune et vigoureux, en
qui le physique l'emporte, paraît avoir dominé.
Cependant, ce voyageur, arrivé à l'âge où c'est l'expérience qui inspire, disait : « Il faut faire voyager
« les jeunes gens, *cela leur fait de l'esprit.* »

De retour en France, Buffon se rendit à Angers,
pour y faire ce qu'on appelait son académie. Ce qu'il
y fit réellement fut de se lier avec un savant orato-
rien, le P. Landreville, très-habile mathématicien,
près duquel il retrouva l'aptitude au travail, et sur
l'autorité duquel il aima, plus tard, à s'appuyer.

A l'occasion d'une querelle au jeu avec un Anglais,
il se battit, blessa son adversaire, quitta Angers et
vint à Paris (1731). Il avait vingt-quatre ans.

Au mois d'août de cette même année, sa mère mourut. Femme d'une raison supérieure, elle lui avait
inspiré l'amour le plus tendre; il aimait à parler
d'elle, n'en parlait que sur le ton de l'admiration;
et, comme pour justifier cette admiration, il ne
manquait pas d'ajouter avec une naïve complai-

---

[1] « J'ai vu des lettres de Buffon qui datent de cette période de sa
« vie. Rien n'y fait pressentir encore, même de loin, l'observateur ou
« le peintre de la nature, ni, à aucun égard, l'écrivain ou le penseur. »
(Voyez le très-savant et très-intéressant ouvrage de M. Foisset, intitulé : *Le Président De Brosses.*)

sance, « que c'est la mère qui transmet aux fils les « qualités de l'esprit et du cœur. »

Dès l'année suivante, le conseiller Benjamin Le Clerc se remaria avec une demoiselle Nadault, sœur de l'ancien condisciple de son fils. A cette occasion le président Bouhier [1] écrivait à Rufey [2] : « Nous « avons depuis peu, ici, M. Le Clerc de Buffon, votre « ami, qui se trouve tristement engagé à entrer en « procès avec M. son père, par le sot mariage que « vient de faire ce dernier [3]. »

En effet, Buffon se vit contraint de se faire rendre judiciairement compte, par son père, de la gestion de sa fortune. Le plus grand désordre y régnait. La terre de Buffon avait été vendue : il la racheta, garda chez lui son père, et les deux enfants, que celui-ci eut de son nouveau mariage, naquirent au château de Buffon.

L'aîné, Pierre Le Clerc, devint maréchal de camp des armées du roi. Désigné sous le titre de chevalier de Buffon, il se montra, par son attachement res-

---

[1] Jean Bouhier, né à Dijon, en 1673, magistrat intègre et jurisconsulte profond, eut une grande réputation de science et d'érudition : sa riche bibliothèque fut toujours ouverte aux gens studieux. Il était alors assez heureux pour protéger Buffon; plus tard, il eut l'honneur d'être loué par Voltaire, qui le remplaça à l'Académie française, où il était entré à l'unanimité des suffrages en 1737. Mort en 1746.

[2] Dijon, 29 janvier 1733.

[3] Girault, *Lettres inédites de Buffon, Voltaire, Rousseau, Piron,* etc. (Dijon, Paris.)

pectueux et tendre, digne de porter le nom de son frère. Né en 1734, il vécut jusqu'à quatre-vingt-neuf ans, et mourut en 1825.

La seule branche qui survive aujourd'hui de la famille Le Clerc descend d'une fille, née en 1746 et sœur consanguine du naturaliste : Catherine-Antoinette Le Clerc, mariée à son cousin germain, Edme Nadault, conseiller au parlement de Bourgogne, et morte en 1832, à quatre-vingt-six ans.

Buffon ne vit, dans la fortune qui lui avait été léguée, qu'un secours pour sa jeune ambition. Il habitait Paris une partie de l'année, s'y créait des relations avec les hommes influents, s'y montrait dans le monde entouré du prestige que donnent la richesse, un beau physique et un grand aplomb. Occupé de son avenir, et toujours maître de lui-même, ni les soirées prolongées, ni les soupers élégants ne l'empêchaient de se mettre, dès cinq heures du matin, à son bureau de travail.

C'est de géométrie qu'il s'occupait alors. Il présenta à l'Académie des sciences, en 1733, un mémoire sur le *jeu du franc carreau*. « Ce travail, » disent les deux commissaires, Clairaut et Maupertuis, « fait « voir, outre beaucoup de savoir en géométrie, « beaucoup d'invention dans l'auteur. »

Cette même année, il fut nommé adjoint dans la classe de mécanique. Il avait à peine vingt-six ans.

Dans une lettre adressée au président Bouhier[1], il dit, de fort bonne grâce, que l'Académie s'était *un peu hâtée.*

« On m'a fait ici mille fois plus d'honneur que je
« n'en mérite ; on a hâté la vacance de la place que
« je remplis à l'Académie, on m'a préféré à des con-
« currents distingués; tous ces avantages dont je me
« sens si peu digne n'auraient peut-être pas trouvé
« grâce à des yeux aussi éclairés que les vôtres ;
« ainsi je tâchais de les supprimer, au hasard d'être
« grondé, comme vous l'avez fait. Permettez-moi de
« vous remercier de vos bons sentiments.........

« J'ai déjà fait partir la note des trois livres d'An-
« gleterre que vous souhaitez, car on attend tou-
« jours trop longtemps les livres de ce pays-là. Si
« nous n'avons pas la guerre avec ses compatriotes,
« milord Kingston restera à Paris au moins un an.
« Je vous enverrai dès demain les mémoires de Pé-
« tersbourg; mais comme j'étudie quelques questions
« qu'ils contiennent, auriez-vous la bonté de les at-
« tendre jusqu'au printemps?.... Il paraît depuis
« quinze jours un petit écrit en forme de gazette, ou
« plutôt de feuille de *spectateur*, intitulé : *le Cabinet*
« *du philosophe*. On n'a pas goûté cet ouvrage.

« M. de Marivaux a donné aussi une brochure qui
« fait le second tome de la *Vie de Marianne*. Les pe-
« tits esprits et les précieux admireront les réflexions

____
[1] Le 8 février 1734.

« et le style. La pièce de Voltaire ne peut se soutenir
« et ne se soutient pas, avec tous les raccommodages
« qu'il y a faits. Enfin, pour finir, j'aurai l'honneur
« de vous dire que je vais au premier jour faire im-
« primer une traduction avec des notes d'un ou-
« vrage anglais de physique qui a paru nouvellement,
« et dont les découvertes m'ont tellement frappé et
« sont si fort au-dessus de ce que l'on voit en ce
« genre, que je n'ai pu me refuser le plaisir de les
« donner en notre langue au public; c'est un in-4°
« d'environ 300 pages. »

*Un ouvrage de physique dont les découvertes
m'ont tellement frappé et sont si fort au-dessus de
ce que l'on voit en ce genre.....* Voici la première
étincelle qui mit en éveil le génie de Buffon.

La traduction dont il parle était celle de la *Statique des végétaux* de Hales, qu'il publia en 1735.
La belle préface qu'il mit en tête de cet ouvrage fut le
premier écrit par lequel il se fit connaître du public.

En 1740, il donna une autre traduction, celle
du *Traité des fluxions*, de Newton, et la fit précéder
aussi d'une préface qui ne fut pas moins remarquée
que ne l'avait été la première.

De 1735 à 1740, il avait présenté à l'Académie,
soit de concert avec Duhamel, soit seul[1], plusieurs

---

[1] Avec Duhamel, des Observations sur *la cause de l'excentricité
des couches ligneuses, et les effets des grandes gelées sur les végé-*

mémoires, tous relatifs à des observations ou à des expériences sur les végétaux.

Ces expériences, il venait, chaque année, les faire dans le calme de sa province; les distinctions obtenues à Paris lui donnaient le plaisir d'y être admiré : briller dans son lieu natal eut, pour Buffon, à tous les âges de sa longue vie, une douceur particulière, et si réelle qu'elle semblait retremper les forces de son esprit.

À cette époque, les joies juvéniles se font jour dans les lettres qu'il adresse de Montbard à son ami l'abbé Le Blanc. En 1736, après avoir assisté à la tenue des états de Bourgogne, il lui écrit[1] : « S'il « m'avait été possible de jouir d'un instant, je n'au- « rais pas manqué de vous témoigner combien j'ai « été sensible à votre souvenir, à vos succès et à « celui de votre pièce à la cour[2]..... Je n'ai pas « rencontré l'abbé Flory aux états; je crois qu'il « avait suivi M. de Dijon dans sa disgrâce; vous avez « su sans doute qu'il eut ordre de sortir de la ville « pendant la tenue des états, pour avoir refusé d'y « siéger après l'évêque d'Autun.

« Si je n'ai pas vu vos parents, j'ai en revanche « vu beaucoup de vos amis. Ruffey me demanda si

taux; seul, un mémoire sur *le moyen d'augmenter la force du bois*, et plusieurs autres sur *la culture*, sur *le rétablissement des forêts*, etc.

[1] Le 13 juin.
[2] La tragédie d'*Abensaïd*.

« vous ne viendriez pas, et il me dit qu'il vous
« avait écrit pour vous offrir un appartement chez
« lui ; il me parut un peu mortifié de votre si-
« lence. Le président Bouhier me fit bien des
« questions sur votre compte ; il vous aime as-
« surément beaucoup ; si vous veniez à Dijon,
« vous y seriez accueilli et recherché de tout le
« monde. Ne croyez pas, mon cher, que je vous le
« dise ainsi parce que Montbard est sur le passage,
« et que vous ne pourriez vous dispenser d'y sé-
« journer. Je vous assure que je le souhaite beau-
« coup, mais la vérité est que l'on vous honore beau-
« coup dans votre patrie. J'ai, en mon particulier,
« bien à m'en louer ; je m'y suis réjoui à merveille,
« et M. le duc [1] m'a fait la grâce de me parler très-
« souvent, et de m'accorder une pépinière à Mont-
« bard, aux frais de la province. Je suis actuelle-
« ment très-occupé de sa construction.....

« Savez-vous qu'il doit s'établir à Dijon une Aca-
« démie des sciences? Vous connaissiez peut-être le
« vieux bonhomme Pouffier, doyen du parlement ;
« il a laissé des sommes considérables pour cet éta-
« blissement, et l'on y travaille actuellement. »

C'est, en effet, avec les sommes laissées par le *bonhomme Pouffier*, comme l'appelle Buffon, que furent
jetés les premiers fondements de l'Académie de Dijon,

---

[1] Le prince de Condé.

en 1740. Elle se compléta, en 1759, par sa réunion à une Société littéraire qui s'était formée chez le président Rufey.

A quelque temps de là, Le Blanc, introduit près du duc de Kingston, reçoit à Londres une lettre où Buffon lui dit[1] :

« Ne soyez pas surpris, mon cher ami, si je ne « vous ai pas écrit en anglais; je crains tout ce qui « fait perdre du temps, et je n'aime guère ce qui « mortifie l'amour-propre. Vous parlez cette langue « à merveille, et je n'ai garde de vous en faire com- « pliment en la parlant mal; j'aime mieux vous « dire la vérité que de vous la faire sentir en vous « ennuyant d'un jargon qui n'aurait d'autre mérite « que de vous convaincre de votre supériorité et qui « m'ôterait, auprès de vous, celui de la reconnaître.

« ..... Nous sommes tous charmés de vous savoir à « Londres, et je vous souhaite en mon particulier « bien des plaisirs dans cette grande ville; je crains « fort, ou, pour tout dire, je ne puis espérer pouvoir « vous y aller voir; le pauvre Macdonnel a eu un « second accès de goutte..., enfin, je regarde cette « partie de voyage comme désespérée, dont je suis « très-fâché..... Je vais demain faire une boîte où « il y a..... des insectes dans de l'esprit-de-vin, la « *Métromanie* imprimée, etc...... J'ai été à la pre-

[1] Paris, 4 mars 1737.

« mière représentation d'une pièce qui a très-bien
« pris, c'est *Maximien*, tragédie de M. de la Chaus-
« sée[1]; je crois qu'elle ne mérite pas absolument
« toutes les claques qu'on lui a prodiguées, cepen-
« dant il faut avouer qu'elle est bien conduite et
« que les caractères sont beaux et bien soutenus.....
« S'il venait quelque espérance pour notre voyage,
« vous en serez d'abord instruit..... De Brosses loge
« avec moi et vous fait ses compliments. »

   « Je suis charmé, lui dit-il dans la lettre suivante[2],
« des descriptions que vous me faites. Sûr de votre
« jugement, j'ai un grand plaisir à juger d'après
« vous. Vous faites un assez long séjour en Angle-
« terre pour vous mettre au fait de toute la nation.
« Je vous engage à prendre là le canevas de quel-
« que ouvrage. Vous avez le coup d'œil bon, et
« j'imagine que le bon et le mauvais, le conve-
« nable et le ridicule de ce pays, ne sont pas diffi-
« ciles à saisir[3]..... Je sais combien je mérite les re-
« proches que vous me faites; il ne s'en faut guère
« que je ne sois aussi paresseux que Kickman[4] :
« c'est une partie de pipe ou de chasse qui lui ôte le

---

   [1] La Chaussée (Pierre-Claude Nivelle de), né à Paris en 1692,
mort en 1754. Auteur de l'*Épitre à Clio*, du *Préjugé à la mode*, de
l'*École des mères*, etc., etc.
   [2] Montbard, 26 septembre 1737.
   [3] L'abbé Le Blanc dut à ce conseil le seul de ses livres qui ait
réussi : les *Lettres d'un Français sur les Anglais*.
   [4] Attaché à la maison du duc de Kingston.

« temps d'écrire, et c'est une plantation ou une dé-
« molition qui font ici la même chose... »

A la suite de ceci viennent de longs détails sur
une commission donnée par Milord Duc. Il s'agit de
l'envoi de vins de Bourgogne; le zèle et l'importance
sont pris en grand sérieux. A la vérité, dans la
même page, Buffon demande un exemplaire d'Horace; mais, après Horace, il vante les chansons de
l'abbé Le Blanc, *qu'il chante*, dit-il.

Au mois de février 1738, le désir d'aller en Angleterre se fait encore sentir : « Vous êtes donc à Londres,
« mon cher ami, pour jusqu'à Pâques? que je sou-
« haiterais pouvoir vous y aller joindre, mais je com-
« mence à désespérer de notre voyage. M. Macdon-
« nel m'écrit que ses forces reviennent si lentement,
« qu'il se retire dans son ermitage pour se tranquil-
« liser..... cela n'annonce guère un voyage prochain,
« et j'en serai fâché par le plaisir seul que je me pro-
« mettais de vous voir et mes amis. J'ai prié Du-
« fay[1] d'écrire à M. le duc de Richemont, et il m'a
« assuré qu'il le ferait, et il a en effet écrit de
« Versailles : ainsi, je n'ai pu voir la lettre, mais je
« suis persuadé qu'il a parlé de vous comme vous
« pouvez le souhaiter.....

[1] Dufay (Charles François de Cisternay), né à Paris en 1698, suivit
d'abord la carrière militaire, puis celle des sciences. Il a été l'administrateur le plus habile qu'ait eu le jardin royal avant Buffon, et fut
l'un des membres les plus distingués de l'Académie des sciences. Ses
travaux sur l'électricité sont restés célèbres. Mort le 16 juillet 1739.

« Vous auriez grand tort de quitter, si vous vous
« trouvez bien; et vous ne pouvez manquer de vous
« trouver bien, si vous avez appris à aimer la chasse
« et les courses..... Je soupire pour la tranquillité
« de la campagne. Paris est un enfer, et je ne l'ai
« jamais vu si plein et si fourré. Je suis fâché de n'a-
« voir pas de goût pour les beaux embarras : à tout
« moment il s'en trouve qui ne finissent pas. J'ai-
« merais mieux passer mon temps à faire couler de
« l'eau ou planter des houblons, que de le perdre
« ici en courses inutiles, et à faire encore plus inu-
« tilement sa cour. Je compte mettre à profit vos
« avis : nous planterons des houblons, nous ferons
« de la bière ; et si nous ne pouvons pas la faire
« bonne, nous nous vengerons sur du bon vin. »

Vers la fin de cette année, nous ne trouvons encore que le gai compagnon de lord Kingston et de
l'abbé Le Blanc. « Je compte dans peu, dit-il, aller
« faire un tour à Dijon; bien des gens me demande-
« ront de vos nouvelles, je vous supplie de m'en
« donner souvent; il n'y en a point dans ce pays;
« tout y est sur le même ton qu'il y a deux ans, nous
« parlons souvent de vous, nous buvons quelquefois
« à votre santé à la fontaine Sainte-Barbe. Le vieux
« avare que votre bon appétit pensa faire mourir est
« crevé cet hiver sans avoir voulu faire de testa-
« ment. J'ai pensé que Voltaire réussirait fort mal

« à commenter Newton, et je ne crois pas que le
« public appelle du jugement de M. Moivre[1]. Je
« voudrais bien, mon cher, que vous fussiez ici,
« nous avons un endroit charmant pour planter des
« houblons. »

Voltaire se trouve placé ici entre le vieux avare et
le houblon ; il est moins irrévérencieusement traité
dans une lettre adressée au président Bouhier[2] : « Il
« paraît une nouvelle épître de Voltaire, y dit Buf-
« fon, sur la philosophie de Newton, dédiée à ma-
« dame du Châtelet ; c'est assurément un très-beau
« morceau de poésie, mais qui déplaît en quelques
« endroits par des traits outrés contre Rousseau. »

En 1739, Buffon passa, dans l'Académie, de la classe
de mécanique à celle de botanique, et du rang d'adjoint à celui d'associé.

Cette même année, Dufay, intendant du Jardin du
Roi, mourut. « Il fit son testament, dit Fontenelle,
« dont c'était presque une partie qu'une lettre qu'il
« écrivit à M. de Maurepas pour lui indiquer celui
« qu'il croyait le plus propre à lui succéder dans
« l'intendance du Jardin royal. Il le prenait dans l'A-
« cadémie des sciences, à laquelle il souhaitait que
« cette place fût toujours unie ; et le choix de M. de

---

[1] Moivre (Abraham), né en 1667, à Vitri, en Champagne : ami et
commentateur de Newton. Mort en 1754.
[2] Paris, 23 décembre 1736.

« Buffon, qu'il proposait, était si bon, que le roi n'en
« a pas voulu faire d'autre[1]. »

Fontenelle raconte ici avec toute l'aisance d'un
historien. Buffon écrivait de Montbard à un confrère de Dufay[2], avec l'ardeur contenue d'un candidat : « J'allais, mon cher ami, répondre à votre
« première lettre, quand j'ai reçu la seconde. Je
« savais déjà la mort du pauvre Dufay, qui m'a-
« vait véritablement affligé. Nous perdons beau-
« coup à l'Académie..... Il a fait des choses éton-
« nantes pour le Jardin du Roi, et je vous avoue
« qu'il l'a mis sur un si bon pied, qu'il y aurait grand
« plaisir à lui succéder dans cette place, mais je m'i-
« magine qu'elle sera bïen convoitée. Quand j'aurais
« plus de raison d'y prétendre qu'un autre, je me
« donnerais bien garde de la demander. Je connais
« assez M. de Maurepas[3] et j'en suis assez connu pour
« qu'il me la donne sans sollicitations de ma part. Je
« prierai mes amis de parler pour moi, de dire haute-
« ment que je conviens à cette place : c'est tout ce
« que j'ai de raisonnable à faire quant à présent. A
« l'égard de ce que vous me dites que M. de Maurepas
« est déterminé à conserver le Jardin du Roi dans
« l'Académie, je n'ai pas de peine à le croire; mais,
« quand même il n'aurait pas pris en guignon Mau-

---

[1] Éloge de Dufay, 1739.
[2] Montbard, 23 juillet 1739.
[3] Alors ministre de la maison du roi.

« pertuis, je ne crois pas qu'il lui donnât cette place,
« mais il y a d'autres gens à l'Académie; marquez-moi
« si vous entendez nommer quelqu'un; en un mot,
« dites-moi tout ce que vous saurez.....

« Le comte de Caylus[1] vous pourra bien lâcher
« quelques mots des vues de M. de Maurepas. Il y a
« des choses pour moi, mais il y en a contre, et sur-
« tout mon âge ; et cependant, si on y faisait réflexion,
« on sentirait que l'intendance du Jardin du Roi
« demande un jeune homme actif, qui puisse braver
« le soleil, qui se connaisse en plantes et qui sache la
« manière de les multiplier, qui soit un peu con-
« naisseur dans tous les genres qu'on y démontre,
« et, par-dessus tout, qui entende les bâtiments. De
« sorte qu'en moi-même il me paraît que je serais
« bien leur fait ; mais je n'ai pas encore grande espé-
« rance..... »

A la nouvelle de la nomination de Buffon, De
Brosses, qui en ce moment était en Italie, écrivait à
un ami commun : « Que dites-vous de l'aventure de
Buffon ? Je ne sache pas avoir eu de plus grande joie
que celle que m'a causée sa bonne fortune. Quand je
songe au plaisir que lui fait le Jardin du Roi ! Combien
nous en avions parlé ensemble ! Combien il le souhai-

---

[1] Caylus (Anne-Claude-Philippe de Tubières, etc.. comte de), né à
Paris en 1692, mort en 1765. Ayant quitté le service où il était entré
fort jeune et s'était distingué, il se livra à son goût pour les sciences,
les lettres et les arts. Il fut membre de l'Académie des inscriptions
et belles-lettres et membre honoraire de celle de peinture.

tait, et combien il était peu probable qu'il l'eût jamais
à l'âge qu'avait Dufay ! »

On s'explique maintenant pourquoi Buffon avait
quitté la classe de mécanique pour celle de botanique.
Il aimait très-peu la botanique, « qu'il avait apprise
« et oubliée trois fois, » disait-il ; mais la botanique
le rapprochait du Jardin du Roi.

Mis en possession de cette intendance *qu'il avait
tant souhaitée*, les projets de jeune homme qu'il avait
confiés à son ami De Brosses lui apparurent dépouillés
des prestiges de l'illusion. Il ne s'agissait pas de *braver
le soleil*..... de *se connaître en plantes, un peu dans
tous les genres qu'on y démontre*, et d'*entendre, par-
dessus tout, les bâtiments*. Rien n'existait qu'à l'état
d'ébauche ; tout était à faire, la science elle-même
n'était pas constituée ; mais, en Buffon, se trouvait
le germe heureux des grandes pensées et l'énergie
qui les féconde. L'avenir de gloire, qu'il entrevit, le
transforma ; et, durant un demi-siècle, il imposa à
la science, et à l'établissement dont la direction lui
était confiée, la marche ascendante du génie qui, devant une noble tâche, se révéla en lui.

Par un appel fait à tous les hommes instruits et
sensibles à l'attrait du progrès et de la louange, Buffon sembla les associer à son œuvre ; il obtint des en-
vois ; les collections s'accrurent ; dès que le nombre
des objets nouveaux le permit, des galeries furent

ouvertes, et, pour la première fois, livrées à la curiosité générale. Daubenton, venu de sa province, fut chargé de classer ces échantillons, encore si inconnus, et de les démontrer aux élèves qui surgirent de toutes parts.

Le public, avide de nouveautés, accorda à celle-ci une vive sympathie. Séduit par la grandeur même du projet, Buffon entreprit alors de décrire le plus splendide et le plus ignoré des spectacles.

Après avoir donné une impulsion vigoureuse à son administration, après s'être choisi des hommes capables de le suppléer, il quitta Paris, pour n'y plus passer que quatre mois chaque année, et se retira à Montbard.

Dix ans s'écoulèrent dans la solitude. S'instruisant pour instruire les autres, le travail le plus profond ne put ébranler sa constance. « Un grand plan, un « grand but, disait-il, laissent tant de bonheur dans « l'âme. » Plus tard, il ajouta : « Avec de la patience « et de la méthode, chaque jour on s'aperçoit du « progrès et de la vigueur de son intelligence. »

Ce *progrès*, cette *vigueur*, produisirent les trois premiers volumes de l'*Histoire naturelle*. Ils parurent en 1749. Le premier contient la *Théorie de la terre* et le *Système sur la formation des planètes ;* le second, l'*Histoire générale des animaux* et l'*Histoire particulière de l'homme ;* le troisième n'est, dans sa première partie, qu'une *Description du Cabinet* par Daubenton, mais il se termine par cet admirable chapitre sur les *Variétés de l'espèce humaine*, où Buffon pose pour la première fois les bases de l'*histoire naturelle de l'homme*. On n'avait étudié jusqu'à lui que l'*homme-individu* : il a, le premier, étudié l'*homme-espèce*.

A l'apparition de cette œuvre si imprévue et si hardie par rapport aux idées qui régnaient alors, la surprise et l'admiration partagèrent le public, et la réputation de Buffon s'étendit au loin.

L'Académie des sciences l'avait nommé son trésorier en 1744.

Il avait, en 1747, reproduit, à l'étonnement général, cette expérience, renouvelée d'Archimède, et devenue si fameuse, de l'inflammation des corps à de grandes distances au moyen de ses *miroirs ardents*.

Forte de la puissance de l'opinion publique, l'*Histoire naturelle* voyait les presses de l'Imprimerie royale lui donner un concours illimité. Cet ouvrage semblait jouir des priviléges d'une gloire nationale. « M. le comte d'Argenson [1] ne m'a pas en-
« core renvoyé la liste des personnes auxquelles on
« donnera le livre de l'*Histoire naturelle*, mais j'es-
« père que cela ne retardera que de quelques jours

---

[1] Ministre de la guerre.

« encore; avez-vous eu occasion d'en parler à M. de
« Voyer[1] ? » écrit Buffon[2] à Le Blanc. »

A ce moment, celui-ci croyait toucher au but
désiré.

« J'ai appris de très-bonne part, lui dit son ami
« dans la même lettre, qu'il était beaucoup question
« de vous pour la place de l'Académie. Je m'en ré-
« jouis avec vous, et je vous écris pour vous de-
« mander si je ne pourrais pas vous servir auprès de
« quelqu'un par mes sollicitations. On dit que vous
« n'avez d'autre compétiteur que l'abbé Trublet[3] ;
« cela me donne de grandes espérances, car, quel-
« que appuyé qu'il soit par les Tencins, si vos amis
« d'un certain ordre agissent, vous serez certaine-
« ment préféré, et d'ailleurs vous méritez si fort de
« l'être. »

A deux mois de là, Buffon lui dit, dans une nouvelle lettre[4] :

« ..... Le récit que m'a fait M. Daubenton de tout
« ce qui vous est arrivé m'a affligé et indigné ; il y a
« bien de la noirceur dans le pays que vous habitez;
« il y a bien du courage à y rester honnête homme,
« puisqu'on est presque sûr d'être la victime des
« méchants. Cependant vous ne devez pas être entiè-
« rement abattu; il n'y a que la mauvaise conscience

1 Ministre des affaires étrangères.
2 Château de Montbard, le 10 août 1749.
3 L'abbé Trublet ne fut nommé qu'en 1761.
4 Montbard, 16 octobre 1749.

« qui puisse nous mener au désespoir. Consolez-vous
« donc, mon cher ami... ; lorsque votre âme sera
« plus tranquille, il vous sera facile de pourvoir aux
« autres besoins : je crois que malgré vos malheurs
« vous pouvez compter sur un certain nombre de per-
« sonnes qui s'intéressent véritablement à vous.... »

A la suite de ce désastre, qui ne paraît pas avoir
été seulement académique, Le Blanc partit pour l'Italie ; il accompagnait M. de Vaudières, directeur général des bâtiments du Roi. Madame de Pompadour,
qui protégeait le candidat malheureux, voulut lui
apporter son contingent de consolations et fit rétablir pour lui la place d'historiographe des bâtiments de Sa Majesté.

« Comment se peut-il, » lui écrit Buffon[1] dans une
lettre adressée à Rome, « que vous n'ayez pas encore
« oublié les sujets de chagrin qu'on vous a donnés si
« mal à propos, et qui n'ont fait tout au plus qu'une
« impression passagère sur l'esprit des autres.....
« Tout le monde parle bien de votre voyage, et vos
« ennemis sont dans le silence. L'un de ceux qui
« vous a fait le plus de tort, l'abbé que vous me
« citez, me paraît tomber tous les jours de plus en
« plus dans le mépris ; pourquoi donc ne vous tranquil-
« lisez-vous pas ?..... Reposez-vous sur nous du soin
« de votre réputation ; j'aimerais mieux avoir à com-
« battre pour cette cause que pour la mienne contre

[1] 21 mars 1750.

« les jansénistes, dont le gazetier m'a attaqué aussi
« vivement, mais un peu moins malhonnêtement qu'il
« n'a fait le président Montesquieu. Il a répondu par
« une brochure assez épaisse et du meilleur ton. Sa
« réponse a parfaitement réussi. Malgré cet exemple,
« je crois que j'agirai différemment et que je ne ré-
« pondrai pas un seul mot. Chacun a sa délicatesse
« d'amour-propre : la mienne va jusqu'à croire que de
« certaines gens ne peuvent pas même m'offenser....
    « Nous avons reçu à l'Académie M. de Malesherbes[1]
« à la place de M. le duc d'Aiguillon, qui est mort
« il y a six semaines. Je reçois souvent des nouvelles
« de Maupertuis, et j'ai envie de lui faire vos com-
« pliments.
    « On donnera après Pâques une pièce de Marmon-
« tel, *Cléopâtre;* quelques gens en disent beaucoup
« de bien. *Aristomène*[2] est tombé à l'impression. Nous
« aurons aussi, à ce qu'on prétend, *Rome sauvée* de
« Voltaire ; il dit dans le monde que madame la du-
« chesse du Maine a exigé qu'il la donnât au public...
« N'oubliez-pas, dit Buffon en terminant cette lettre,
« de gagner le grand jubilé pour vous et vos amis. »

Aux critiques, aux réfutations, aux pamphlets,
Buffon n'opposait que le silence. Les querelles que
la Sorbonne tenta de lui susciter s'évanouirent de-

---

[1] A l'Académie des sciences.
[2] Autre tragédie de Marmontel.

vant le bon sens qu'il mettait à toutes choses : « Je
« vous suis très-sensiblement obligé, » écrit-il à son
confident habituel [1], « des services que vous m'avez
« rendus au sujet de mon livre. J'ai pris la liberté
« d'en écrire à M. le duc de Nivernais [2], qui m'a ré-
« pondu de la manière du monde la plus polie et la
« plus obligeante. J'espère donc qu'il ne sera pas
« mis à l'*index*, et, en vérité, j'ai tout fait pour ne
« pas le mériter, et pour éviter les tracasseries théo-
« logiques que je crains beaucoup plus que les criti-
« ques des physiciens et des géomètres. La troisième
« édition de cet ouvrage vient de paraître et se dé-
« bite avec autant de rapidité que la première et la
« seconde. »

Comme preuve de ses dispositions pacifiques,
il ajoute : « Je partage avec vous la satisfaction
« que vous avez eue de voir vos ouvrages goûtés
« par tout ce que nous avons de plus respec-
« table dans l'Église, et je suis charmé que vous
« les ayez présentés à Sa Sainteté, et que vous
« ayez eu son approbation. J'ai fait voir cet ar-
« ticle de votre lettre à quelques personnes, et j'ima-
« gine qu'à votre retour vous obtiendrez le privilége
« que vous demandez et qu'il est en effet très-
« injuste de vous refuser. Le P. Jacquier [3] est un

---

[1] Montbard, 23 juin 1750.
[2] Alors ambassadeur auprès du Saint-Siège.
[3] Jacquier (le Père François) né à Vitry-le-Français, le 7 juin 1711.

« homme d'un grand mérite, et je suis charmé que
« vous soyez de ses amis. Je vous serai bien obligé
« si vous voulez l'assurer que personne ne peut l'es-
« timer et l'honorer plus que je le fais. Dans la dis-
« pute que j'eus, il y a plus de deux ans, avec Clairaut
« au sujet du mouvement de l'apogée de la lune, je
« défendis Newton et ses commentateurs ; mais Clai-
« raut s'étant depuis rétracté et ayant supprimé les
« parties de son mémoire qui attaquaient directement
« les commentateurs, j'ai été obligé de supprimer
« aussi tout ce que j'avais écrit pour maintenir cette
« théorie, et il n'y a d'imprimé dans le volume de
« 1745 que ce qui regarde en général la loi de l'at-
« traction. Je vous écris ceci pour que le révérend
« père Jacquier voie que je désire beaucoup une
« part dans son amitié.

« J'écrirai au premier jour à Maupertuis, et je tâ-
« cherai de lui proposer d'une manière efficace les
« choses que vous souhaitez. Au reste, je ne vous
« réponds de rien. Maupertuis est en effet un hon-
« nête homme ; mais il se grippe quelquefois, et je
« ne sais s'il n'est pas toujours piqué. Quoi qu'il en
« soit, je lui écrirai, et lui écrirai pressamment, sur-
« tout pour que vous soyez de l'Académie [1].

« Je retourne à Paris dans trois semaines. Je suis

L'un des commentateurs de Newton ; professeur de physique expérimentale au collége romain, 1746. Mort à Rome le 3 juillet 1788.

[1] De Berlin.

« venu passer ici le temps du voyage de Compiègne.
« On vous aura peut-être écrit que Voltaire fait jouer
« chez lui toutes les pièces que les comédiens ont
« refusées. J'entends faire à quelques-uns des éloges
« de sa *Rome sauvée*; l'abbé Sallier [1], qui l'a vu re-
« présenter, m'en a dit du bien. Vous avez bien fait
« de lui écrire; il m'a demandé souvent de vos nou-
« velles. Madame Dupré m'a aussi chargé de vous
« dire bien des choses de sa part. J'ai souvent parlé
« de vous chez elle et chez M. Trudaine [2], et il ne
« m'a pas paru qu'ils aient, comme vous vous le
« persuadiez, changé de manière de penser sur votre
« sujet. Oubliez, mon cher ami, les chagrins que
« vous avez eus, les autres ont déjà oublié les ca-
« lomnies qui les ont occasionnés. »

« Maupertuis, dit-il dans une autre lettre [3], me
« marque que Voltaire doit rester en Prusse, et que
« c'est une grande acquisition pour un roi qui a
« autant de talent et de goût. Je crois que la pré-
« sence de Voltaire plaira moins à Maupertuis qu'à
« tout autre. Ces deux hommes ne sont pas faits pour
« demeurer ensemble dans la même chambre.....
« Les affaires du clergé font toujours grand bruit;
« tous les honnêtes gens admirent la bonté du roi,

[1] Sallier (Claude), philologue, né en 1685. Membre de l'Académie
des inscriptions, professeur d'hébreu au collége royal. Mort le 9 janvier 1761.
[2] Intendant général des finances.
[3] Montbard, le 22 octobre 1750.

« et crient contre l'orgueil et la désobéissance des
« prêtres, qui ont refusé nettement de donner la dé-
« claration des biens qu'ils possèdent. Heureusement
« on tient ferme et on leur a déjà fait sentir qu'on
« les y forcerait; ils sont tous rénvoyés et retenus
« dans leurs diocèses; et, comme le roi est à Fon-
« tainebleau, diocèse de Sens, l'archevêque a cru
« qu'il lui serait permis d'aller comme à l'ordinaire
« faire sa cour, mais il a reçu l'ordre de rester à
« son archevêché. Je tiens cette nouvelle de son ne-
« veu, dont je suis voisin. »

Des nouvelles littéraires, des jugements sur les écrivains qui sont en possession du succès ou qui aspi-
rent à l'obtenir, occupent désormais la plus large
part dans ce que Buffon s'accorde de distractions.

« Vous ne devez pas tarder à revenir, » écrit-il enfin
à Le Blanc à la date du 24 avril 1751, « tous vos
« amis le désirent; il y a près de seize mois que vous
« êtes parti. Je dînai avant-hier chez M. de la Pou-
« plinière[1]; il vous aime, et nous parlâmes beaucoup
« de vous; j'ai vu aussi M. le marquis de l'Hôpital
« chez M. de Boulogne, et j'ai pris jour pour l'aller
« voir chez lui et causer de vous à mon aise; il parle
« de vous aussi bien que vous et vos amis peuvent le
« désirer; j'avais lu à M. et madame de Boulogne

[1] Pouplinière (Alexandre-Jean-Joseph Le Riche de la), célèbre
financier. Né à Paris en 1692, mort en 1762.

« l'article de votre lettre datée de Naples où vous
« faisiez l'éloge de cet honnête ambassadeur ; il me
« parut qu'ils en furent très-flattés. J'ai aussi fait
« voir votre description du Vésuve ; comme je l'ai
« trouvée parfaitement bien faite, j'ai eu du plaisir à
« la lire à un grand nombre de personnes. J'ai aussi
« entendu quelquefois parler de vous pour l'Acadé-
« mie française, et je suis fâché que M. de La Chaus-
« sée, pour exclure Piron, ait tourné les vues de l'Aca-
« démie sur le marquis de Bissy[1], qui, comme vous
« le savez, a eu la dernière place vacante ; car il me
« paraît qu'on désire Piron, et il aurait mieux valu
« pour vous[2] qu'il y fût entré que d'avoir à y en-
« trer..... La nouvelle édition de vos Lettres a bien
« fait dans le monde ; la réputation que cet ouvrage
« mérite s'affermit tous les jours.

« ..... J'ai dîné aujourd'hui à la bibliothèque du
« roi avec Duclos ; vous savez qu'il est devenu
« un homme de cour. Il vient de donner un ou-
« vrage qui essuie bien des jugements divers :

---

[1] Bissy (Claude de Thiard, comte de), né en 1724, mort en 1810.
Nommé membre de l'Académie française en 1750.

[2] « En 1752, à la mort de l'archevêque de Sens (Languet de Di-
« jon), deux Bourguignons furent mis sur les rangs : Piron et Buffon.
« Ce dernier pria ses amis de ne pas songer à lui, jeune encore, tandis
« que son compatriote ne l'était plus, ayant de la fortune et Piron
« n'en étant rien moins que favorisé, et d'ailleurs ne voulant pas
« profiter de la défaveur d'un homme qui avait au fauteuil des
« droits antérieurs aux siens. » (*Lettres inédites de Buffon, Rous-
seau, Voltaire, Piron, etc., par Girault.)

« pour moi, je le trouve bon et très-bon, quoi-
« qu'il y ait quelques défauts : beaucoup d'esprit,
« peu de modestie, peut-être faute d'hypocrisie,
« un logement au Louvre, la place d'historiographe,
« et surtout la faveur de madame la marquise de
« Pompadour, en voilà plus qu'il n'en faut pour
« avoir des ennemis : aussi M. Duclos en a-t-il beau-
« coup. Je trouve que son livre est l'ouvrage d'un
« homme d'esprit et d'un honnête homme. Nous par-
« lâmes de vous; il en dit beaucoup de bien. Je crois
« que vous pouvez compter sur lui.

« On a écrit de Berlin que Maupertuis crache le
« sang et qu'il est dangereusement attaqué; j'en suis
« véritablement affligé. Il paraît une critique aussi
« amère que mauvaise contre le livre du président
« Montesquieu; il n'est pas non plus encore hors
« d'affaire avec la Sorbonne; pour moi, j'en suis
« quitte à ma très-grande satisfaction : de 120 doc-
« teurs assemblés, j'en ai eu 115, et leur délibération
« contient même des éloges auxquels je ne m'atten-
« dais pas..... On est ici fort occupé du jubilé. L'af-
« faire du clergé pour le vingtième n'est point encore
« finie; l'archevêque de Sens et l'évêque d'Autun se
« sont traités comme des fiacres dans leurs mande-
« ments..... M. de Malesherbes, qui a la librairie,
« en est fort en train et la mène bien..... Le diction-
« naire encyclopédique, entrepris par MM. d'Alem-
« bert et Diderot, va bien; le premier volume est

« presque achevé ; je l'ai parcouru, c'est un très-
« bon ouvrage. »

La sympathie de Buffon pour Duclos se révèle
encore dans une autre occasion :

« Voilà Duclos secrétaire de l'Académie, » écrit-il
en 1755, « et j'en suis très-aise. N'y aurait-il pas des
« gens à qui ce choix n'a pas été trop agréable? Ce
« qu'il y a de vrai cependant, c'est que personne ne
« convient mieux que lui à cette place, qui est fort
« importante pour le bien de la Compagnie. »

« J'ai lu un extrait de l'éloge de Descartes de
« M. Gaillard, » dit-il plus tard [1], « et je n'ai pas été
« content du style. Si celui de M. Thomas n'est pas
« meilleur, ce grand philosophe aura été loué avec
« de pauvres petites paroles. » Buffon n'aimait pas
les *pauvres petites paroles.*

Concourir pour sa part à tout ce qui pouvait honorer la Bourgogne, était une satisfaction qu'il ne
manqua jamais de se donner. En 1744, il rend un
compte détaillé à M. Lantin [2], doyen du parlement,
des soins qu'il prend pour faire graver une médaille
destinée aux lauréats que couronne l'Académie de
Dijon. En 1752, il écrit à son ami le président Ruf-

[1] 26 septembre 1765.

[2] Lantin de Damerey (Jean-Baptiste), né à Dijon vers 1680, mort,
doyen du parlement, en 1756. Auteur du *Supplément au Glossaire
du Roman de la Rose*, etc.

fey [1] : « Nous faisons ici tous les jours de belles « expériences sur le tonnerre ; c'est moi qui les « ai fait connaître et exécuter le premier. » Et il ajoute des détails qui permettent de répéter ces expériences. Il ne consent point à être absent, et revendique sa place au milieu de ses compatriotes.

Plus tard, il écrira encore à ce même Ruffey [2] : « J'ai reçu, mon cher président, avec la plus grande « joie, les nouvelles marques de votre amitié; elle me « sera toujours également présente, également pré- « cieuse, et tous mes regrets sont de n'en pas jouir « aussi souvent que je le désire.... Vous avez depuis « deux ans décoré votre Académie de beaux noms, « et vous l'avez renforcée de bons sujets; cela vous « fait beaucoup d'honneur, car le tout est dû à « votre zèle, et je suis persuadé qu'avec le temps « cet établissement, qui a été plus de vingt ans à « naître, deviendra très-utile.

« J'avais coutume d'envoyer à l'Académie un exem- « plaire de l'*Histoire naturelle;*.... je ne sais si les « derniers volumes ont été envoyés....; je serai tou- « jours enchanté de donner à votre Compagnie cette « faible marque de mon respect..... »

Reléguée dans un couvent de Montbard et privée

[1] 22 juillet 1752. Il répétait, à ce moment, les expériences de Franklin.
[2] Paris, 14 janvier 1763.

de fortune, mais unissant à la dignité que donne une
bonne naissance cette simplicité gracieuse qui parti-
cipe de la timidité et lui conserve tout ce qu'elle a
d'attrayant, mademoiselle de Saint-Belin [1] modifia, à
son insu, les principes de notre penseur, fort libre
jusqu'alors. Devant l'espoir si doux d'être aimé de
cette âme pure et délicate, Buffon, le philosophe,
prit, très-philosophiquement, le train ordinaire que
suit le plus simple mortel; il aima sérieusement, et,
après plusieurs années de réflexions, se maria à qua-
rante-cinq ans. Plus d'un an après son mariage, il
écrivait au joyeux abbé Le Blanc [2], juge très-incom-
pétent en pareille matière :

« J'ai reçu, mon cher ami, votre compliment avec
« d'autant plus de sensibilité, que vous êtes plus
« en droit de penser que j'avais tort avec vous de ne
« vous avoir point parlé de mon mariage. Je vous
« remercie donc très-sincèrement de cette marque
« de votre amitié, et je ne puis mieux y répondre
« qu'en vous avouant très-bonnement le motif de
« mon silence. Il en était de cette affaire comme de
« quelques autres sur lesquelles nous ne pensons

[1] Marie-Françoise, fille du *haut et puissant seigneur de Saint-Belin, chevalier....., seigneur de Fontaine, Dampierre, etc.*, mariée à
Buffon, le 20 septembre 1752. Ses parents lui avaient constitué
une dot de 6,000 livres, à la condition expresse qu'elle renonçât à
la succession de ses père et mère. Buffon, par contrat, assura à sa
femme mille écus de revenu.
[2] Montbard, 23 novembre 1753.

« pas tout à fait l'un comme l'autre. Vous m'eussiez
« contredit ou blâmé, et je voulais l'éviter, parce
« que j'étais décidé, et que, quelque cas que je fasse
« de mes amis, il y a des choses qu'on ne doit pas
« leur dire, et de ce nombre sont celles qu'ils désap-
« prouvent et auxquelles cependant on est déter-
« miné..... Les mauvais propos ne me feront ja-
« mais d'impression, parce que les mauvais propos
« ne viennent jamais que de mauvaises gens. Ma-
« dame de Buffon, qui connaît votre ancienne amitié
« pour moi et qui vous a lu plus d'une fois, me
« charge de vous faire ses compliments et de vous
« dire qu'elle aime beaucoup vos lettres. »

Le 23 juin 1753, tandis qu'il était à Montbard,
Buffon fut nommé membre de l'Académie française.
Le 25 août de cette même année, il y prononça son
discours sur le style. « Les ouvrages bien écrits seront
« les seuls qui passeront à la postérité, » y dit-il;....
« les connaissances, les faits, les découvertes s'en-
« lèvent aisément et se transportent..... Ces choses
« sont hors de l'homme, le style est l'homme même;
« le style ne peut donc ni s'enlever, ni se transpor-
« ter, ni s'altérer : s'il est élevé, noble, sublime, l'au-
« teur sera également admiré dans tous les temps,
« car il n'y a que la vérité qui soit durable et même
« éternelle. »

C'est ainsi qu'en adressant à ses nouveaux con-

frères ses remercîments, le grand écrivain, qui se
donnait l'apparence de les louer, leur peignait un
talent qu'il savait bien ne pouvoir être attribué qu'à
lui-même.

De 1753 à 1767 parurent les douze volumes de
l'*Histoire des quadrupèdes*. Ils contiennent ces ingénieuses et brillantes peintures des animaux, *dont
l'auteur sera également admiré dans tous les temps*,
qui, lues de tous, instruisirent chacun selon l'é-
tendue et la portée de son esprit, et apprirent au
public, étonné, que le savoir qui s'élève parvient à
dépouiller les formes arides. Dans ce long travail, il
fut constamment aidé, pour les descriptions ana-
tomiques, par Daubenton.

Les idées de Buffon prenaient, chaque jour, plus
d'étendue, et, chaque jour, il voyait reculer les
bornes du plan qu'il s'était tracé. Depuis longtemps
déjà tous ceux qui avaient des rapports avec lui
étaient habilement transformés en instruments utiles
à ses vues.

La présence de madame de Buffon à Montbard devint la source de la plus heureuse acquisition en ce
genre. Attirée par l'amitié, la compagne spirituelle et
instruite de Gueneau de Montbeillard servit de lien
à des relations douces et agréables d'abord, et qui

furent bientôt d'un prix infini par le concours qu'elles apportèrent aux travaux de Buffon.

Le 2 mai 1766, celui-ci écrit à madame de Montbeillard, dont le fils vient d'être inoculé..... « Si je « n'avais pas d'enfant, je saurais tout ce qui vous in-« téresse sur cela, car j'aurais été à Chevigny vous en « demander des nouvelles..... Je vous félicite de votre « courage; je plains tendrement vos inquiétudes..... »

Comment en aurait-il été autrement? Buffon avait eu d'abord une fille qu'il perdit encore enfant[1]. Lorsqu'il écrivait à madame de Montbeillard : « Si je n'a-« vais pas d'enfant, » il faisait allusion à son fils, Georges-Marie-Louis, né en 1764.

Des jours tranquilles et doux s'écoulaient alors dans l'intimité de la famille.

« J'ai vu l'article du *Mercure*, » écrit-il à l'abbé Le Blanc[2]..... « Ayant lu une seconde fois, car on « relit volontiers ce qui flatte, je crus apercevoir « des traits de votre style et d'autres évidents de « votre cœur, et je vois avec grand plaisir que je ne « m'étais pas trompé. Recevez tous les remercîments « que je vous dois. A l'exception de l'éloge qui est « trop fort, cet extrait est très-bien fait, et ce que « vous dites des orateurs anciens fait bien de l'hon-« neur à la philosophie.... Ma femme, qui vous fait

---

[1] Octobre 1759.
[2] Montbard, 22 septembre 1765.

« bien des amitiés, a relu l'article dès qu'elle a su
« qu'il était de vous ; elle l'a trouvé encore mieux
« qu'à la première lecture..... Ce que vous m'avez
« marqué de M. de la Bourdonné m'a fait grand
« plaisir, car je fais plus de cas de son jugement que
« de celui de tous les philosophes dont vous me par-
« lez, fussent-ils même de bonne foi. C'est un homme
« de beaucoup d'esprit et de sens, et qui de plus a
« sur eux l'avantage de connaître le monde et de le
« bien juger. Faites-lui nos compliments, je vous
« supplie..... »

Précédemment à cette lettre, Buffon, qui, sur ce
point, était en possession d'un fonds inépuisable de
consolations, avait écrit à Le Blanc [1], toujours malencontreux dans ses prétentions : « J'ai été aussi
« surpris qu'indigné de cette élection de l'Académie
« française, que vous m'avez apprise; vous avez rai-
« son, c'est plus contre Duclos, contre Voltaire, et
« contre d'autres que l'on agit que contre vous et
« contre les autres aspirants. C'est le temps du règne
« des médiocres ; mais, quoiqu'ils soient en grand
« nombre, et que ce nombre augmente chaque jour
« par le succès de leurs cabales, il faut espérer qu'ils
« ne réussiront pas toujours, et je sais bon gré à Sau-
« rin [2] d'avoir vu tranquillement la plate préférence

[1] Montbard, le 23 mars 1761.
[2] Saurin (Bernard-Joseph), né à Paris en 1706 ; nommé membre

« qu'ils ont donnée à l'abbé Trublet. Je voudrais,
« mon cher ami, que vous eussiez un peu de cette
« tranquillité ; les choses changeront de face, et peut-
« être à l'heure que nous y penserons le moins.
« Donnez-moi des nouvelles de la seconde élection ;
« car, quelque dégoûté que je sois de l'Académie, j'y
« prendrai toujours intérêt à cause de vous..... »

La santé de madame de Buffon s'affaiblissait de
jour en jour. En 1767, Gueneau reçoit ce billet :
« Quoique notre pauvre petite malade soit mieux,
« venez la voir, mon cher monsieur..... je suis sûr
« du plaisir que vous lui ferez. Je ne vous parle pas
« du mien : j'aurais besoin de vous voir tous les
« jours pour être parfaitement heureux. »
A quelque temps de là, indispensablement obligé
de s'absenter, Buffon adresse encore à Montbeillard deux billets qui nous ont conservé la trace d'une
confiance sans bornes : « Le service, mon cher mon-
« sieur, que vous et madame de Montbeillard voulez
« nous rendre est si grand, que je n'ose vous y en-
« gager un peu et ne puis vous en remercier assez.
« Je suis sûr que notre pauvre malade en sera com-
« blée ; elle n'aime personne autant que sa bonne
« amie : elle me l'a dit mille fois..... »
Et, dans le billet suivant : « C'est le service le plus

de l'Académie française en 1761 ; mort en 1781. Auteur de *Sparta-
cus*, etc.

« touchant et le plus essentiel que vous puissiez me
« rendre..... que de recevoir, dans mon absence,
« notre pauvre malade pendant douze ou quinze
« jours..... Ce sera un surcroît de reconnaissance.
« Vous en multipliez chez moi les motifs à chaque
« instant. »

Quelques mois plus tard, la *pauvre malade* suc-
combait [1].

Gueneau s'était attaché à Buffon; il s'occupait de
sciences; il était écrivain, homme de goût et ami :
comment aurait-il refusé sa plume? Longtemps il se
défendit, comme d'une témérité, de placer des pages
écrites par lui à côté de celles de Buffon. Celui-ci
sut vaincre sa résistance. Mais à cette collaboration,
d'abord voilée, il serait difficile d'assigner une date
précise.

Toujours dominé par la vue d'ensemble, par le
désir de remplir le cadre qu'il s'était tracé, Buffon
trouvait en lui-même une activité infatigable. Montbeillard, moins enthousiaste, moins énergique, moins
constant, et d'ailleurs d'une santé délicate, était, dès
1769, en quête d'un adjoint laborieux. Le 17 mai,
Buffon lui écrit : « Faites-moi part de la réponse du
« cher abbé. Je me tiens toujours prêt pour lundi, à
« moins qu'il ne veuille autrement. »

Cet abbé se présente, c'est Bexon; il n'a que vingt

____
[1] Au commencement de 1769.

c.

et un ans, mais il possède au suprême degré cette qualité d'être laborieux. Longtemps il devra travailler avant que ses écrits prennent place à côté de ceux du maître. Ses premiers articles ne parurent qu'en 1777.

Buffon eut l'art de découvrir, dans chacun de ses collaborateurs, ce qu'il était susceptible de donner, et de lui faire produire tout ce qu'il pouvait donner. A ses encouragements, chacun d'eux eût pu répondre, comme l'abbé de Saint-Pierre à madame Geoffrin : « Je ne suis qu'un instrument dont vous « avez bien joué. » Il se sert du savoir anatomique de Daubenton, mais il n'attend de lui que des descriptions ; il ménage Montbeillard, il l'estime, il l'aime, il compte sur son goût, sur sa délicatesse, lui demande des avis, et se réserve le droit de lui en donner.

« Je suis très-flatté, mon bon ami, » lui écrit-il[1], « que vous ayez adopté mes corrections..... Vous « verrez peut-être avec regret que j'ai sabré de « longues tirades : mais il n'y a pas une suppression « ou une correction dont je ne puisse vous donner « la raison;..... et, si j'étais auprès de vous, je crois « que vous seriez de mon avis..... Enfin j'ai traité « vos feuilles comme les miennes..... »

Bexon est celui de ses collaborateurs sur lequel

---

[1] Montbard, 3 octobre 1775.

Buffon a le plus agi; il le forme, le soutient, l'anime;
et l'on ne peut trop regretter la mort prématurée de
cet élève.

Dans les lettres qu'adresse à chacun de ces patients
travailleurs le vigoureux chef de cette noble association perce sans cesse, et presque à son insu, l'ardeur
qui le domine. Ce qui pénètre de respect, c'est qu'il
se demande bien plus encore à lui-même.

Au *superflu, chose fort nécessaire* à qui veut penser
librement, Buffon avait largement pourvu avant d'en-
treprendre ses prodigieux travaux. Montbard, sa ville
natale, était dominé par les ruines pittoresques d'un
château fort. Ces ruines, placées en amphithéâtre,
planaient sur les plus magnifiques points de vue.
Buffon acquit de la province ce château, ancienne résidence des ducs de Bourgogne; il se fit lui-même son
architecte, car il aimait à faire travailler, à gouverner
des ouvriers; il abattit une grande partie des vieilles
constructions, et parvint à faire d'un rocher aride le
lieu le plus propice à ses études.

Tout avait été combiné pour les rendre faciles, et
chaque partie de l'ensemble avait un emploi déterminé. Des laboratoires avaient été établis pour les
expériences; des parcs recevaient les paisibles habitants des forêts, dont les mœurs devaient être
étudiées; des fosses renfermaient des lions, des

ours : « On n'acquiert aucune connaissance trans-
« missible qu'en voyant par soi-même, » disait
Buffon.

Ayant ouï parler d'un malheureux qui, pendant
quinze ans, avait été abandonné dans les déserts de
l'Amérique, il le fit venir, le questionna, l'observa
longtemps, et esquissa sa peinture de la nature
brute : « Je me suis imposé, disait-il, de ne peindre
« que ce que je pensais ou que je sentais, et non
« ce que les autres avaient pensé ou senti. »

De ses jardins, disposés en terrasses superposées et
garnies d'arbres, de fleurs et de volières, se décou-
vraient, sous mille aspects, les riches horizons de la
Brenne : c'est là que, fidèle au rendez-vous donné à
l'étude, Buffon arrivait chaque matin. Dès cinq
heures, il sortait d'un appartement qui avait issue
sur la première terrasse, et se dirigeait vers un escalier fermé par une grille, la franchissait, la refer-
mait soigneusement derrière lui, gravissait l'escalier,
et, parvenu au point le plus élevé, suivait une longue
allée de marronniers, au bout de laquelle il pénétrait
dans un pavillon.

Perdu dans la verdure et assis sur le rocher, ce pavillon, élevé de quarante pieds au-dessus de la première terrasse, se trouvait, par là, rendu inacces-
sible. Il n'était éclairé que par trois petites fenêtres,
placées au couchant et garnies de vitres étroites. Une
porte double, à deux battants, y donnait entrée dans

une pièce boisée de chêne, carrelée et meublée avec
une simplicité extrême. Cet abri, presque aérien, qui
empruntait tout son charme de son isolement, isolement tel qu'il détachait en quelque sorte du matériel
de l'existence, a été le *cabinet de travail* tant aimé de
Buffon, « où, disait-il, il avait passé des heures déli-
« cieuses. » C'est là qu'il méditait.

A quelque distance, et dans une direction ménagée
de manière à n'offrir à la vue que la plus belle nature,
mais sous un autre toit, les manuscrits étaient dé-
posés : là se tenait le secrétaire dans une muette at-
tente, car rien ne devait troubler le travail de la
composition. Pendant ce travail, Buffon parcourait
lentement l'espace. Sous une voûte d'azur, en face
des splendides richesses de la campagne, rien n'a-
moindrissait ses images; il peignait, il sentait cet
homme : « dont l'attitude est celle du commande-
« ment, dont la tête regarde le ciel et présente une
« face auguste sur laquelle est imprimé le carac-
« tère de sa dignité...., dont le port majestueux, la
« démarche ferme et hardie annoncent la noblesse et
« le rang[1]..... »

Souvent le travail d'une phrase occupait une ma-
tinée entière; vingt fois elle était remaniée : « Je
« m'imposais pour règle de m'arrêter à l'expression
« la plus noble, » a-t-il dit.

---

[1] *Histoire naturelle de l'homme.*

Il ne quittait le travail qu'à l'heure du dîner, restait longtemps à table, et s'abandonnait alors à toutes les gaietés qui lui passaient par la tête : « Peu m'importe, » disait-il, « que mes paroles soient soignées « ou non. » Sa conversation, empreinte de bonhomie, était simple, négligée même ; des locutions familières s'y reproduisaient à chaque instant ; mais jusque dans ce laisser-aller toute interruption lui était insupportable : à bien plus forte raison dans un entretien sérieux n'en tolérait-il aucune ; et à la première objection qui lui était faite, il gardait imperturbablement le silence : « Je ne puis me résoudre, disait-il, à « continuer de converser avec un homme qui se « croit permis, en pensant à une chose pour la pre- « mière fois, de contredire quelqu'un qui s'en est oc- « cupé toute sa vie. »

En revanche, tout ce qui ressemblait à un éloge trouvait en lui une extrême tolérance, et l'enlevait subitement à ses distractions ; il était particulièrement touché d'un hommage de ce genre, lorsqu'il lui était adressé par les dames ; quelquefois il le provoquait, se louant lui-même judicieusement, mais avec une grande naïveté.

Si l'après-dînée était consacrée au repos, une course faite à pied, le bâton à la main, en devenait le plaisir le plus vif. Le but était, presque invariablement, une visite aux forges qu'il avait établies à Buffon. Quelquefois il partait plus tôt et allait demander à dîner à

son vieil ami, le capucin Ignace, devenu, par sa pro-
tection, desservant de ce village. Ignace, à son tour,
venait régulièrement au moins deux fois la semaine
dîner à Montbard.

Buffon prenait d'ailleurs en très-grand sérieux ses
talents et son importance de maître de forges. « J'ai
« lu, monsieur, avec un grand plaisir, votre Mé-
« moire sur le fer, » écrit-il à un capitaine d'artillerie, frère de Montbeillard [1]; « je l'ai trouvé de
« tous points dans les vrais principes..... Ce que
« vous dites est conforme aux expériences que j'ai
« faites et suivies moi-même sur la composition et
« décomposition du fer, matière que personne n'en-
« tend, et qui cependant est de la plus grande im-
« portance. »

C'est dans ses forges qu'il fit exécuter les longues
et dispendieuses expériences sur le refroidissement
des métaux, dont il a déduit des conclusions qui
étonnent par leur hardiesse.

« Il y a un mois, mon très-cher monsieur, » écrit-il
à Montbeillard, « que je suis enterré dans mes forges,
« et j'ai besoin, pour ressusciter, de la présence de
« mes meilleurs amis. Venez donc avec la chère dame
« et l'aimable *Finfin* [2]; venez le plus tôt que vous
« pourrez. Le charmant *Moucheron* joindra ses in-

---

[1] Montbard, 15 novembre 1767.
[2] Le jeune fils de Montbeillard.

« stances aux miennes; elle vous dira des nouvelles
« de mon fils. »

Des nouvelles de mon fils : là résidait sa plus douce
pensée, et le *Moucheron*, qui n'était autre qu'une
nièce de Montbeillard, mariée depuis à un neveu de
Daubenton, se rendit une autorité dans la famille par
l'affection dont elle entourait cet enfant, câlin, insou-
cieux, et qui, élevé près de son père, captivait toute
sa tendresse.

Qui veut aller loin doit songer à payer tribut aux
puissances de ce monde. Buffon, par ses écrits, avait
subjugué la plus redoutable de ces puissances. L'opinion publique lui eût, au besoin, servi d'auxiliaire
auprès du pouvoir, mais il ménageait celui-ci, savait
être toujours bien avec tous les ministres, se con-
ciliait des amis influents, ne manquait jamais d'aller
faire sa cour à Versailles, mais la faisait avec dignité.
Le rencontrant un jour à Marly, madame de Pompadour lui disait : « Vous êtes un joli garçon, monsieur
« de Buffon; l'on ne vous voit jamais. »

Dans l'introduction où il dévoile la participation
de Montbeillard, Buffon dit : « J'en étais au seizième
« volume de mon ouvrage sur l'histoire naturelle,
« lorsqu'une maladie grave et longue a interrompu
« pendant près de deux ans le cours de mes tra-
« vaux. Cette abréviation de ma vie, déjà fort avan-
« cée, en a produit une dans mes ouvrages. J'aurais

« pu donner dans les deux ans que j'ai perdus deux
« ou trois volumes de l'histoire des oiseaux, sans re-
« noncer pour cela au projet de l'histoire des miné-
« raux dont je m'occupe depuis plusieurs années. »

C'est en 1771, lorsqu'il avait déjà soixante-quatre
ans, que Buffon eut à subir ce qu'il appelle une
abréviation de sa vie. Contraint de renoncer aux méditations et de prolonger le séjour que chaque année
il faisait à Paris, il essaya de mettre à exécution les
vastes plans que depuis longtemps il avait conçus
pour le Jardin royal. Son état de souffrance
devint tel que l'on conçut plusieurs fois de vives
alarmes.

De son retour à la vie, il parle ainsi à Montbeillard[1] : « J'ai beaucoup de regrets des trois semaines
« que l'inquiétude de ma maladie vous a fait perdre.
« Je vous suis comptable non-seulement de ce temps,
« mais des mille sentiments que cette inquiétude
« suppose, et dont je ne pourrai jamais assez vous
« témoigner ma tendre reconnaissance. Ma santé
« commence à se fortifier. Je me tiens actuellement
« debout; je dicte des lettres, je fais quelques petites
« affaires; le sommeil revient..... » Un peu plus loin,
il fait diversion à ces pénibles pensées : « On prétend
« ici, dit-il, que nous aurons un nouveau parlement
« la semaine prochaine; j'en doute encore beaucoup,

---

[1] Paris, 2 avril 1771.

« quoique je le désire : l'établissement des conseils
« supérieurs est loué par tous les gens sensés et fera
« réellement un grand bien. Si le contrôleur général
« voulait commencer à donner de l'argent et finir de
« mettre des impôts, tout pourrait encore aller......
« Jamais ce pays n'a été plus cher et plus dés-
« agréable, et je soupire pour le temps où je pourrai
« le quitter et passer avec vous les moments les plus
« heureux de ma vie. »

Le comte de la Billarderie d'Angeviller, qui était
attaché à l'éducation du Dauphin en même temps
que directeur général des bâtiments du Roi, jardins, manufactures, etc., profita de cette maladie
pour demander et obtenir la survivance de la place
d'intendant du Jardin royal, survivance que le
grand homme se flattait secrètement de transmettre plus tard à son fils. Quoique M. d'Angeviller eût tenté de tenir cet acte secret, il s'en
découvrit assez pour que l'opinion publique en fût
blessée et pour que Buffon s'en montrât outragé.
Dans le but d'apaiser l'un et l'autre, le courtisan habile sollicita du roi l'autorisation de faire élever à
Buffon, dans l'établissement même, cette statue magnifique qui s'y voit encore et qui a été le premier
exemple d'un pareil honneur rendu à un homme
vivant.

Cet hommage, qui traduisait l'admiration enthousiaste de la nation, obtint une approbation générale

qui désarma Buffon. Les choses restèrent suspendues; mais à son ami Montbeillard [1] il écrivait : « J'ai
« grand besoin de repos pour achever de me réta-
« blir, ayant essuyé ici des orages de toute espèce... »
Et plus tard [2] : « Ma santé s'est soutenue malgré
« les tracasseries et le chagrin qu'on m'a donnés
« bien injustement et bien ingratement. »

Dès le commencement de 1772, on voit Buffon se
ranimer devant la mission d'énergique organisateur
qu'il s'impose. Six ans auparavant, pour faciliter le
classement des collections, il avait abandonné son logement d'intendant; il revint alors habiter l'établissement, et sa présence sembla y faire circuler une vie
nouvelle.

C'est de ce moment où Buffon, compris et apprécié,
pouvait tout obtenir, que date le véritable développement du Jardin royal. Louis XV lui ouvrit les trésors de l'État avec une générosité qui témoigne de
tout ce qu'il y avait, dans le monarque, de respect
pour le grand homme. Celui-ci achetait des terrains,
des hôtels, des collections, faisait abattre, planter,
bâtir, payait de ses deniers, et, sur ses notes, l'État
remboursait.

Ces nobles procédés durèrent jusqu'à sa fin, et les

[1] Paris, 1ᵉʳ mai 1771.
[2] Ce 8 décembre 1771.

papiers de Buffon nous conservent des indications comme celle-ci : « Il m'est dû par le roi une somme « de quatre-vingt-quinze mille six cent quatre- « vingt-trois livres neuf sols deux deniers, que j'ai « avancés pour des travaux de maçonnerie et four- « nitures de matériaux depuis le 1er juillet jusqu'au « 5 décembre, et dont j'ai envoyé l'état et mémoires « quittancés à M. de la Chapelle pour obtenir une « ordonnance de remboursement. »

A des plans compliqués, dont l'exécution deman- dait une infatigable persévérance, Buffon n'admit qu'un seul confident dont la jeunesse emprunta, d'une probité sévère, d'une soumission aveugle, quel- ques traits d'une figure antique. André Thouin est un jardinier; il rend compte. Chaque quinzaine, Buffon lui répond de Montbard une longue lettre bien confiante, et la puissance de l'honneur et de la vertu est telle, qu'elle établit une sorte de parité entre ces deux hommes.

Presque invariablement, Buffon commence par quelque chose qui ressemble à ceci [1] : « J'ai reçu vos « états de dépense, et je vois que vous conduisez nos « travaux avec toute l'intelligence et toute la pru- « dence possible. » Après une affaire laborieuse- ment conclue, Buffon écrit [2] : « Je le répète, vous

[1] Montbard, 31 août 1785.
[2] Montbard, 24 août 1784.

« êtes prudent et très-avisé....., » deux qualités par
lesquelles Thouin se rapprochait du philosophe, qui,
un jour, lui dit[1] : « Deux ou trois hommes, qui se-
« raient sous vos ordres, garderaient mieux nos
« plantes que toute la maréchaussée de Paris. »

Dans une entreprise pour laquelle rien n'avait été
prévu, il n'y eut guère que le zèle de son délégué qui
ne fit jamais défaut à Buffon. Aux embarras multiples
qui surviennent, celui-ci oppose des ressources qui
rappellent l'ingénieuse facilité du créateur de systèmes : « Faites-moi le plaisir, mon cher monsieur
« Thouin, » écrit-il[2], « de remettre vous-même la
« lettre ci-jointe à M. Dufresne, et, comme c'est pour
« obtenir de l'argent, dont nous avons un si grand
« besoin, il n'y aurait pas de mal de lui porter quel-
« ques fleurs et quelques arbustes : cela ne pourrait
« qu'augmenter sa bonne volonté. Je lui demande
« les 35,000 francs qui restent dus sur les 75,000
« pour la maison et le terrain qui est actuellement
« réuni au Jardin. Il ne sera pas nécessaire de lui
« parler des travaux que vous faites au delà du
« Jardin, ni de l'échange avec Saint-Victor, de peur
« d'effrayer par de nouvelles demandes; mais vous
« pouvez lui exposer que nous sommes absolu-
« ment sans argent, et qu'il nous ferait grand bien

[1] Montbard, 27 juin 1784.
[2] Montbard, 30 juillet 1781

« s'il voulait nous faire donner le moyen de conti-
« nuer nos travaux..... Je serai peut-être forcé de
« les faire cesser bientôt, faute de pouvoir subvenir
« à la dépense, car je suis obligé d'emprunter..... »

Peu de jours après arrivent ces quelques mots [1] :
« Votre visite, mon cher monsieur Thouin, a fait bon
« effet, car je viens de recevoir une lettre; M. Du-
« fresne me promet de l'argent..... Ainsi nous pour-
« rons faire *l'acquisition* de la maison Lelièvre..... »
On voit qu'un peu d'adresse se joignait à la persévérance; mais cela se faisait sans que jamais l'homme
sérieusement intègre consentît à s'effacer. Il écrit
encore à Thouin [2] : « Je vous prie de remettre à
« M. Dufourny, architecte, la lettre ci-jointe, afin
« qu'il ne m'importune plus de ses beaux pro-
« jets..... Je lui marque que, comme administra-
« teur du Jardin du Roi, je ne dois y faire que ce
« qui m'est ordonné par Sa Majesté et approuvé
« par ses ministres, et que je ne puis consentir à
« aucune dépense qui aurait trait à ma gloire person-
« nelle, ne m'étant même point mêlé du tout de la
« statue qu'on a bien voulu m'ériger, et en effet je
« ne veux pas qu'on ait à me reprocher que j'aie
« rien fait pour moi personnellement, et c'est la
« vraie raison qui fait que je ne puis obtempérer
« aux demandes de M. Dufourny. »

[1] Montbard, 3 août 1781.
[2] Montbard, 24 août 1784.

Seize années de travaux continus amenèrent le Jardin royal à une complète transformation. Le dernier jour du grand homme le surprit s'occupant encore de cette œuvre inachevée, mais dont il avait assuré la durée en la scellant d'un cachet de majestueuse utilité qui en a fait un bien national, unique en son genre et cher à tous.

A la jeunesse studieuse, un spacieux amphithéâtre était ouvert, l'école de botanique était replantée, les jardins avaient doublé d'étendue, des serres étaient construites, et les magnifiques galeries, qu'on avait élevées, contenaient des richesses infinies que, de tous les points du globe, on tenait à honneur d'envoyer au PEINTRE DE LA NATURE.

Cette sympathique ardeur, ce respect pour le trésor qu'accumulait Buffon, exerçait une sorte de fascination. Tandis que les missionnaires qui ne pénétraient en Chine qu'au péril de leur vie y travaillaient pour enrichir ses collections, les pirates, qui ne reconnaissaient d'autre puissance que celle de l'admiration, lui renvoyaient intactes les caisses qui lui étaient adressées.

Aux sévérités d'une vie laborieuse, Buffon opposait les douceurs de l'affection paternelle. Dans une lettre adressée à la nièce de Montbeillard, confidente habituelle de ses faiblesses, il dit [1] : « *Buffonnet* ne

---

[1] Montbard, 22 mai 1772.

« m'a pas écrit depuis dix jours ; cependant sa petite
« colère n'a pas duré, car il a proposé à M. Landes[1]
« de négocier... » De ce *Buffonnet* boudeur son père
parle gravement à Montbeillard[2] : « Mon fils est au
« collége du Plessis, dit-il, depuis trois semaines,
« mais il ne m'a pas encore été possible d'y arranger
« le petit plan de son éducation, il ne s'y trouve *pas*
« *mal*..... »

L'excellent homme imagine bientôt des palliatifs
propres à tranquilliser son cœur : « J'attends Buffon-
« net dimanche, » écrit-il à madame Daubenton[3] (le
Moucheron); « j'ai arrangé toutes ses petites affaires;
« il aura une chambre particulière, un cabinet pour
« son domestique ; je lui donne un gouverneur pris
« dans le collége même, et un petit camarade de son
« âge ; je crois qu'il ne sera point du tout malheu-
« reux. Le tendre intérêt que vous avez la bonté d'y
« prendre m'oblige à vous en rendre compte. »

Devant le plaisir de voir Buffonnet, tout sérieux
s'efface. Après un jour passé ensemble, le père écrit :
« Nous avons beaucoup parlé de vous et de son petit
« chevreuil..... » « Embrassez bien votre charmante
« Betzy, » dit-il encore à cette jeune mère, « ce sont
« là les plaisirs les plus purs de la vie. »

En 1773, Louis XV érigea en comté la terre de

[1] Gouverneur du jeune Buffon.
[2] Jardin du Roi, 13 juin 1773.
[3] Jardin du Roi, 20 juin 1773.

Buffon : « afin, disent les lettres patentes, d'exciter
« de plus en plus la noble et honorable émulation
« qui forme les grands hommes..... » De ce titre,
dont on lui a reproché la vanité, il en était pour lui
comme de sa parure, comme de ses manchettes. N'a-
vait-il pas écrit : « Les hommes ont toujours fait et
« feront toujours cas de tout ce qui peut fixer les
« yeux des autres hommes et leur donner des idées
« avantageuses de richesse, de puissance, de gran-
« deur. »

L'Histoire des minéraux occupait alors Buffon, et
« lui plaisait, disait-il, parce qu'elle prêtait à de
« grandes vues. » Elle le conduisit à reproduire,
après des méditations qui avaient duré près de trente
années, ceux de ses premiers travaux qui se rapportaient à l'histoire du globe. Agrandis et épurés
durant ce long enfantement de la pensée, ils devin-
rent, sous une forme nouvelle, les fruits de la ma-
turité de son génie.

Lors de leur publication sous le titre de *Suppléments*, déjà, pour Buffon, la vieillesse arrivait, mais
elle arrivait pleine d'autorité. Chacun tenait à honneur d'approcher du grand homme : philosophes,
écrivains, penseurs, enviaient un de ses jugements
toujours généreux. Le comte d'Angeviller, en digne
courtisan, avait puisé dans une mauvaise action la
confiance d'arriver jusqu'à une grande audace; il
se donnait le titre d'ami de Buffon, et fut chargé, en

d

cette qualité, de provoquer l'expression de sa pensée. Il s'agissait d'un éloge de Colbert, couronné par l'Académie française : « Que vous avez un digne et res- « pectable ami dans M. Necker, » lui écrit Buffon ; « j'ai lu deux fois son ouvrage. Je me trouve d'accord « avec lui sur tous les points que je puis entendre : « ses idées sont aussi simples que grandes, ses vues « saines et très-étendues, et tous les économistes en- « semble, fussent-ils protégés par tous les ministres « de France, ne dérangeront pas une pierre dans cet « édifice, que je regarde comme un monument de « génie. Je n'ai regret qu'à la forme. Je n'eusse « pas fait un éloge académique, qui ne demande que « des fleurs, avec des matériaux d'or et d'airain..... « L'auteur a ici le double désavantage d'avoir ses en- « vieux particuliers et, en même temps, tous ceux « qui cherchent à borner l'Académie..... Je suis fâché « qu'un aussi bel ensemble d'idées n'ait pas toute la « majesté de forme qu'il peut comporter..... Le style « est très-mâlé et m'a beaucoup plu, malgré les négli- « gences et les incorrections, et les pitoyables plai- « santeries que les femmes ne manqueront pas de « faire sur les jouissances trop souvent répétées. »

A Necker lui-même, et lui parlant de cet ouvrage, Buffon disait : « C'est un *grand spectacle d'idées* et « tout nouveau pour moi. » On peut croire que l'auteur n'appela point de ce jugement. « Il ne lui man- « quait qu'une certaine familiarité, qui donne, pour

« ainsi dire, de l'esprit à ceux avec qui l'on cause, »
a dit de lui son amie, madame du Deffant. L'approbation de Buffon dût rompre la glace dont il s'enve-
loppait. C'était madame Necker qui l'avait provoquée.
Disposée par sa nature génevoise à trouver de grandes
beautés dans la majesté du style, elle avait souhaité
pour son mari le suffrage qui lui paraissait le plus
enviable.

Marmontel a fait de cette femme, qui .vécut au
milieu des philosophes du dix-huitième siècle, un
éloge plein de grâce : « Elle avait, dit-il, le
« charme de la décence. » Elle avait aussi le goût
passionné de l'esprit, et son salon était le rendez-
vous de ce que la littérature comptait alors de plus
brillant. « La conversation y était bonne, quoique
« un peu contrainte;.... en matière de littérature,
« on causait agréablement, elle en parlait elle-même
« fort bien, » nous dit l'abbé Morellet[1].

Buffon devint l'oracle du cercle auquel présidait
madame Necker. L'admiration enthousiaste que bientôt elle professa pour ce *sublime ami* atteignit celui-ci
par son côté le plus vulnérable. Il s'abandonna à cette
amitié, en qui tout eût été parfait, si elle se fût expri-
mée avec simplicité, si elle eût pu échapper au ton
emphatique. En face de ces éloges excessifs et
constants, la saine raison de notre philosophe fit

---

[1] Voyez les *Causeries du lundi*. L'esprit de madame Necker y a
été apprécié par l'observateur le plus judicieux et le plus fin.

naufrage : dans un élan de réciprocité admirative, il composa, pour être placés au bas du portrait de madame Necker, deux vers latins[1], les seuls qu'ait jamais enfantés sa plume; ils ne sont remarquables que par l'excès de la louange et le défaut de l'élégance. Sur l'étonnement qu'on lui manifesta à cette apparition imprévue, Buffon répondit avec bonne foi qu'il ne connaissait même pas la règle qui, dans notre langue, fait succéder les rimes masculines aux rimes féminines : « Je n'ai jamais souhaité, » ajouta-t-il, « retenir les choses factices, qui ne sont ima- « ginées que par le caprice des hommes, et je crois « devoir à cette ignorance volontaire des choses ar- « bitraires les progrès que j'ai faits dans les connais- « sances utiles. »

Ce commerce du monde dans lequel les affections se fondent sur des rapports de convenance ou sur les entraînements de la vanité, ne pouvait suffire ni au sens droit ni au cœur sincère de Buffon. A l'époque où, sur l'éclat de sa réputation, il ne paraissait nulle part sans qu'aussitôt une cour se formât autour de lui, dans l'épanchement de sa pensée, il écrivait de Paris : « Rien ne m'attache ici que mon enfant. » En rentrant, en 1775, dans sa retraite tant goûtée, il

---

[1]   Angelicâ facie et formoso corpore Necker,
        Mentis et ingenii virtutes exhibet omnes.

eut la douleur de n'y plus retrouver le témoin le plus
constant de sa vie, celui devant lequel le succès lui
avait été le plus doux : son vieux père venait de s'é-
teindre dans sa quatre-vingt-treizième année [1]. Le
temps éclaircissait les rangs de ceux qui lui étaient
chers; mais il n'enlevait rien à la fraîcheur, à la
vivacité des amitiés de sa jeunesse.

« Mes jours les plus heureux, mon très-cher de
« Brosses, écrit-il de Montbard [2], sont ceux où je
« reçois des marques de votre amitié et des nou-
« velles certaines que non-seulement votre santé,
« mais votre pleine vigueur se soutiennent. Madame
« de Brosses est prête d'accoucher, je vous en fais mon
« compliment de tout mon cœur, et néanmoins, je
« ne vous dirai pas : Courage, mon bon ami, car il me
« semble que vous voilà très-suffisamment pourvu de
« postérité, et je sais, du moins par mon expérience,
« que, passé soixante ans, il faut devenir économe et
« même avare de ces molécules organiques, que nous
« pouvions autrefois prodiguer. Vous avez tort de
« dire que votre sang est appauvri; vous voyez que
« ceci le dément; et, si vous entendez par là l'es-
« prit plutôt que le corps, vous vous trompez encore
« plus, car je vois par votre conduite, par vos dis-
« cours publics, et même par vos lettres, que vous

---

[1] Au château de Buffon.
[2] Montbard, 16 septembre 1775.

d.

« avez la même bonne tête, la même fraîcheur d'idées,
« la même gaieté, les mêmes expressions de cœur,
« toujours charmantes pour vos amis, et je jouis
« de tout ceci moi-même en vous le rappelant.......
    « Je quitte avec plaisir ces affaires pour revenir à
« vous, mon bon et très-illustre ami : que l'espérance
« de vous posséder deux ou trois jours à Montbard
« m'a remué délicieusement ! Il me semble que j'ai
« cent mille choses à vous dire et tout autant de senti-
« ments à vous exprimer. Ramenez promptement votre
« cher fils en bonne santé à sa tendre maman; cela lui
« donnera le courage de vous présenter celui qui est
« prêt à paraître. Je lui dois des remercîments infinis
« des bontés dont elle a comblé mon fils, et je les re-
« connais dans l'éloge qu'elle a bien voulu vous en
« faire..... Je penserai chaque jour à votre voyage de
« Montbard..... En partant de Dijon à cinq ou six
« heures du matin, vous pourriez arriver pour dîner,
« et nous dînerons à notre aise, et je serai comblé de
« la joie la plus pure..... »
    Ces expressions simples, cette franche cordialité ne
nous rappellent point l'image officielle de Buffon,
qui nous le représente entouré d'un nuage d'encens
dont il aspire la fumée. De son désir d'être loué,
voici comment il parle à M. de Vaines [1] : « Qu'on serait
« heureux, quand on a le petit malheur d'être auteur,

---

[1] Montbard, 16 septembre 1778.

« si l'on ne donnait ses livres qu'à des gens qui sa-
« vent en juger ;…. je voudrais au moins être jugé
« avec justice et bonne foi, et cependant rien n'est si
« rare. Je ne vois que des éloges outrés ou des cri-
« tiques injustes ; et, quoique votre lettre soit trop
« flatteuse, comme vous tirez du fond des choses tout
« ce qu'elle contient d'éloges, je vous en fais mes
« très-sincères remercîments. »

Le poëte Lebrun, ayant composé, à l'occasion de la
maladie qui faillit enlever Buffon, une ode, devenue
fameuse depuis, la lui envoya : « Je l'ai lue avec un
« extrême plaisir, » lui écrit celui-ci[1] ; et j'y ai
« trouvé plusieurs traits qui supposent un beau génie
« et une âme tout aussi belle….. »

La louange, empruntant à la poésie ses formes
pompeuses, en acquit, aux yeux de madame Necker,
un charme bien plus grand ; son amitié s'en émut :
« M. de Buffon m'a fait partager sa reconnaissance
« et son admiration pour la belle ode où vous pei-
« gnez, d'un ton aussi élevé que le sujet, les tra-
« vaux de ce peintre de la nature, et cette maladie
« d'un seul homme qui alarma l'Europe entière[2]… »

Ce billet transporte de joie le poëte (M. Necker
était alors ministre) ; il fait part de son bonheur à
Buffon, et, dans sa précipitation, met une feuille de

[1] Au Jardin du Roi, 1er décembre 1777.
[2] Janvier 1778.

trop sous l'enveloppe. De Montbard arrive bientôt
cette réponse[1] : « Je vous remercie, Monsieur, de la
« charmante lettre que vous venez de m'écrire, et
« dont je vous renvoie le brouillon, que j'ai respecté,
« n'ayant pas regardé les ratures; je n'avais nul doute
« que vous ne fussiez accueilli et même recherché
« par madame Necker ; elle aime les grands talents et
« les estime au delà même de ce qu'ils valent dans les
« personnes vertueuses. Vous ne pouvez donc man-
« quer de lui plaire à tous égards, en vous montrant
« ce que vous êtes, et lui parlant toujours vrai.... »

A Bexon, à qui il croit pouvoir tout dire, Buffon
écrit[2] : « Je viens de recevoir une lettre de M. Le-
« brun avec son ode sur la campagne d'Italie du prince
« de Conti. Il y a de très-belles strophes, et de magni-
« fiques images ; mais, en tout, cette ode n'est pas
« aussi sublime que celle qu'il m'a adressée...... »

Remerciant l'auteur, il lui dit[3] : « J'ai été enchanté
« de votre ode sur la paix ; il y a surtout trois
« strophes qui sont de la plus grande beauté ; par-
« tout des traits de génie et les sentiments de
« l'âme la plus honnête, de la hauteur d'idées, du
« nerf dans l'expression, de la couleur dans les
« images et du mouvement dans le style..... Conti-
« nuez, monsieur, à cultiver vos grands talents, et

---

[1] Montbard, 6 février 1778.
[2] Montbard, 11 février 1778.
[3] Montbard, 1778.

« vous serez bientôt hors de portée à tous les traits
« de l'envie. »

Exalté par le succès, et incapable de s'arrêter en
chemin, Lebrun, dans une inspiration nouvelle, avait
passé les limites que la raison impose à la poésie
elle-même. Aux éloges précédents, Buffon ajoute
donc avec ménagement et finesse : « En m'occupant
« de vous, monsieur, j'oubliais de vous parler de
« moi, et de vous remercier de la place que vous
« m'avez donnée dans votre dernier écrit; assuré-
« ment, je ne la prends pas si haut, et je serais fort
« fâché que le voisinage de mon nom, comme celui
« de ma personne, pût indisposer ou gêner quelqu'un.
« Nos grands hommes sont trop délicats, et malheu-
« reusement les petits ont la vie si dure qu'on les
« écorche sans les faire souffrir. »

Précédemment il avait dit à ce même Lebrun [1] :
« Vous avez mis entre le génie et le bel esprit une
« distinction bien forte [2], mais qui n'en est pas moins
« juste, ni moins heureusement appliquée. Si elle
« déplaît à quelques *beaux*, elle plaira à tous les *bons*
« esprits. »

La verve satirique de Lebrun lui dicte ces vers :

---

[1] Jardin du Roi, 1er décembre 1777.

[2]
     Flatté de plaire aux goûts volages,
     L'esprit est le dieu des instants;
     Le génie est le dieu des âges,
     Lui seul embrasse tous les temps.
             (Ode à Buffon.)

L'art forma de sang-froid, sans l'aveu du génie,
   Les Delilles, les Saint-Lamberts,
Buffon, je l'avouerai, j'aime assez peu les vers,
   Mais j'adore la poésie.

« Oui, monsieur, continue-t-il, c'est elle que j'ad-
« mire dans une foule de morceaux vraiment sublimes
« de votre Histoire naturelle. C'est par elle que je
« voudrais rendre un peu durable l'ouvrage le plus
« cher à mon cœur, celui que je vous ai adressé.
« J'aime mieux chanter un ami qu'un héros, et, pour
« tout dire, je préfère le héros de la physique à celui
« des Alpes. »

Buffon, prend fort au sérieux ce désir de rendre durable l'ouvrage le plus cher au cœur de Lebrun, et lui
répond[1] : « Je ne doute pas que votre ode ne vous fasse
« encore plus d'honneur que celle sur M. le prince
« de Conti, quoique celle-ci ait été reçue avec ap-
« plaudissements par tous les connaisseurs. L'arrivée
« de M. de Voltaire va faire qu'on s'occupera et qu'on
« parlera plus de poésie que jamais. Ce serait une
« raison de publier cette magnifique ode plus tôt que
« vous ne le comptiez, monsieur ; je parle ici beau-
« coup plus pour votre gloire que pour la mienne ;
« cependant j'avoue que, dans un ouvrage d'une
« aussi grande sublimité, on gagne toujours en diffé-

---

[1] Montbard, 5 mars 1778.

« rant. » En perspective d'une publication, il ajoute des observations très-judicieuses et très-franches sur des suppressions nécessaires.

C'était surtout à la raison, au sens qu'elles s'adressaient, car le poétique prosateur se montrait fort indépendant devant les étroites rigueurs de

La grammaire, qui sait régenter jusqu'aux rois.

En 1787, il reçut une lettre ainsi conçue[1] : « Mon-
« sieur, dans une de vos lettres à madame la mar-
« quise de Sillery, vous dites, en parlant des philoso-
« phes modernes qu'elle a dépeints : *Vous n'avez pas*
« *échappé un seul des traits qui les caractérisent.*
« Plusieurs gens de lettres prétendent que le mot
« *échappé* n'est pas correct, parce que, suivant l'Aca-
« démie, ce verbe est neutre et qu'il ne régit l'ac-
« cusatif que lorsqu'il signifie *éviter*. J'ai soutenu
« et parié le contraire, non-seulement sur votre
« autorité, mais encore parce que j'imagine qu'*é-*
« *chapper* peut se prendre quelquefois pour *man-*
« *quer, oublier,* qui sont également des verbes
« actifs. Cependant, étant convenu de nous en rap-
« porter à la décision de M. de Wailly, grammai-
« rien, j'ai perdu et payé. C'est chose finie ; mais
« cela ne me fait pas changer d'opinion, et j'ose
« interrompre un temps précieux sans doute pour
« vous prier de me dire si j'y dois persister, ne pou-

[1] Le 5 mai 1787.

« vant soupçonner, comme on voudrait me le faire
« croire, que ce soit une faute de copiste ou d'impres-
« sion. Je me glorifierais bien sûrement du tort que
« l'on m'a donné, s'il pouvait m'être commun avec le
« premier écrivain de notre siècle..... »

La réponse ne se fit pas attendre [1]. « M. de Buffon a
« reçu la lettre que M. Lambert lui a fait l'honneur de
« lui écrire ; il avoue qu'il n'a jamais étudié la gram-
« maire. Ainsi il n'est pas surpris que M. Lambert
« ait perdu son pari. Au reste, il pense qu'un verbe
« neutre peut devenir actif lorsqu'il est employé à
« propos et qu'il exprime clairement une idée ; mais, à
« la vérité, cela n'est pas du ressort de la grammaire,
« qui n'a pas eu le pouvoir de donner de la vie à ce
« qui n'en a pas, comme l'on voit par un certain
« nombre de livres correctement écrits et qui sont
« cependant d'un mauvais style. M. de Buffon remer-
« cie M. Lambert de toutes les choses honnêtes qu'il
« veut bien lui dire à cette occasion et le prie de ne
« plus parier sur sa parole, parce que l'on perd sou-
« vent un bon procès quand on plaide devant des
« juges pour qui la forme est tout et le fond très-peu
« de chose. »

Cette boutade contre les juges et les jugements allait au delà des affaires grammaticales.

[1] Jardin du Roi, 6 ma. 1787.

Voila mon bon ami la liste de mes juges
les lettres de Mr le maher me feront honneur
et grand bien remerciez le de ma part comme
d'un service essentiel qu'il me rend.

Je compte que nous emmènerons votre voiture
qui fera nos visites d'honneur a Dijon, nous
renverrons vos chevaux juidy coucher a
Montbard et nous ariverons le meme jour avec
les miens de bonne heure a Dijon. J'ai vu par
ceque m'a dit le chr de St Belin que mes juges
traittent mon affaire plus serieussment depuis qu'ils
sont informés de mon arivee: et vous m'aiderez plus
que persone a me les rendre favorables. Le chevalier
ne vient point avec nous. Je n'emmene que m du
Blepeau et deux laquais ou un si vous voules avoir
le votre. Mr le Dr Barbuot a bien voulu me

promettre d'écrire a M. Barbust le p.e.t qui
sera, je crois, le premier opinant de mes Juges.
M.de votre nieu poura m'envoier des Lettres pour
M.e Lorenchet je vais luy en écrire un petit mot.

Lises mon cher bon ami le petit avertissement
que je dois mettre a la tete du volume des oiseaux
que l'on imprime actuellement; je souhaite que
vous en soiez content et je vous le communique
pour y ajouter, changer ou retrancher tout ce qui
pourroit vous convenir ou ne vous pas convenir.

Je suis convaincu et très flaté des bontés de votre
chere Dame et de l'excellent coeur de votre aimable
Infante je les embrasse bien tendrement tous deux
avec vous mon très cher ami.
            Ce 26 juillet 1773.

                    Le C.te de Buffon

Des procès trop réels et trop fréquents l'avaient fatigué d'avocats, de procureurs et de jugements. Un jour il écrit à Montbeillard, et c'est son meilleur jour à leur égard[1] : « Je suis content du gain de « mon procès ; la victoire pouvait être plus complète, « mais il faudrait que la justice fût plus juste et prît « moins garde aux formes. C'est toujours beau- « coup de cesser d'être tracassé, surtout pour une « misère. »

Plus tard, en 1785, il dit à ce même Montbeil- lard[2] : « Mon chicaneur vient d'appeler au parlement « de Paris de la sentence du Châtelet ; ainsi, c'est à « recommencer sur nouveaux frais et à subir de « nouveaux tracas ; car il faut d'autres procureurs et « même d'autres avocats, et vous savez, mon bon « ami, combien j'aime ces sortes de gens, qui, dans « ce pays-ci, cherchent, pour la plupart, à retenir « et allonger les affaires, et ne les voient jamais se « terminer qu'à regret. »

A peine arrivait-il à Montbard, cette année même où il écrivait à Montbeillard : « Vous savez combien « j'aime ces sortes de gens, » qu'il reçut une lettre par laquelle Hérault de Séchelles, avocat au Parle- ment, connu par ses débuts au Châtelet, homme d'esprit et de grande confiance en lui-même, l'aver- tissait qu'il était dans l'intention de le visiter. Aux

---

[1] Montbard, 17 août 1777.
[2] Jardin du Roi, 25 février 1785.

pèlerinages des princes étrangers, jaloux d'apporter leurs hommages à celui devant qui la fierté de l'ombrageux Rousseau était aussi venue s'incliner, l'amour-propre flatté avait pu se prêter; mais un empiétement sur son repos, qu'il n'avait point autorisé, parut intolérable à Buffon. Hérault de Séchelles vint en effet, et trouva que des ordres avaient été donnés pour sa réception. Il est néanmoins fort problématique qu'il ait vu Buffon, alors âgé de soixante-dix-huit ans et souffrant d'une maladie de la vessie. Le visiteur se fit tout montrer, questionna, questionna surtout le malencontreux père Ignace, prit des notes, et puisa dans une imagination ingénieuse, mais irritée, les détails, pleins d'*actualité*, desquels son *Voyage à Montbard*[1] a emprunté ce piquant, ce naturel qui séduisirent le lecteur, dont la malice s'amuse des faiblesses découvertes dans un grand homme, et valurent à cet écrit, d'ailleurs spirituel, une injuste autorité.

Faisant allusion aux principes d'éducation donnés dans son *Histoire naturelle*, et dont il retrouvait la plupart développés dans l'*Émile*, Buffon disait : « J'ai « conseillé, et Rousseau a commandé. » Cette *autorité*, qui n'avait rendu la vie du *philosophe génevois*

---

[1] Le récit d'Hérault de Séchelles parut cette année même 1785, dans le *Magasin encyclopédique*. Le *Voyage à Montbard* fut publié en un volume à part en l'an IX

ni plus douce ni plus facile, paraissait insuffisante au
seigneur de Montbard. En 1771, dans une lettre à
Montbeillard, il disait : « Je pense absolument comme
« vous au sujet de Jean-Jacques, et j'écrirai en con-
« séquence à Panckoucke. » Il écrivit en effet, il vit
Panckoucke; il négocia pour obtenir que, sur le con-
sentement donné par Rousseau à une publication nouvelle de ses œuvres, l'éditeur s'engageât à lui servir
un revenu annuel de mille écus. Ceci n'était qu'un
facile préliminaire. Pour vaincre une farouche suscep-
tibilité, notre diplomate dut employer toutes les ressources de son éloquence, tous les arguments que sa
raison lui suggéra. Le rebelle ayant enfin mis bas les
armes, le soir on se quittait très-heureux ; mais à
peine le jour commençait-il à poindre, que Rousseau
irrité accourait chez Buffon : « Il avait été séduit,
« abusé, disait-il ; il retirait sa parole, et ne voulait
« pas que la postérité pût dire que Jean-Jacques
« avait vendu ses pensées, sa fierté ne lui permet-
« tant de vendre que ses doigts. »

« Je ne l'aurai point *blessé*, » disait un jour Buffon,
après avoir abrégé avec une simplicité un peu rude la
visite d'un homme qui l'ennuyait, « car rien de ce
« qui est naturel n'offense. » Le principe était commode en lui-même. En ajoutant à la *simplicité*, au
naturel, quelques exigences seigneuriales, celui qui
l'avait posé arrive jusqu'à des prétentions qui se co-
lorent d'une teinte de féodalité. « Je crois, Monsieur, »

écrit-il à un personnage compétent[1], « que votre
« bonne volonté aura influé..... et qu'on me dé-
« barrassera de manière ou d'autre de cinquante
« paysans, qui seraient chacun autant de petits sei-
« gneurs, possesseurs en franc fief de quelques per-
« ches de terrain dans ma terre de Buffon, *ce qui*
« *serait absurde et ne peut exister.* J'attendrai votre
« retour pour savoir ce que je puis faire enfin pour
« satisfaire la régie, contre laquelle je suis très-décidé
« à plaider, si elle m'imposait des conditions qui ne
« fussent pas acceptables. »

Sa prépondérance dominatrice sauve, le seigneur
redevenait excellent homme, faisant du bien et n'ac-
ceptant, malgré des droits encore en vigueur, ni jours
de corvée, ni aucun travail qu'il ne le payât généreu-
sement. Aussi était-il fort aimé, quoiqu'il fût un peu
partial dans ses sympathies, trop peu retenu dans ses
familiarités, un peu trivial dans sa curiosité. On se
plaît à dire qu'elle allait jusqu'à accorder à son per-
ruquier le privilége de lui fabriquer des nouvelles :
« Cela, disait-il, le divertissait. »

Ce personnage avait, au reste, un rôle très-actif, le
soin de sa toilette ne paraissant, à Buffon, indigne ni
d'un philosophe, ni d'un penseur.

Il admettait encore qu'on pouvait être l'un et
l'autre sans renoncer au rôle d'homme pratique, qui

[1] Au Jardin du Roi, 20 mars 1785.

aime les menues affaires de ce monde et qui s'en
mêle. Dans ses dernières années, il écrit à madame
de Montbeillard[1] : « Je suis enchanté, ma très-chère
« et très-respectable *commère*, de notre nouvelle
« alliance; ce sont les seules noces qui conviennent
« à mon âge, et je vous promets fidélité pour le
« reste de ma vie. »

Aux grands événements de la petite ville de Montbard, il ne fut jamais indifférent. Son bon vouloir
ajoutait aux jours de joie ; aux jours de fêtes religieuses il s'associait ; chaque dimanche, paré de son
habit seigneurial, il se rendait à la grand'messe, accompagné de son fils. L'église était bâtie sur une place
d'armes qu'une simple muraille séparait de ses jardins. A la sortie de l'office, il se promenait sous une
avenue de tilleuls, devenue le rendez-vous des paysans.
Accessible pour tous, pour tous d'une bonhomie extrême, il causait gaiement, et plusieurs fois on l'en-
tendit exprimer le regret qu'à l'accoutrement de
vieux seigneur qu'il portait, son fils préférât les
modes modernes. « Lorsque je vis M. de Buffon pour
« la première fois, a dit l'historien Hume, je trouvai
« que, par le port et la démarche, il ressemblait plus
« à un maréchal de France qu'il ne répondait à l'idée
« qu'on se fait d'un homme de lettres. »

« Vous savez, mon cher bon ami, que je suis assez

[1] Au Jardin du Roi, 7 novembre 1784.

« hardi pour parler et très-poltron pour répondre; je
« mets donc pour le moment présent mon salut dans
« la fuite et je pars dimanche pour arriver à Montbard
« le jour suivant ou le lendemain. Il n'y a pas encore
« de dénonciation en forme et par écrit, et je ne pense
« pas que cette affaire ait d'autre suite fâcheuse que
« celle d'en entendre parler, et de m'occuper peut-
« être d'une explication aussi sotte et aussi absurde
« que la première qu'on me fit signer il y a trente
« ans. L'espérance de vous revoir, mon bon ami, est
« en vérité la plus grande satisfaction que je me pro-
« mette pendant mon prochain séjour....., » écrivait
Buffon à Montbéliard[1] en **1779**. Quelques semaines
auparavant, parlant des attaques d'une feuille publique, il disait[2] : « Grand merci, mon cher bon
« ami, tant à vous qu'à l'abbé Berthier, de cette
« gazette qui m'a fait quelque plaisir à lire et dont
« j'ai gardé copie en cas de besoin, quoique je sois
« encore plus déterminé que jamais à garder un
« silence absolu........ »

Tout ce bruit s'éteignit comme il s'était éteint
trente ans auparavant, et cette fois à l'autorité du
calme, du silence, se joignit celle toute-puissante d'un
immense succès. La Sorbonne recula devant « *une
dénonciation en forme;* » cent vingt docteurs[3] ne

[1] Jardin du Roi, 15 novembre 1779.
[2] Montbard, ce 6 août 1779.
[3] Voyez, ci-devant, p. xxxvi.

s'assemblèrent plus pour disserter sur « *une expli-*
cation sotte et absurde, » à ce que dit celui qui
l'avait signée. Buffon revint à Paris, et « *cette*
affaire n'eut pas d'autre suite fâcheuse que d'en
entendre parler. »

C'était *entendre parler* de la publication du
cinquième volume de ses *Suppléments* [1], volume qui
contient le magnifique tableau des *Époques de la*
nature, ce plus profond, ce plus parfait de ses ouvrages : sorte de devination accordée à la vieillesse
d'un sage.

A l'apparition de ce livre, l'enthousiasme fut général, toutes les voix s'unirent : la nationalité d'un
grand esprit n'est-elle pas européenne? Du fond
de la Russie arriva une lettre de l'impératrice Catherine, qui fit naître une véritable émotion au cœur du
grand homme.

Demandant à Buffon son buste, l'impératrice lui
envoie une collection de riches médailles et de su-
perbes fourrures. Il y a, dans la réponse du vieillard
à la Souveraine, une naïveté de bonheur, une prodi-
galité de compliments qui disent combien la médita-
tion et l'étude, combien le génie même ménagent et
conservent la candeur de l'âme.

Il appelle l'impératrice *la plus grande personne de*
l'univers, et assure [2] « qu'il se trouve bien au-dessous

---

[1] Elle avait eu lieu l'année précédente, 1778.
[2] 14 décembre 1781.

« de *cette tête céleste, digne de régir le monde
« entier,* et dont toutes les nations admirent et
« respectent également l'esprit sublime et le grand
« caractère. Sa Majesté Impériale, dit-il, est donc
« si fort au-dessus de tout éloge, que je ne puis
« ajouter que mes vœux à sa gloire.....

« Le Nord, selon mes *Époques,* est le berceau de
« tout ce que la nature, dans sa première force, a
« produit de plus grand, et mes vœux seraient de voir
« cette belle nature et les arts descendre encore une
« fois du Nord au Midi, sous l'étendard de son puis-
« sant génie. En attendant ce moment..... je vais
« conserver ma trop vieille santé sous les zibelines et
« les hermines..... Le buste, continue-t-il, n'expri-
« mera jamais, aux yeux de ma grande impératrice,
« les sentiments vifs et profonds dont je suis pénétré.
« Soixante et quatorze ans, imprimés sur ce marbre,
« ne pourront que le refroidir encore. Je demande la
« permission de le faire accompagner d'une effigie
« vivante : mon fils unique, jeune officier aux gardes,
« le porterait aux pieds de son auguste personne.....
« Je ne finirais jamais cette lettre, peut-être déjà trop
« longue, si je me livrais à toute l'effusion de mon
« âme, dont tous les sentiments seront à jamais con-
« sacrés à la première et l'unique personne du beau
« sexe qui ait été supérieure à tous les grands hom-
« mes. »

L'unique personne du beau sexe qui ait été supé-

rieure à tous les grands hommes soigna assez sa réponse pour qu'il soit permis de croire que *cette tête
céleste* et solide tenait à l'admiration qu'elle inspirait,
et que, dans cette lutte de coquet enthousiasme,
la Souveraine se plaisait autant que le philosophe.

« Monsieur le comte de Buffon, dit-elle [1], je viens de
« recevoir la lettre que vous avez bien voulu m'écrire. .
« Personne n'était plus en droit que vous d'être revêtu
« des fourrures de la Sibérie. Vos *Époques de la na-
« ture* ont donné à mes yeux un nouveau lustre à ces
« provinces, dont les fastes ont été si longtemps plon-
« gés dans l'oubli le plus profond ; il n'appartient
« qu'au génie, orné d'aussi grandes connaissances, de
« deviner pour ainsi dire le passé, d'appuyer ses con-
« jectures de faits indisputables, de lire l'histoire des
« pays et celle des arts dans le livre immense de la
« nature. Les médailles, frappées du métal que four-
« nissent ces contrées, pourront un jour servir à
« constater si les arts ont dégénéré là où ils ont pris
« naissance..... Que les zibelines conservent votre
« santé, Monsieur, jusqu'au temps où elles s'habi-
« tueront aux climats modérés. Que votre buste
« vienne dans ce Nord, où vous avez placé le berceau
« de tout ce que la nature, dans sa première force,
« a produit de plus grand et de plus remarquable ;
« que M. votre fils l'accompagne : il sera témoin de

---

[1] Pétersbourg, 15 février 1782.

« la renommée de son illustre père et de l'estime
« très-distinguée que je lui porte. »

Quelques mois auparavant, Buffon écrivait à Montbeillard[1] : « Demain mon fils part pour son grand
« voyage, avec M. de Lamarck, de l'Académie des
« sciences ; j'ai été fort heureux de lui trouver un tel
« compagnon. » Le jeune Buffon n'allait alors qu'en
Hollande.

Après la lettre de l'impératrice, l'hésitation n'est
plus possible : ce fils tant aimé part, et part seul
pour la Russie.

« Voilà le buste avec mon fils, » écrit Buffon à *sa
grande impératrice*[2]; « et peu s'en est fallu que je ne
« sois parti avec M. Necker, qui a, comme moi, la plus
« haute admiration et le plus profond respect pour la
« personne de Votre Majesté Impériale. Mes soixante
« et quatorze ans et ses travaux, même dans son
« loisir, ne le permettent pas, et ne nous laissent que
« des regrets. Mon fils n'est encore qu'un enfant de
« dix-huit ans : avec toute la candeur de son âge, il
« en a la légèreté et le peu de tenue. J'ose supplier
« ma généreuse Impératrice de le faire avertir, et
« même de le frapper de quelque disgrâce, s'il ne se
« conduit pas bien. Sa bonté me pardonnera cette

[1] Jardin du Roi, 11 mai 1780.
[2] 22 avril 1782.

« inquiétude paternelle, causée par la crainte que ce
« trop jeune envoyé ne fasse quelque faute. »

Dans les lettres adressées à *ce trop jeune envoyé*, la
tendre affection du père et la vanité naïve d'une âme
grandie par le labeur de la pensée apparaissent tour
à tour. A l'enfant privé de mère, qu'il a réchauffé sur
son cœur, il dit : « Vous me faites grand plaisir en
« m'apprenant que vos couleurs reviennent. Ménagez-
« vous sur le grand mouvement que vous aimez à
« vous donner..... Garantissez-vous surtout du froid
« et des fluxions.... Ayez soin, je vous en prie, de
« vivre en paix avec vos gens et de les payer toutes
« les semaines..... L'abbé de Rivet[1] est obligé, »
dit-il ailleurs[2], « de plaider contre l'évêque d'Autun :
« son premier moyen est de dire que le Roi ne lui
« avait pas donné une abbaye pour le faire mourir de
« faim. Vous devriez écrire à ce bon oncle; ce
« serait une consolation pour lui. »
Le voyageur s'est arrêté à Postdam ; son père lui
écrit[3] :
« Vous avez très-bien répondu à Sa Majesté Prus-
« sienne (le grand Frédéric), et vous ne pouviez guère
« en dire plus au sujet de mes ouvrages. Mais, mon
« cher ami, vous avez oublié une chose qui était es-

[1] Frère de Buffon. Voyez ci-devant, page VIII.
[2] Montbard, 27 mai 1782.
[3] Montbard, 10 juin 1782.

« sentinelle : c'était de mettre un grain d'encens dans
« la lettre que vous lui avez écrite pour lui demander
« la permission de lui faire votre cour. Je suis per-
« suadé que vous auriez été encore mieux reçu, si
« vous lui eussiez fait un petit compliment dans cette
« lettre sur son mérite très-supérieur et sur la grande
« gloire qu'il s'est acquise en tout genre. Je vous
« donne cet avis pour que vous le mettiez à profit
« dans une autre circonstance, par exemple auprès
« du roi de Suède ou auprès du roi de Prusse lui-
« même, si vous repassez par Berlin........ Ne crai-
« gnez pas que vos lettres soient longues ; on ne
« s'ennuie jamais de lire ou d'entendre les personnes
« qu'on aime tendrement. »

Buffon craint l'inexpérience du courtisan :

« Je vous adresserai dorénavant, lui dit-il[1], toutes
« mes lettres à Saint-Pétersbourg, où votre princi-
« pale attention sera de témoigner, de ma part, la
« plus vive et la plus respectueuse reconnaissance à
« la grande Souveraine à laquelle vous ferez la cour
« *de votre mieux*..... » Quelques semaines plus tard,
nouvelle instruction[2] : « Je veux que Sa Majesté
« Impériale voie que vous n'avez fait le voyage que
« pour lui faire votre cour et la mienne..... »

« ..... En vérité, nous devons tous deux, » écrit-il

[1] Montbard, 7 mai 1782.
[2] Montbard, 4 juillet 1782.

encore[1], « une reconnaissance éternelle à cette grande
« Impératrice qui me donne des témoignages aussi
« éclatants de son estime et qui vous traite avec tant
« de bonté. Je ne mérite pas d'être mis au rang des
« grands hommes de son empire, si ce n'est par mon
« dévouement et par la connaissance intime que j'ai
« de ses hautes lumières et de son profond discerne-
« ment. Les questions qu'elle m'a faites et la lettre
« dont elle m'a honoré me suffisent pour juger de la
« supériorité de son esprit et de l'admirable bonté
« de son cœur. »

« J'ai oublié, » ajoute-t-il en *post-scriptum*, et l'on
peut croire qu'il n'avait pas tout à fait oublié, « de
« vous marquer, en parlant de buste et d'effigie,
« qu'on a mis, par ordre du Roi, au bas de ma statue,
« l'inscription suivante :

MAJESTATI NATURÆ PAR INGENIUM.

« Ce n'est pas par orgueil que je vous l'envoie ; mais
« peut-être Sa Majesté la fera mettre au bas du
« buste. »

Catherine déposa elle-même une couronne de lau-
rier sur le buste, et le fit placer à l'*Hermitage*.

Peu de temps après, Buffon écrit à son fils[2] : « Le
« baron Grimm me transmet un fragment d'une
« lettre de Sa Majesté Impériale : — « Vous pouvez

[1] Montbard, 18 août 1782.
[2] Montbard, 9 septembre 1782.

« dire à M. de Buffon que je ne trouve rien à re-
« prendre à son fils, et que, par conséquent, je ne
« crois pas avoir l'occasion d'user des droits qu'il
« m'a donnés sur lui de le gronder. Remerciez-le,
« en même temps, de la continuation de ses ou-
« vrages. Je serais bien fâchée qu'il vérifie ce que
« M. son fils m'a dit « qu'il ne voulait plus écrire. »
« J'espère qu'il se ravisera. »

« Mais, mon cher fils, reprend Buffon, vous ne de-
« viez pas lui dire que je ne voulais plus écrire. Vous
« m'avez peut-être entendu dire à moi-même que,
« après avoir achevé l'histoire des minéraux, je pour-
« rais cesser mes ouvrages ; mais cette histoire des
« minéraux, à laquelle je travaille assidûment, ne
« sera pas achevée de deux ans ; on achève l'impres-
« sion du premier volume, qui doit être suivi de trois
« autres, et cette besogne n'est pas moins difficile que
« toutes les autres. J'espère que j'aurai occasion de
« parler de notre grande impératrice, lorsque je dé-
« crirai les minéraux de Russie et de Sibérie. »

L'héritier de l'impératrice Catherine, depuis
Paul Ier, voyageait alors sous le nom de comte du
Nord. Buffon écrit de Montbard[1] à son fils : « Le
« comte et la comtesse du Nord sont arrivés le 18 à
« Paris... Ils assisteront, aujourd'hui 27, à une
« séance de l'Académie française ; j'y aurais été à
« portée de leur faire ma cour..... »

[1] 27 mai 1782.

A quelques jours de là, nouveaux regrets : les voyageurs ont visité le Jardin du Roi..... Enfin, ils vont quitter la France. Au moment de s'embarquer, ils trouvent à Brest le chevalier de Buffon. Celui-ci écrit à son frère :

« M. le comte et madame la comtesse du Nord sont
« partis ce matin; ils m'ont choisi pour leur ministre
« plénipotentiaire auprès de vous, et m'ont chargé de
« vous témoigner tous leurs regrets de ne vous avoir
« point trouvé à Paris pendant le séjour qu'ils y ont
« fait. Votre buste, qui les attend à Saint-Pétersbourg,
« les dédommagera faiblement de n'avoir point vu le
« modèle immortel auquel ils désiraient rendre hom-
« mage. Voilà, mon cher frère, ce que m'a dit pour
« vous le comte du Nord avec toute l'énergie de Pierre
« le Grand, et madame la comtesse avec toute la grâce
« de son sexe. J'ai répondu en ambassadeur ; c'est à
« vous à présent à répondre en monarque..... J'ai
« reçu cette mission en présence de cent cinquante
« officiers de la garnison..... Le suffrage a été gé-
« néral. J'ai eu un moment d'orgueil ; j'en conserve
« encore en m'acquittant de ma mission ;.... elle est
« remplie, et je redeviens modeste par un juste
« retour sur moi-même. »

« Vous voyez, mon cher fils, » continue Buffon[1], qui envoie à Saint-Pétersbourg toute cette narration, « combien je dois être désolé de n'avoir pu leur faire

[1] Montbard, 12 juillet 1782.

« ma cour ; ils ont enlevé tous les suffrages et se sont
« fait adorer partout où ils ont passé ; » et il
ajoute : « *Faites bon usage de tout ceci auprès de*
« *notre grande impératrice.* »

« Jugez, mon sublime ami » écrit à son tour madame Necker, et transcrit scrupuleusement Buffon,
« du plaisir que j'ai dû goûter en apprenant les mar-
« ques d'admiration que le comte et la comtesse du
« Nord vous avaient données à la séance de l'Académie
« française ; la comtesse dit tout haut, avec chagrin :
« Puisque j'ai le malheur de ne pas voir ce grand
« homme, j'irai du moins lui faire ma cour en visi-
« tant le cabinet qu'il a formé. Elle m'a parlé long-
« temps de ses regrets sur votre absence, dans une
« course qu'elle a daigné faire à Saint-Ouen avec le
« comte du Nord : les *Époques de la nature* ont été,
« me dit-il, non-seulement le sujet de toutes les con-
« versations, mais celui des disputes les plus vives et
« les plus continuelles. Vous voyez que, même dans
« le Nord, l'on ne peut vous aimer modérément. »

Dans ce Nord existaient quelques savants ; et
Buffon, qui aimait les bons et faciles rapports, écrit
à son jeune messager [1] :

« Vous me ferez plaisir de dire des choses obli-
« geantes de ma part à M. de Domaschnef, président
« de l'Académie, et à mes autres confrères dans cette

______

[1] Montbard, 18 août 1782.

« savante Compagnie; M. Euler [1] est, à ce qu'on me
« dit, aveugle et bien âgé, mais c'est encore le plus
« grand géomètre de l'Europe; j'estime aussi beau-
« coup M. Pallas [2], M. Mayer [3] et plusieurs autres
« membres de cette Académie: faites-leur une visite
« pour le leur témoigner. » Et dans la lettre suivante [4] : « Vous ne me parlez pas du Cabinet d'his-
« toire naturelle de l'Académie de Pétersbourg ;
« vous me feriez plaisir de m'en donner un aperçu;
« je sais que mademoiselle Clairon a envoyé d'assez
« beaux madrépores, et, si je savais ce qui manque
« dans ce Cabinet, je me ferais un devoir de l'offrir
« à Sa Majesté Impériale. »

Pendant la durée de ce voyage, les lettres de Buffon laissent entrevoir des préoccupations qui se
rapportent à la carrière de son fils : « L'on m'écrit
« que les promotions de votre régiment ne sont pas
« encore faites; à mon retour je verrai souvent le
« Maréchal et je tâcherai d'entretenir sa bonne vo-
« lonté pour vous. »

L'instruction du jeune Buffon avait d'abord été

[1] Euler (Léonard), le plus fécond des géomètres et l'un des plus
illustres, né à Bâle le 15 avril 1707, appelé à Pétersbourg en 1733,
mort en 1783.

[2] Pallas (Pierre-Simon), célèbre voyageur et grand naturaliste, né
à Berlin en 1741, appelé à Pétersbourg en 1769, mort à Berlin en
1811.

[3] Mayer (Frédéric-Christophe), Académicien de Pétersbourg.

[4] Septembre 1782.

dirigée vers les sciences physiques. Les intrigues au moyen desquelles M. d'Angeviller s'était assuré la survivance de l'intendance du Jardin du roi lui ayant été dévoilées, il avait obtenu que son père le confiât au vieux maréchal de Biron, et était entré au service à dix-sept ans.

Une dernière lettre, adressée à Saint-Pétersbourg vers la fin de 1782, trace au voyageur l'itinéraire de son retour : « Il est très-possible, » ajoute le prévoyant et affectueux mentor, « que je sois à Paris « dans le mois de janvier : dans ce cas vous seriez « obligé d'y arriver vous-même et de reprendre « tout de suite votre service; au lieu qu'en arri- « vant à Montbard au 1er février, vous êtes sûr de « m'y trouver, et vous resterez avec moi jusqu'au « 15 ou au 20. »

Février était presque écoulé, lorsque enfin Buffon put écrire à Bexon [1].

« Mon fils vient d'arriver;.... l'Impératrice et le « Grand-Duc l'ont très-bien traité, et nous aurons de « beaux minéraux dont on achève actuellement la « collection..... J'avoue que l'inquiétude sur son « retour m'avait ôté le sommeil et la force de « penser. »

Ce fils, unique objet d'une tendresse à laquelle le grand âge donnait plus d'expansion, n'avait pu con-

[1] 24 février 1783.

naître, dans son enfance, aucune des salutaires rigueurs qui servent d'apprentissage à la vie. La jeunesse était arrivée, ne trouvant en lui que confiant abandon, que légèreté, unis au culte filial le plus fervent.

L'admiration dont son père était l'objet avait créé, autour du jeune homme, un monde idéal. Il y développa sa générosité de sentiments, sa droiture; mais en vivant dans une atmosphère factice il perdit cette sage réserve, qui est la sauvegarde de l'avenir et à laquelle rien ne supplée. A une société égoïste et insoucieuse de sa candeur, de son inexpérience, il se livra sans défense. Ce fut sa seule erreur ; il la paya de son bonheur et de sa vie.

Persévérant dans ses vues et cherchant des biais qui pussent préparer l'opinion publique en sa faveur, M. d'Angeviller écrivait au poëte Delille : « M. de « Buffon m'a enlevé mon cabinet, je n'y ai pas de « regret, et vous savez que je n'avais fait des sacri- « fices considérables que dans ce seul objet. »

A Buffon lui-même il avait adressé une lettre ainsi conçue[1] : « ..... Qui vous parle d'argent ? Doit-il « être question de cela entre nous ? Vous prendrez, « comme je vous l'ai dit, et le temps et les moyens « que vous voudrez. Tout m'est égal, le temps et la

[1] 13 décembre 1779.

« somme; vous ne pourrez pas augmenter, mais vous
« pourrez diminuer tant que vous voudrez. J'attends
« vos ordres, et aussitôt je ferai porter au Cabinet
« tout le mien. N'agissez donc avec moi que comme
« ami; vous désirez ce cabinet pour l'enfant que vous
« avez créé et mis au monde, je me trouve trop
« heureux d'avoir une goutte de lait à lui offrir.
« Encore une fois, j'attends vos ordres, et c'est par
« délicatesse et soumission que je ne les préviens
« pas..... »

Deux ans plus tard, l'abbé Bexon, dont la conduite
en cela n'est point justifiable, écrivait[1] à celui en qui
il voyait le futur intendant : « ..... M. le marquis
« ne doute pas de la suite et de l'intérêt que j'ai mis
« à seconder ses vues auprès de notre grand ami. J'ai
« lieu de penser qu'enfin il les adopte entièrement
« pour le fond ; nous en dirons davantage en cau-
« sant : que cet agréable moment me tarde!..... »

Bexon se flattait : une lettre, adressée de Montbard
par Buffon à son fils[2], à l'occasion d'une visite du
roi de Suède, en donne la preuve. La lettre est
dictée à un secrétaire, mais au bas se trouve un
post-scriptum autographe, dont les caractères tra-
hissent une vive émotion : « C'est en effet à M. de
« Breteuil[3] à donner des ordres au Jardin Royal, et

---

[1] 14 février 1782.
[2] Montbard, 14 juin 1784.
[3] M. de Breteuil, alors ministre de la maison du Roi.

« non à M. d'Angeviller, qui n'y est rien tant que
« j'y serai. »

A ces intrigues intestines, se joignaient de sinistres
appréhensions. Buffon écrit à un receveur général
des fermes,[1] mécontent du système d'économie alors
en vigueur : « On est actuellement dans un mo-
« ment de grande effervescence qui annonce une
« crise, et bien des gens assurent que l'on verra dans
« peu de grands changements dans le ministère des
« finances. Ce serait pourtant un grand malheur
« pour l'État, si M. Necker quittait. »

Ces signes précurseurs d'une violente commotion,
et peut-être aussi son grand âge firent désirer à Buffon de fixer l'avenir de son fils. Il le maria n'ayant
encore que vingt ans[2]. Tout, dans cette union, avec
une personne belle, noble et riche, semblait espérance et bonheur.

Se fiant aux jours heureux qui s'ouvraient devant
ces jeunes existences, l'énergique vieillard revint à
ses travaux avec cette hâte que donnent des douleurs
contenues ; les ravages de la maladie dont il souf-
frait se faisaient chaque jour plus cruellement sentir. Le premier volume de l'*Histoire des minéraux*
avait paru en 1783 ; d'année en année les volumes
se succédaient. Là, se trouvaient encore des jouis-

[1] M. Hébert : 15 mai 1781.
[2] Le 4 janvier 1784.

sances, et Buffon, à cette dernière époque de sa grande vie, se plaisait à dire : « J'ai passé cinquante « ans à mon bureau. »

Il en avait quatre-vingts. Une douleur aussi imprévue que profonde l'atteignit alors dans ce qu'il avait de plus cher, et lui dicta pour son fils, contraint à une séparation, les instructions les plus dignes, les plus touchantes que puisse inspirer un esprit ferme et juste, uni à un cœur hautement moral. D'abord, il se prive d'appeler près de lui et de serrer sur son cœur le jeune homme abreuvé de chagrins, et lui impose de s'éloigner, de voyager. Quelques mois plus tard, il lui écrit : « Venez, mon fils ;.... ne « venez pas seul... Je ne serai pas tranquille si vous « n'êtes pas accompagné de quelque personne rai- « sonnable... Je vous attends pour le 7, c'est le jour « de ma naissance ; ce sera celui de mon bonheur si « je vous embrasse en bonne santé de corps et de « tête, car vous avez besoin de rétablir tous deux...»

Ce fut le dernier anniversaire de sa naissance que vit Buffon. Au mois de décembre, il fit son testament. Le mal allait s'aggravant, et avec le mal grandissaient les sincères inquiétudes de la France et de l'Europe. C'était un juste tribut de reconnaissance. L'expression en parvint jusqu'au vieillard. Il se souvint alors douloureusement des plans de M. d'Angeviller, et fit un dernier effort pour ressaisir cette survivance tant désirée pour son fils. La conduite de celui-ci fut parfaite. Rien de ce monde pouvait-il le toucher près de son père mourant ?

Les dernières lignes que Buffon dicta furent adressées à madame Necker. La parole lui manquait déjà depuis plusieurs jours, lorsque parut tout à coup le père Ignace, tardivement averti de cette dernière maladie; il accourait de Montbard.

Au son de sa voix, Buffon se ranima, la parole lui revint, il fit réunir tous ceux qui l'entouraient; puis, s'adressant à son vieil ami, il régla devant eux les comptes de conscience de toute sa vie, et ajouta qu'il voulait qu'après que toutes les cérémonies du culte auraient été scrupuleusement remplies, sa dépouille fût confiée au père Ignace, à qui il demandait de la reconduire à Montbard, et de la faire placer, sans pompe, entre celles de son père et de sa femme.

Buffon mourut au Jardin du Roi, le 14 avril 1788.

PREMIÈRE PARTIE

DES MANUSCRITS DE BUFFON

DES MANUSCRITS DE BUFFON

CHAPITRE PREMIER

DE BEXON CORRIGÉ PAR BUFFON

Des manuscrits de Buffon que possède le Muséum on peut former à peu près sept volumes : deux appartiennent à l'*Histoire des minéraux*, quatre à l'*Histoire des oiseaux*, un aux *Époques de la nature*.

Les quatre volumes sur les *oiseaux* répondent aux tomes VI, VII, VIII et IX de l'édition in-4° de l'Imprimerie royale, et comprennent, d'une manière plus ou moins incomplète, les histoires de la *Fauvette*, de l'*Oiseau-mouche*, du *Colibri*, des *Perroquets*, des *Pics*, des *Martins-Pêcheurs*[1], etc., — des *Oiseaux d'eau* : la *cigoyne*, la *grue*, les *hérons*, la *bécasse*, l'*ibis*, les *courlis*, les *pluviers*, le *pélican*, le *cormoran*, le *flammant*, le *cygne*, l'*oie*, les *canards*, les *sarcelles*, les *pétrels*, les *pingouins*[2], etc.

Presque tout cela est de la main de Bexon, du moins comme première rédaction; car les rédactions, ou plutôt les copies, se succèdent, et, avec les copies de Bexon, les corrections de Buffon.

En général, voici comment on procède. Bexon fait une première rédaction et l'envoie à Buffon. Buffon corrige et renvoie à Bexon. Bexon recopie, Buffon recorrige; et cela se renouvelle ainsi jusqu'à trois, quatre et cinq fois de suite.

Tout ce procédé de travail se voit ici parfaitement; mais on pouvait déjà s'en faire une idée par les lettres de Buffon à l'abbé Bexon, lettres qui ont été publiées

---

[1] Ajoutez les *gobe-mouches*, les *moucherolles*, les *tyrans*, le *becfigue*, le *rouge-gorge*, les *bergeronnettes*, le *traquet*, le *pouillot* ou le *chantre*, le *troglodyte*, le *jabiru*, la *demoiselle de Numidie*, le *cariama*, le *secrétaire*, les *crabiers*, les *butors*, le *bihoreau*, le *savacou*, la *spatule*, la *bécassine*.

[2] Ajoutez les *barges*, les *chevaliers*, les *combattants*, les *maubéches*, le *bécasseau*, la *guignette*, l'*alouette de mer*, le *cincle*, le *vanneau*, l'*échasse*, le *coure-vite*, le *tourne-pierre*, le *merle d'eau*, la *grive d'eau*, le *canut*, le *râle de terre* ou *de genêt*, le *râle d'eau*, le *caurale*, la *poule d'eau*, le *jacana*, la *morelle*, les *phalaropes*, les *grèbes*, les *plongeons*, les *hirondelles de mer*, l'*oiseau du Tropique* ou *paille-en-queue*, le *labbe*, la *frégate*, l'*anhinga*, le *bec-en-ciseaux*, le *noddi*, l'*avocette*, le *cravant*, l'*eider*, la *bernache*, l'*albatros*, le *macareux*.

d'abord par François de Neufchâteau dans le *Conservateur* de l'an VIII[1], et que j'ai reproduites dans mon *Histoire des travaux et des idées de Buffon*[2].

Je lis, dans la huitième de ces lettres : « Envoyez-moi vos *Oiseaux-mouches* et *Colibris*, j'aurai le temps de les recevoir et d'y travailler avant mon départ[3] ; »

Dans la septième : « Lorsque j'aurai revu cet article (celui des *Martins-pêcheurs*), je vous en enverrai la copie corrigée, à laquelle vous retrancherez, ajouterez ou changerez ce que vous croirez nécessaire ; »

Dans la douzième : « Voilà le *Cormoran* que je vous renvoie avec les premières corrections, car j'en ai fait de plus grandes sur la seconde copie ; mais en tout il est bien et n'a pas laissé de vous coûter beaucoup de temps pour les recherches ; »

Et, dans la treizième : « Vous trouverez, dans ce paquet, votre article du *Paille-en-queue* avec assez peu de corrections ; c'est un de ceux que vous avez le mieux écrits, et je m'aperçois de plus en plus que chaque jour vous vous perfectionnez et que la belle imagination ne vous abandonne guère. »

L'imagination, la *belle imagination*, un certain feu d'imagination du moins, était, en effet, la qualité dominante de l'abbé Bexon. Il avait plus d'imagination que de goût. Il avait ce que donne l'imagination : le

---

[1] *Le Conservateur, ou Recueil de morceaux inédits d'histoire, de politique, de littérature et de philosophie*, t. Ier, p. 101 et suiv.

[2] Paris, 1850 (seconde édition).

[3] En général, les lettres de Buffon sont écrites de Montbard.

travail facile, l'expression brillante mais vague, et
n'avait pas ce que le goût seul donne : le travail difficile et l'expression juste. « Toutes les fois, lui écrit
Buffon, que l'on traite un sujet dans un point de vue
général, il faut tâcher d'être court et précis [1]. » *Court
et précis*, c'est ce que Bexon ne savait pas être ; et
l'on verra tout à l'heure, par plus d'un exemple
curieux, comment Buffon le lui enseigne.

Au reste, rien n'est plus touchant que l'abandon
confiant avec lequel ces deux hommes se livrent réciproquement leurs pensées.

Je vous envoie, écrit Buffon à Bexon [2], le travail que j'ai
fait sur cette famille si nombreuse d'oiseaux (les perroquets);… ce travail me fait peur pour vous aussi bien que
pour moi ;… je travaille au préambule, qui sera court et
qui ne contiendra que les qualités particulières et les rapports qui distinguent ces oiseaux de tous les autres, et qui
leur donnent, par la faculté d'imiter la parole, quelque re-
lation avec cette faculté de l'homme. S'il vous vient quelques
idées sur la nature en général de ces oiseaux, vous me ferez
plaisir de me les communiquer…

Ce préambule des perroquets, ou plutôt ce coup
d'œil profond jeté sur la faculté de la parole, est un
des morceaux les plus éloquents de Buffon ; cependant Bexon ne lui en dit rien. Aussi Buffon lui écrit-
il bientôt, avec un certain dépit : « Vous ne me mar-

1 Lettre XIV.
2 Lettre III:

quez pas si le préambule des perroquets vous a fait
plaisir; il me semble que la métaphysique de la parole y est assez bien jasée[1]. » Cette *métaphysique* dé-
passait un peu la portée de l'abbé Bexon.

Buffon convient ailleurs, avec bonhomie, de l'en-
nui que lui cause le détail infini de l'histoire des oiseaux :

Je vous assure, mon cher abbé, que, quoique je n'aie pas
à beaucoup près, comme vous, la grande fatigue de ce travail, il me pèse néanmoins beaucoup, et que je désire autant
que vous d'en être quitte et de ne plus travailler sur des
plumes[2].

Il écrit enfin à l'abbé Bexon, et rien ne peint mieux
son amour vrai pour le travail et le besoin qu'il s'en
était fait :

Soignez-donc votre santé; ce n'est point le travail paisible qui l'altère; du moins je vois par mon expérience que
la tranquillité du cabinet me fait autant de bien que le mouvement du tourbillon de Paris me fait de mal[3].

François de Neufchâteau, dans une lettre à Scipion Bexon, frère de notre abbé, lui dit :

Vous avez raison de vous plaindre du silence vraiment
étonnant que gardent tous les nouveaux éditeurs de l'*Histoire naturelle* de Buffon sur la part qui devait revenir

[1] Lettre VI.
[2] Lettre XII.
[3] Lettre XV.

dans le succès de cet ouvrage à la mémoire de votre
digne frère. Il n'est pas permis d'ignorer l'aveu que Buffon
lui-même a fait de la coopération de l'abbé Bexon aux trois
derniers volumes de l'*Histoire des oiseaux*, dans l'Avertissement placé à la tête du septième volume in-4°, publié
en 1780; mais cet Avertissement, tardif et restreint, ne
donne qu'une faible idée des travaux, des recherches et
du talent dont votre frère a fait le sacrifice à l'histoire de la
nature ; ce sacrifice avait commencé, à ma connaissance,
dès 1777[1].

Dès 1777, dit François de Neufchâteau, et rien
n'est plus vrai. La première lettre de Buffon à l'abbé
Bexon est du 27 juillet 1777, et elle commence
ainsi :

Je suis très-satisfait, monsieur, et même plus que content, car on ne peut se plaindre que du trop de travail qu'a
dû vous coûter la composition des articles que vous m'avez
envoyés; il y a, en général, trop d'érudition, et vous ne
voulez pas qu'en comparant ces articles avec ceux qui sont
imprimés, on voie qu'on a redoublé de science mytholo-
gique et d'érudition assez inutiles à l'histoire naturelle. J'en
retrancherai donc beaucoup, et j'aurai l'honneur de vous
envoyer dans peu le premier cahier corrigé de ma main;
cela vous servira d'exemple pour ceux de la suite; mais je
vous le répète, monsieur, je suis parfaitement satisfait, et
vous pouvez continuer, attaquer la famille des hérons et
suivre ensuite la classe de tous les autres oiseaux de marais.

---

[1] Voyez *le Conservateur, ou Recueil de morceaux inédits*, etc.
(an VIII, p. vii).

Vous en avez pour du temps, et je trouve que vous en avez beaucoup fait pour le peu de semaines que vous y avez employées. Tâchez, monsieur, de faire toutes vos descriptions d'après les oiseaux mêmes : cela est essentiel pour la précision [1].

Cette dernière recommandation doit être notée, car elle nous fait voir, une fois de plus [2], combien Buffon tenait à la fidélité, à la vérité. Je me rappelle avoir entendu dire à M. Cuvier que Buffon était plus exact que Linné, et il avait grande raison. Seulement Buffon n'écrivait pas ses descriptions en termes techniques; et c'est ce qui a trompé beaucoup de naturalistes qui ne se reconnaissent guère en ce genre d'écrits qu'autant qu'ils y trouvent un langage particulier, convenu, et, si je puis ainsi parler, le langage officiel de la nomenclature.

Mais revenons à Bexon, et à cet avertissement du septième volume de l'*Histoire des oiseaux*, que François de Neufchâteau appelle *tardif et restreint*.

Depuis quarante ans que j'écris sur l'histoire naturelle, y dit Buffon, mon zèle pour l'accroissement de cette science ne s'est point ralenti; j'aurais voulu la traiter dans toutes ses parties, ou du moins ajouter à ce que j'ai fait l'histoire des oiseaux et celle des insectes; mais comme ces deux objets

---

[1] Lettre I.

[2] Voyez, sur l'attention de Buffon à ne donner que des faits exacts, mon *Histoire de ses travaux et de ses idées*.

1.

sont d'un détail immense, j'ai senti que j'avais besoin de
coopérateurs, et j'ai engagé mon très-cher et savant ami
M. Gueneau de Montbeillard, l'un des meilleurs écrivains
de ce siècle, à partager ce travail avec moi; il a rempli une
partie de cette tâche pénible jusqu'au sixième volume de cette
Histoire des oiseaux; et, désirant aujourd'hui s'occuper assidûment de celle des insectes, à laquelle il a déjà beaucoup
travaillé, il m'a prié de me charger seul de ce qui restait à
faire sur les oiseaux : ce septième volume et les deux suivants seront donc tous trois sous mon nom; néanmoins ce
qu'ils contiennent ne m'appartient pas en entier à beaucoup près. M. l'abbé Bexon, chanoine de la Sainte-Chapelle
de Paris, déjà connu par plusieurs bons ouvrages, a bien
voulu m'aider dans ce dernier travail : non-seulement il
m'a fourni toutes les nomenclatures et la plupart des descriptions, mais il a fait de savantes recherches sur chaque
article, et il les a souvent accompagnées de réflexions solides et d'idées ingénieuses que j'ai employées de son aveu,
et dont je me fais un devoir et un plaisir de lui témoigner
publiquement toute ma reconnaissance [1].

Voilà tout l'avertissement de Buffon. Bexon en
fut-il content? Trouva-t-il que Buffon en disait assez?
On peut en douter; on peut même croire que Buffon
en doutait aussi :

Je vous envoie, écrit-il à l'abbé Bexon, l'avertissement
qui doit être mis en tête de notre septième volume des
oiseaux; je crois que vous serez content de la manière dont
j'y parle de vous; cependant voyez, mon cher monsieur, si

---

[1] Voyez le tome VII, page 495 de mon édition de Buffon.

vous désirez quelque chose de plus. M. Gueneau de Montbeillard a vu cet avertissement, et c'est pour cette raison
qu'il ne faudrait y rien changer; cependant dites-moi naturellement si vous êtes aussi content que je le désire [1].

Je ne sais ce que répondit Bexon, car nous n'avons
pas ses lettres. Pour moi, j'aurais dit *naturellement*
que je trouvais l'avertissement très-incomplet ; car,
d'abord, il y a preuve, par les lettres mêmes de
Buffon, que l'union des deux auteurs date, pour le
moins, du temps de l'article sur les fauvettes, et les
fauvettes appartiennent au cinquième volume.

M. de Buffon fait ses compliments à M. l'abbé Bexon, et
le prie de ne venir que dimanche, parce que demain, samedi, il ne pourrait le recevoir; M. l'abbé Bexon en aura
d'autant plus de temps pour arranger les fauvettes [2].

Et ensuite je vois clairement par nos manuscrits
toute la part que Bexon a prise au sixième volume ;
car il y a de lui l'histoire de l'oiseau-mouche, celle
du colibri, celle de plusieurs espèces de perroquets, etc., etc.

Il est vrai que, de son côté, Buffon ne négligeait
rien pour aider Bexon. Il avait rassemblé un grand
nombre de matériaux pour ses quatre derniers volumes : le VIe, le VIIe, le VIIIe et le IXe ; il envoie
tous ces matériaux à son jeune collaborateur, à mesure que le travail de celui-ci avance.

----

[1] Lettre XIII.
[2] Lettre II.

Je vous envoie, mon très-cher abbé, la copie de tous les articles sur les pics et martins-pêcheurs... Je vous envoie le travail que j'ai fait sur cette famille si nombreuse d'oiseaux (les perroquets) [1]... Je vous envoie toutes mes notes sur les hérons, les courlis et ibis, les spatules, le pélican, le cygne, et une petite note sur le martin-pêcheur; et comme ce paquet était assez gros, je vous enverrai une autre fois les oiseaux guerriers, car je crois que ce sont les mêmes que ceux que vous appelez oiseaux combattants; je joindrai à ce second envoi les notes sur les cigognes, la demoiselle de Numidie, le jabiru, l'oiseau royal [2]... Vous devez avoir reçu les notes que j'avais recueillies sur les oiseaux-mouches et colibris [3]...

A ces premiers matériaux, chose fort utile sans doute, Buffon joint quelque chose de beaucoup plus utile encore : sa direction, ses conseils.

Vous voudrez bien suivre ma distribution et ma méthode pour les perroquets; je les divise d'abord en deux grandes classes, ceux de l'ancien continent et ceux du nouveau monde; dans la première classe je place : 1° les kakatoës, sur lesquels vous trouverez un petit cahier de six pages; 2° les perroquets proprement dits sur lesquels je n'ai encore rien recueilli, et que vous travaillerez tout à neuf; 3° les loris sur lesquels je vous envoie un cahier de six pages. Dans la classe du nouveau continent : 1° les premiers sont les aras, sur lesquels vous trouverez environ vingt-quatre pages

[1] Lettre III.
[2] Lettre VI.
[3] Lettre VII.

d'écriture; 2° les amazones, un cahier de vingt-huit pages; 3° les papegais, huit pages. J'y joins un cahier de notes intitulé : *Les Perroquets*, et qui a treize pages.

Ensuite viennent les perruches, dont il faut faire un traité séparé, et qui doit suivre celui des perroquets, en distinguant autant qu'il est possible les perruches de l'ancien continent de celles du nouveau, et aussi celles qui, dans chaque continent, sont à queue longue ou à queue courte, à queue étagée ou non étagée, etc. Vous trouverez sur cela trois cahiers, l'un de vingt-deux, le second de huit, et le troisième de vingt et une pages [1].

En y pensant davantage, Buffon modifie un peu cette distribution, et aussitôt il en instruit Bexon :

J'ai cru devoir changer quelque chose à l'ordre de distribution des perroquets.

Les perroquets de l'ancien continent : 1° les kakatoës; 2° les perroquets proprement dits; 3° les loris, qui finissent par les loris-perruches ou loris à longue queue; 4° les perruches à longue queue également étagée; 5° les perruches à longue queue inégale; 6° les perruches à courte queue.

Les perroquets du nouveau continent : 1° les aras; 2° les amazones; 3° les criks; 4° les papegais; 5° les perruches à longue queue inégale (j'ai appelé perriches celles de l'Amérique, pour les distinguer des perruches de l'ancien continent, et ce nom *perriche* est assez en usage); 6° les perriches à longue queue inégale; 7° les perriches à queue courte.

Par cette distribution, l'énumération du grand nombre

[1] Lettre III.

de ces oiseaux devient très-claire, et on en saisit aisément les différences [1].

Sous un si habile maître, le très-laborieux et très-intelligent Bexon se forma bien vite. Ce qui ennuyait surtout Buffon, c'étaient les descriptions [2]. Il en avait chargé Daubenton pour les quadrupèdes. Bexon l'en débarrassa pour les oiseaux. Je ne vois presque pas de corrections dans nos manuscrits, tant qu'il ne s'agit que de descriptions. Il n'en est plus ainsi dès qu'il s'agit de style. C'est que le style, aurait dit Buffon, le style! c'est une *autre paire de manches* [3].

Voyons donc quelques-uns de ces curieux et précieux exemples où Buffon s'applique à corriger Bexon, et, si je puis ainsi parler, à lui donner des leçons de style, ou, pour mieux dire encore, à lui donner des leçons de travail en fait de style.

Je tire mon premier exemple de l'histoire de l'*oie*.
Bexon avait écrit :

L'oie est parmi le peuple de la basse-cour un habitant de distinction : sa grande taille, son port droit, sa démarche grave, sa plume nette et lustrée, et plus encore son humeur sociale, son instinct courageux, l'espèce d'intelligence

---

[1] Lettre VII.

[2] J'entends ici les *descriptions techniques*, les descriptions *à la Daubenton*. « J'ai reçu avec grand plaisir votre lettre, mon très-
« cher abbé, et je vous ferai mon compliment quand vous serez
« tout à fait quitte de cette nomenclature et même de ces descrip-
« tions d'oiseaux qui sont bien ennuyeuses. » (Lettre xv.)

[3] Mot familier à Buffon : « Oh! oh! la clarification du style! c'est
« une autre paire de manches. »

qui la rend susceptible d'un fort attachement et d'une longue reconnaissance, dont nous donnerons des exemples, sa vigilance enfin pour laquelle les anciens l'ont rendue si célèbre : tout concourt à nous présenter l'oie comme l'un de nos domestiques les plus intéressants, comme il est un des plus utiles pour les usages multipliés auxquels elle sert, morte ou vivante. Son corps fournit une chair abondante, etc.

Il y avait là bien du négligé, bien du lourd, ne fût-ce que cette dernière phrase :

Tout concourt à nous présenter l'oie *comme* l'un de nos domestiques les plus intéressants, *comme* il est un des plus utiles pour les usages multipliés auxquels elle sert, *morte ou vivante*.

Et d'ailleurs rien de distingué, rien de vif, aucun de ces traits qui frappent, qui restent, qui font des réputations, qui ont fait la réputation de l'*Histoire de l'oie*.

Voici Buffon :

Dans chaque genre, les espèces premières ont emporté tous nos éloges, et n'ont laissé aux espèces secondes que le mépris tiré de leur comparaison. L'oie, par rapport au cygne, est dans le même cas que l'âne vis-à-vis du cheval; tous deux ne sont pas prisés à leur juste valeur : le premier degré de l'infériorité paraissant être une vraie dégradation, et rappelant en même temps l'idée d'un modèle plus parfait, n'offre, au lieu des attributs réels de l'espèce secondaire, que ses contrastes désavantageux avec l'espèce première.

Éloignant donc pour un moment celle du cygne, nous trouverons que l'oie est, parmi le peuple de la basse-cour, un habitant de distinction : sa corpulence, son port droit, sa démarche grave, son plumage net et lustré, et plus encore son naturel social qui la rend susceptible d'un fort attachement et d'une longue reconnaissance, enfin sa vigilance très-anciennement célébrée, tout concourt à nous présenter l'oie comme l'un des plus intéressants et même des plus utiles de nos oiseaux domestiques ; car, indépendamment de la bonne qualité de sa chair et de sa graisse, dont aucun autre oiseau n'est plus abondamment pourvu, l'oie nous fournit cette plume délicate sur laquelle la mollesse se plaît à reposer, et cette autre plume, instrument de l'esprit, avec laquelle nous écrivons ici son éloge.

A l'impression, Buffon a fait encore, car il avait le don de n'être jamais content, deux ou trois corrections.

Au lieu de : « Éloignant donc, pour un moment, celle (l'espèce) du cygne), » il a mis : « Éloignant donc, pour un moment, la trop noble image du cygne. »

Au lieu de :« Nous trouverons que l'oie est, parmi le peuple de la basse-cour, » il a mis : « Nous trouverons que l'oie est encore, dans le peuple de la basse-cour. »

Et, au lieu de : « Cette autre plume, instrument de l'esprit, » il a mis : « Cette autre plume, instrument de nos pensées. »

A propos du macareux, Bexon avait écrit : « Le bec,

cet organe principal des oiseaux, dans lequel réside la meilleure partie de leurs facultés, de leurs forces, de leur industrie. »

Buffon corrige très-heureusement, je veux dire très-judicieusement : « Le bec, cet organe principal des oiseaux, et duquel dépend l'exercice de leurs forces, de leur industrie et de la plupart de leurs facultés. »

A propos du *héron*, Bexon avait dit :

Le bonheur, non plus que la beauté, n'est pas également départi à tous les êtres sensibles. Il en est qui semblent nés dans le dénûment pour vivre dans la privation, qui paraissent dévoués à la peine, destinés à endurer la pénurie, à lutter contre le besoin, dont la vie douloureuse se consume dans les souffrances, dont toutes les vertus se bornent à celle de patienter, et toutes les ressources à celle de s'endurcir, dont enfin la peine intérieure, marquant dans tous leurs traits sa triste empreinte, ne leur laisse aucune des grâces dont la nature anime tous les autres êtres.

Après une première correction, que je place en note [1], Buffon est arrivé à cette autre, qui est restée définitive :

[1] « Dans l'homme, le bonheur vient de la pureté de l'âme, et con-
« siste dans le bon emploi de ses vertus morales; le bien-être des
« animaux ne dépend, au contraire, que de la seule puissance des fa-
« cultés physiques, et, comme leurs formes sont variées à l'infini, il
« y en a quelques-uns qui paraissent faits pour jouir de toutes les
« aisances de la vie, tandis que d'autres, par imperfection d'organes
« ou dénûment de facultés, semblent être condamnés à vivre dans la
« privation et destinés à endurer la pénurie. Leur vie pénible se con-

Le bonheur n'est pas également départi à tous les êtres sensibles; celui de l'homme vient de la douceur de son âme, et du bon emploi de ses qualités morales; le bien-être des animaux ne dépend, au contraire, que des facultés physiques et de l'exercice de leurs forces corporelles; mais si la nature s'indigne du partage injuste que la société fait du bonheur parmi les hommes, elle-même dans sa marche rapide paraît avoir négligé certains animaux, qui, par imperfection d'organes, sont condamnés à endurer la souffrance et destinés à éprouver la pénurie : enfants disgraciés, nés dans le dénûment pour vivre dans la privation, leurs jours pénibles se consument dans les inquiétudes d'un besoin toujours renaissant; souffrir et patienter sont souvent leurs seules ressources, et cette peine intérieure trace sa triste empreinte jusque sur leur figure, et ne leur laisse aucune des grâces dont la nature anime tous les êtres heureux.

Par ces remaniements successifs, sans doute que le fond de Bexon s'est fort embelli, mais enfin c'est toujours le fond de Bexon; et, dans le cas présent, ce fond n'est peut-être pas très-juste. Est-il bien sûr que le héron soit plus malheureux que les autres oiseaux? La Fontaine se moque de ce qu'il

> . . . montrait un goût dédaigneux,
> Comme le rat du bon Horace;

« sume dans les inquiétudes d'un besoin toujours renaissant : souffrir
« et patienter sont souvent leur seule ressource; cette peine intérieure
« trace sa triste empreinte jusque sur leur figure, et ne leur laisse
« aucune des grâces dont la nature anime tous les êtres heureux. »

mais ce n'est pas pour des hérons que la Fontaine composait ses fables :

> Ne soyons pas si difficiles ;
> Les plus accommodants, ce sont les plus habiles.
> . . . .
> . . . . . Ce n'est pas aux hérons
> Que je parle ; écoutez, humains, un autre conte.

Combien de fois n'ai-je pas entendu certains naturalistes vanter comme une idée profonde de Buffon l'idée de la nature s'essayant, s'instruisant peu à peu, et, faute d'assez d'instruction, ayant manqué d'abord quelques-uns de ses premiers ouvrages. Eh bien ! cette idée profonde, si profondeur il y a, n'est pas de Buffon ; elle est de l'abbé Bexon[1]. Je crains bien que cette révélation ne lui nuise un peu : elle ne sera plus autant citée.

Bexon avait dit :

De toutes les productions que put enfanter la nature, lorsque, dans sa première fécondité, elle essayait ses forces, *traçait* les germes et remplissait le plan immense de la vie, celles en qui les proportions d'organes et de structure

---

[1] A la rigueur, elle est de Lucrèce; la personnification de la nature est de vieille date :

> . . . . Omnia migrant ;
> Omnia commutat Natura, et vertere cogit.
> (Lucrèce, liv. V.)

> . . . .
> Multaque tum interiisse animantum sæcla necesse est,
> Nec potuisse propagando procudere prolem.
> (Lucrèce, liv. V.)

s'unirent avec les facultés de subsister et de se reproduire
purent seules être conservées : elle n'adopta pas toutes
les formes qu'elle avait tentées d'abord; elle choisit les plus
belles pour en composer le tout harmonieux et l'ensemble
admirable des êtres qui nous environnent. Mais, au milieu
de ce magnifique spectacle, quelques productions négligées,
jetées comme des ombres dans le grand tableau, quelques
formes moins heureuses, paraissent subsister comme les
restes de ces dessins mal assortis, de ces composés disparates que la nature dut rejeter de son ouvrage.

Après une première correction, déjà très-heureuse
et que je mets en note [1], après bien des changements,
bien des hésitations, bien des ratures, Buffon s'arrête
à celle-ci, qui est plus heureuse encore.

L'échasse est dans les oiseaux ce que la gerboise est dans
les quadrupèdes : ses jambes, trois fois longues comme le
corps, nous présentent une disproportion monstrueuse; et

[1] « L'échasse est dans les oiseaux ce que la gerboise est dans les
« quadrupèdes : les jambes, trois fois longues comme le corps, nous
« présentent une disproportion monstrueuse, et, en considérant ces
« excès, ou plutôt ces défauts énormes, il semble que, quand la
« nature essayait ses forces et traçait le plan de la forme des êtres,
« ceux en qui les proportions d'organes s'unirent avec la faculté de se
« reproduire ont été les seuls qui se soient conservés; elle ne put donc
« adopter toutes les formes qu'elle avait tentées d'abord; elle choisit
« les plus belles pour composer le tout harmonieux des êtres qui nous
« environnent. Mais, au milieu de ce magnifique spectacle, quelques
« productions négligées, jetées comme des ombres au tableau, quel-
« ques formes moins heureuses paraissent subsister comme les restes
« de ces dessins mal assortis et de ces composés disparates qu'elle
« eût dû rejeter de son ouvrage et même de ses projets. »

en considérant ces excès, ou plutôt ces défauts énormes, il semble que, quand la nature essayait toutes les puissances de sa première vigueur, et qu'elle ébauchait le plan de la forme des êtres, ceux en qui les proportions d'organes s'unirent avec la faculté de se reproduire ont été les seuls qui se soient maintenus : elle ne put donc adopter à perpétuité toutes les formes qu'elles avait tentées; elle choisit d'abord les plus belles pour en composer le tout harmonieux des êtres qui nous environnent; mais, au milieu de ce magnifique spectacle, quelques productions négligées, et quelques formes moins heureuses, jetées comme des ombres au tableau, paraissent être les restes de ces dessins mal assortis et de ces composés disparates qu'elle n'a laissé subsister que pour nous donner une idée plus étendue de ses projets.

Comme ce dernier trait, d'un ordre plus délicat, d'un tour plus vif, est bien amené et termine bien tout ce tableau! Mais enfin, et la simple justice veut que je le répète, c'est toujours le fond, c'est toujours l'idée première de Bexon, et tout le travail du maître n'a eu pour effet, et n'avait pour objet que de mettre cette idée dans son jour, dans son plus beau jour.

Plus j'examine ces manuscrits, corrigés par Buffon, plus je me convaincs que son dessein le plus arrêté, lorsqu'il chargea successivement Gueneau de Montbeillard et Bexon de l'*Histoire des oiseaux*, ce fut de ménager ce don supérieur qui a fait sa puissance, cette force de penser qui l'a mis au-dessus de tous les naturalistes, et de ne pas l'employer, pour me servir de son expression, « à travailler sur des plumes[1]. »

Lui-même nous le dit ailleurs très-éloquemment :

Me trouvant aujourd'hui dans la nécessité d'opter entre ces deux objets (l'histoire des oiseaux et celle des minéraux), j'ai préféré le dernier comme m'étant plus familier, quoique plus difficile, et comme étant plus analogue à mon goût par les belles découvertes et les grandes vues dont il est susceptible[2].

Ici le soin de ménager sa pensée, que s'est imposé Buffon, va si loin qu'il profite de tout dans Bexon : de ses idées, de ses vues, de ses tours, de ses expressions : quelquefois, après avoir effacé une expression, il la reprend ; après avoir écarté une idée, il y revient ; et tout cela aux moindres frais possibles, même pour la peine physique d'écrire, car il se sert le plus qu'il peut des mots écrits par Bexon, sauf à les modifier plus ou moins, selon le besoin.

Je donne, dans ce volume, quelques *fac-simile* de ces corrections. Je multiplierai d'ailleurs, un peu plus loin, les exemples du genre de ceux qui précèdent. Il est bon de pouvoir parler de Buffon, comme Montaigne nous dit qu'il aimait à parler de César : *tout à l'aise.*

---

[1] Voyez, ci-devant, p. 7.
[2] Voyez t. VI, p. 1, de mon édition de Buffon.

CHAPITRE II

DE BEXON CORRIGÉ PAR BUFFON

Je reviens encore à Bexon. Je voudrais pouvoir démêler, avec certitude, ce qui constitue réellement sa part, son bien, son domaine propre dans le grand domaine de Buffon.

J'ouvre nos manuscrits, et le premier article qui se présente est l'histoire de l'oiseau-mouche. Toute cette histoire est de la main de Bexon : rien de Buffon, pas une seule correction, pas un seul mot. Faut-il en conclure que tout en est de Bexon? Si cela est, cela dit beaucoup; car l'histoire de l'oiseau-mouche, même réduite à ce qui, dans cette hypothèse, serait du seul Bexon, est déjà charmante; et, par exemple, on y trouve déjà ce trait si joli, si fin, si souvent cité, et cité à l'honneur de Buffon : « Dans sa vie toute aérienne, on le voit à peine (l'oiseau-mouche) toucher quelques instants à la terre... »

Dans le genre volatile, dit Bexon, c'est au dernier degré de l'échelle de grandeur que la nature a placé son chef-d'œuvre. Le plus petit des oiseaux en est encore le plus merveilleux; il réunit tous les dons partagés aux habitants de l'air : légèreté, rapidité, prestesse, grâce, beauté, brillante parure des plus riches couleurs, tout appartient au charmant oiseau-mouche. L'émeraude, le rubis, la topaze, éclatent sur son plumage : dans sa vie toute aérienne, on le voit à peine toucher quelques instants à la terre; il vole de fleurs en fleurs; il a leur fraîcheur, comme il a leur éclat; il vit de leur nectar; on a dit qu'il mourait avec elles; plus heureux, il habite des climats où elles ne fleurissent que pour renaître, et parent tour à tour le cercle entier de l'année...

Buffon a supprimé quelques traits un peu lourds, comme le début : « Dans le genre volatile;... » comme : « brillante parure des plus riches couleurs... » et quelques autres qui lui ont paru sans doute un peu recherchés, comme : « On a dit qu'il mourait avec elles ;... » il a rendu le tout plus élégant, plus animé, plus vif; il a corrigé l'imagination par le goût; mais le fond tout entier, c'est-à-dire la *belle imagination* [1], est de l'abbé Bexon.

Voyons Buffon :

De tous les êtres animés, voici le plus élégant pour la forme et le plus brillant pour les couleurs. Les pierres et les métaux, polis par notre art, ne sont pas comparables à ce

---

[1] Expressions de Buffon. (Voyez, ci-devant, p. 5.)

bijou de la nature; elle l'a placé dans l'ordre des oiseaux au dernier degré de l'échelle de grandeur, *maximè miranda in minimis;* son chef-d'œuvre est le petit oiseau-mouche; elle l'a comblé de tous les dons qu'elle n'a fait que partager aux autres oiseaux : légèreté, rapidité, prestesse, grâce et riche parure, tout appartient à ce petit favori. L'émeraude, le rubis, la topaze brillent sur ses habits; il ne les souille jamais de la poussière de la terre; et, dans sa vie toute aérienne, on le voit à peine toucher le gazon par instants; il est toujours en l'air, volant de fleurs en fleurs; il a leur fraîcheur comme il a leur éclat; il vit de leur nectar et n'habite que les climats où sans cesse elles se renouvellent.

Voici quelque chose de plus curieux encore.

On sait tout ce qu'a valu d'applaudissements, d'éloges et même de beaux cadeaux[1] à Buffon, l'histoire du cygne. Eh bien ! cette histoire du cygne n'est pas de Buffon. J'en trouve ici quelques fragments[2], tous de Bexon ; et d'ailleurs, Buffon lui écrit (lettre II) : « Je fais cet arrangement dans la vue de commencer le IXe volume par le bel article du cygne... Ainsi vous avez tout le temps de peigner votre beau cygne. »

Quel tableau plus gracieux, plus frais, dans Buffon, que celui du *réveil* du printemps et du retour

---

[1] « Le prince Henri de Prusse lui envoya un service de porcelaine où des cygnes sont représentés dans toutes leurs attitudes, en souvenir de l'histoire du cygne, dont il avait entendu la lecture à son passage à Montbard. » (*Vie privée de Buffon*, par le chevalier Aude, p. 22, 1788.)

[2] Les uns *manuscrits*, écrits par Bexon, les autres *imprimés* et corrigés par lui.

des oiseaux dans nos climats! Chacun le connaît.

Le retour des oiseaux au printemps est le premier signal et la douce annonce du réveil de la nature vivante; et les feuillages renaissants et les bocages revêtus de leur nouvelle parure sembleraient moins frais et moins touchants sans les nouveaux hôtes qui viennent les animer et y chanter l'amour.

De ces hôtes des bois, les fauvettes sont les plus nombreuses comme les plus aimables : vives, agiles, légères et sans cesse remuées, tous leurs mouvements ont l'air du sentiment, tous leurs accents le ton de la joie et tous leurs jeux l'intérêt de l'amour. Ces jolis oiseaux arrivent…

Je trouve les traits primitifs et, si je puis ainsi dire, *natifs*, de ce charmant tableau, dans un brouillon de l'abbé Bexon, un de ces brouillons qui, par leur négligence, leur confusion, leurs ratures, portent la marque évidente de premier jet, d'essai, de première ébauche, d'originalité certaine.

Le retour des oiseaux au printemps est une des circonstances les plus intéressantes de ce moment du réveil de la nature. Les feuillages renaissants, les bocages couverts de nouvelle verdure, sembleraient moins frais et moins doux sans les nouveaux hôtes qui viennent les animer et y chanter l'amour.

De ces hôtes des bois, les fauvettes sont les plus nombreuses comme les plus aimables : vives, agiles, légères et sans cesse agitées, tous leurs mouvements ont l'air de la sensibilité, tous leurs accents le ton de la joie, tous leurs jeux l'intérêt de l'amour…

La Fauvette

Le retour des oiseaux au printemps est une des circonstances les plus intéressantes
de ce moment du réveil de la nature.

Les feuillages renaissent, les bocages couverts de nouvelle verdure, semblaient
ne désirer fraîche que les nouveaux hôtes qui viennent aux rivières et y
chanter l'amour.
Les fauvettes sont de ces hôtes des bois les plus nombreuses comme les plus
aimables vives, agiles, légères et sans cesse agitées, mais leurs
mouvements ont l'air de la facilité,
tout ... le ton de la joie; tous leurs jeux l'intérêt de l'amour;

Après avoir vu comment Buffon corrigeait Bexon,
voyons comment il se corrigeait lui-même.

L'histoire du jabiru est de lui seul.

Il avait d'abord écrit :

La nature, en multipliant sur ces plages noyées de l'Ama-
zone et de l'Orénoque le genre des reptiles, y conduisit
bientôt les oiseaux destructeurs de ces productions de la première fange de la terre; elle proportionna leur force à celle
des espèces qu'elle leur livrait à combattre, et leur taille à
la profondeur du limon sur lequel elle les envoyait errer.

Il écrit ensuite :

En multipliant les reptiles sur ces plages noyées de l'Ama-
zone et de l'Orénoque, la nature semble avoir produit en
même temps les oiseaux destructeurs de cette fange vivante,
dont toutes les espèces sont hideuses et nuisibles: elle paraît
même avoir proportionné leur force à celle de ces énormes
serpents qu'ils avaient à combattre.

Il écrit enfin :

En multipliant les reptiles sur les plages noyées de l'Ama-
zone et de l'Orénoque, la nature semble avoir produit en
même temps les oiseaux destructeurs de ces espèces nuisibles; elle paraît même avoir proportionné leur force à celle
des énormes serpents qu'elle leur donnait à combattre et
leur taille à la profondeur du limon sur lequel elle les envoyait errer.

Il faut remarquer ici deux choses : en premier
lieu, le courage qu'a Buffon de sacrifier une expression

qui pouvait paraître énergique, mais qui était outrée;
dans la première rédaction, il appelle les reptiles :
des productions de la première fange de la terre;
dans la seconde, il les appelle : une *fange vivante;*
dans la troisième, le mot *fange* a disparu ; et, en
second lieu, cette obstination singulière à ne pas
s'écarter d'un premier jet, d'un premier plan d'idées.
Il s'était fait de cette obstination même une règle,
un principe de style.

Pour bien écrire, a-t-il dit ailleurs [1], il faut posséder pleinement son sujet; il faut y réfléchir assez pour voir clairement l'ordre de ses pensées, et en former une suite, une
chaîne continue, dont chaque point représente une idée; et
lorsqu'on aura pris la plume, il faudra la conduire successivement sur ce premier trait, sans lui permettre de s'en
écarter, sans l'appuyer trop inégalement, sans lui donner
d'autre mouvement que celui qui sera déterminé par l'espace qu'elle doit parcourir.

[1] *Discours de réception à l'Académie française.*

CHAPITRE III

HISTOIRE DES OISEAUX

DE BEXON CORRIGÉ PAR BUFFON

On pense bien que si Buffon avait le courage de
retrancher, dans son propre style, ce qu'il y trouvait
d'excédant (comme on vient de le voir[1] dans le passage cité de l'*histoire du jabiru*), il n'épargnait pas
davantage le style de l'abbé Bexon.

A propos de l'albatros, Bexon avait préparé ces
grandes phrases :

Sur cette mer immense, qui s'étend deux mille lieues des
terres magellaniques et des côtes du Brésil à la pointe
avancée de l'Afrique; qui, en partant de ce cap fameux,

---

[1] Page 27.

court trois mille lieues jusqu'à la Nouvelle-Zélande, et qui,
de cette terre, déjà isolée de toute la masse des continents,
roule encore ses flots trois mille lieues pour rejoindre l'extrémité de l'Amérique aux terres du Chili; sur ces mers
vastes, orageuses, terribles, cinglent des navigateurs ailés,
inconnus à tous autres parages du monde, et qui, nés sur
ces flots, les bravaient, avant que, conduit par l'audace et
le génie, le plus grand des navigateurs ne les vînt traverser
et visiter ce pôle où la terre engloutie, submergée, laisse
l'antique Océan régner seul : plages perdues pour la moitié
de la nature vivante, et qui ne connaissent d'habitants que
ceux qui roulent leur masse sous les vagues, ou qui, plus
hardis, se jouent avec les vents à leur surface. De ces derniers l'oiseau, appelé *albatros*, est le plus remarquable,
comme le premier en grandeur entre les oiseaux de mer, et
même entre tous ceux qui habitent les eaux, sans en excep-
ter le cygne ni le pélican, que l'albatros surpasse en grosseur et en épaisseur de corps...

Buffon supprime impitoyablement ce préambule
pompeux (et qui n'aurait eu besoin pourtant que
d'être un peu plus travaillé), et se contente de ces
mots :

Voici le plus gros des oiseaux d'eau, sans même en ex-
cepter le cygne, et, quoique moins grand que le pélican ou
le flammant, il a le corps bien plus épais...

Comme le pauvre abbé Bexon dut avoir regret à
ses *belles* phrases !

Voyons encore un exemple, et très-digne de re-

marque, du travail de Buffon sur le style de Bexon.
Il s'agit du beau préambule de l'*alcyon* ou *martin-pêcheur*.

Bexon :

Il n'y eut pas d'oiseau plus renommé chez les anciens
que l'alcyon : son nom fameux était donné aux jours tranquilles qui finissent l'année expirante, et ouvrent la nouvelle
saison. Ce calme de la mer et de l'air, ce repos des vents
et des flots, cette suspension de tous les grands mouvements,
et, pour ainsi dire, ce silence de la nature vers le solstice;
jours précieux aux navigateurs, durant lesquels les routes
de la terre n'étaient pas plus sûres que les plages de l'onde,
étaient le temps donné à l'alcyon pour élever ses petits. L'i-
magination, toujours prête à mêler son merveilleux aux
beautés simples de la nature, vint orner ou plutôt altérer
cette image : il ne lui suffit pas que le nid de l'alcyon fût au
rivage à l'abri de la vague abaissée; elle le vit reposé et
flottant sur la mer aplanie : c'était Neptune qui protégeait
une race à laquelle jadis il avait été trop fatal. Mais, triste
et solitaire jusque dans le temps des amours, le plaintif *Céix*
ne faisait retentir les rivages que d'accents de regret, et
semblait encore redemander aux flots son *Alcyone*.

Buffon :

Le nom de *martin-pêcheur* vient de *martinet-pêcheur*,
qui était l'ancienne dénomination française de cet oiseau,
dont le vol ressemble à celui de l'hirondelle-martinet lorsqu'elle file près de terre ou sur les eaux. Son nom ancien,
alcyon, était bien plus noble, et on aurait dû le lui conserver, car il n'y eut pas de nom plus célèbre chez les Grecs;

ils appelaient *alcyoniens*, les jours tranquilles qui finissent l'année et ouvrent la nouvelle saison. Ce temps de calme sur la mer et dans l'air, ce repos des vents et des flots vers le solstice, jours précieux aux navigateurs, durant lesquels les routes de la mer sont aussi sûres que celles de la terre, étaient aussi le temps donné à l'alcyon pour élever ses petits. L'imagination, toujours prête à enluminer de merveilleux les beautés simples de la nature, acheva d'altérer cette image, en plaçant son nid sur la mer aplanie : c'était Neptune qui protégeait une race qu'il avait trop maltraitée; mais, triste et solitaire jusque dans le temps des amours, le plaintif *Céix* ne faisait retentir les rivages que d'accents de regret, et semblait encore redemander aux flots son *Alcyone.*

A l'impression, Buffon, qui avait le don, don suprême en fait de style, de n'être jamais satisfait, a encore corrigé et encore mieux réussi,

> ..... Tantum series, juncturaque pollet,
> Tantum de medio sumptis accedit honoris !

... Car il n'y eut pas de nom plus célèbre chez les Grecs; ils appelaient *alcyoniens* les jours de calme vers le solstice, où l'air et la mer sont tranquilles, jours précieux aux navigateurs, durant lesquels les routes de la mer sont aussi sûres que celles de la terre; ces mêmes jours étaient aussi le temps donné à l'alcyon pour élever ses petits. L'imagination, toujours prête à enluminer de merveilleux les beautés simples de la nature, acheva d'altérer cette image, en plaçant le nid de l'alcyon sur la mer aplanie : c'était Éole qui enchaînait les vents en faveur de ses petits enfants; *Alcyone,* sa fille plaintive et solitaire, semblait encore redemander aux flots son infortuné *Céix* que Neptune avait fait périr, etc.

Encore un exemple, et je le choisis cette fois, et à dessein, sur un sujet fort simple.

Soit crainte, soit vigilance, dit Bexon à propos de l'oie, elle répète à tout moment ses cris d'avertissement ou de réclame; souvent toute la troupe répond par une acclamation générale, et de tous les habitants de la basse-cour aucun n'est aussi bruyant, ni plus jaseur. Cette grande loquacité avait fait donner son nom chez les anciens aux indiscrets parleurs, aux méchants écrivains et aux délateurs, comme son apparente stupidité nous le fait encore appliquer aux gens bouchés et de peu d'esprit. Mais, outre les marques de *sens exquis* que nous lui voyons donner, et le courage avec lequel elle défend sa couvée et se défend elle-même contre l'oiseau de proie, il y a dans *son histoire* des traits d'attachement, de reconnaissance, des affections et des amitiés fort singulières. Les anciens en avaient recueilli quelques exemples et nous en donnons ci-dessous un très-remarquable qui nous a été *procuré* par les soins obligeants de M. Mandonnet, secrétaire de la chancellerie de l'ordre du Saint-Esprit, aussi distingué par ses connaissances dans les lettres que par sa douceur de mœurs et sa parfaite honnêteté.

Rien de plus ordinaire, de plus vulgaire même, que ce fond-là; et cependant Buffon a pris la peine de remanier tout ce passage jusqu'à deux fois; une première pour la justesse des mots, et une seconde pour

le débrouillement, pour le dégagement de la phrase.
Première correction :

Soit crainte, soit vigilance, l'*oie* répète à tout moment ses *grands* cris d'avertissement et de réclame ; souvent toute la troupe répond par une acclamation générale, et de tous les habitants de la basse-cour aucun n'est aussi *vociférant* ni plus bruyant. Cette grande loquacité ou *vocifération* avait fait donner le *nom de l'oie* chez les anciens aux indiscrets parleurs, aux méchants écrivains et aux *bas* délateurs, comme sa *démarche gauche et son allure de mauvaise grâce* nous le font appliquer aux gens *de peu d'entendement et aux sots* (et ici, par une surcharge de correction : aux gens *sots et niais*), mais, outre les *marques de sentiment*, les *signes d'intelligence* que nous lui reconnaissons, le courage avec lequel elle défend sa couvée et se défend elle-même contre l'oiseau de proie, et *certains* traits d'attachement, de reconnaissance, *même très-singuliers*, dont les anciens avaient recueilli quelques exemples, *et auxquels nous pouvons en ajouter un très-remarquable*, qui nous a *été communiqué par un homme aussi véridique qu'éclairé*, M. Mandonnet, secrétaire de l'ordre du Saint-Esprit, *auquel je suis redevable des soins et attentions qu'on a donnés à l'impression de mes ouvrages...*

Combien de changements judicieux ; et, si je puis dire, *opportuns* dans la première partie de ce passage; mais, vers la fin, que de négligences encore : « Les anciens en avaient recueilli quelques exemples et auxquels... M. Mandonnet, secrétaire de l'ordre du

Saint-Esprit, auquel… » La *clarification* [1] n'était pas complète.

Seconde correction :

Mais, indépendamment des marques de sentiment, des signes d'intelligence que nous lui reconnaissons, le courage avec lequel elle défend sa couvée et se défend elle-même contre l'oiseau de proie, et certains traits d'attachement, de reconnaissance, même très-singuliers, que les anciens avaient recueillis, démontrent que ce mépris serait très-mal fondé, et nous pouvons ajouter à ces traits un exemple de la plus grande constance d'attachement : le fait nous a été communiqué par un homme aussi véridique qu'éclairé, auquel je suis redevable d'une partie des soins et des attentions que j'ai *éprouvés* [2] à l'Imprimerie royale pour l'impression de mes ouvrages…

M. Mandonnet n'est plus nommé ; il était assez désigné par son titre, et son nom ne vient plus figurer à côté de celui de l'*oie*. Tous les genres de bienséance servent au style.

Continuons.

Et ce qui est remarquable, dit Bexon, on a vu dans le même temps (dans le temps de leurs migrations) des oies domestiques manifester par leur inquiétude et par des vols

---

[1] « La clarification du style ! » Mot familier de Buffon. (Voyez, ci-devant, p. 14.)

[2] *Éprouvés :* On n'éprouve pas des *soins* ou des *attentions;* on éprouve de la reconnaissance pour des *soins* ou des *attentions* Cette fois Buffon s'est lassé trop tôt.

fréquents et soutenus ce désir de voyager, reste de l'instinct par lequel ces oiseaux, quoique depuis longtemps privés, tiennent encore à leurs frères sauvages.

Buffon corrige une première fois :

... Ce désir de voyager, reste évident de l'*instinct subsistant* par lequel ces oiseaux, quoique depuis longtemps privés, tiennent encore à leurs frères sauvages *par leurs premières habitudes de nature.*

Et une seconde :

... Ce désir de voyager, reste évident de l'instinct subsistant par lequel ces oiseaux, quoique depuis longtemps privés, tiennent encore à leur *état sauvage* par les premières habitudes de nature.

Les mots *frères sauvages*, qui avaient en effet quelque chose d'étrange, ont disparu.

Souvent un simple mot changé suffit pour marquer la main du maître : *ex ungue leonem.* Par exemple, Bexon dit :

Le vol des oies sauvages est toujours très-élevé et se fait dans un ordre qui suppose entre elles des combinaisons et une intelligence fort supérieure à celle des autres oiseaux (au-lieu de : *une intelligence fort supérieure...* Buffon met : *une espèce d'intelligence supérieure...*) à celle des autres oiseaux, dont les troupes *ou les bandes*, partent et voyagent à la vérité, mais confusément et sans ordre (Buffon met simplement : *dont les troupes partent et voyagent confusément et sans ordre*); celui qu'observent les oies semble leur avoir été tracé par la géométrie (au lieu de :

tracé par la géométrie, Buffon met : *tracé par un instinct géométrique).*

Ici le mot *tracé* n'a pour Buffon, comme pour Bexon, que le sens ordinaire ; Buffon en fait ailleurs (article du *perroquet*) un emploi tout nouveau, très-beau, si beau que je n'en connais pas de plus propre à donner une idée de l'art, du grand art de relever l'expression par la pensée, et, si je puis ainsi parler, de *retremper* le mot par le sens.

Il faut distinguer deux sortes d'imitation, l'une réfléchie ou sentie ; et l'autre machinale et sans intention, la première acquise, et la seconde pour ainsi dire innée : l'une n'est que le résultat de l'instinct commun répandu dans l'espèce entière, et ne consiste que dans la similitude des mouvements et des opérations de chaque individu, qui tous semblent être induits ou contraints à faire les mêmes choses ; plus ils sont stupides, plus cette imitation *tracée* dans l'espèce est parfaite...

Quand Buffon, à force de creuser son sujet, en a fait sortir une de ces expressions énergiques, il est bien rare qu'il ne se complaise pas à la reproduire.

Pourquoi chaque espèce ne fait-elle jamais que la même chose, de la même façon ? Et pourquoi chaque individu ne fait-il ni mieux ni plus mal qu'un autre individu ? Y a-t-il de plus forte preuve que leurs opérations ne sont que des résultats mécaniques et purement matériels ? Car s'ils avaient la moindre étincelle de la lumière qui nous éclaire, on trouverait au moins de la variété, si l'on ne voyait pas de la perfection; chaque individu de la même espèce ferait quelque chose d'un peu différent de ce qu'aurait fait un autre individu : mais non, tous travaillent sur le même modèle; l'ordre de leurs actions est *tracé* dans l'espèce entière.

On ne s'imaginerait pas tout ce qu'un seul mot, un seul terme lui coûte quelquefois de recherches et de peine. Il s'agit d'exprimer, dans les *Époques de la nature*, la séparation qui s'est faite, au moment du refroidissement du globe, entre l'air et les matières volatiles jusque-là rejetées en vapeur par la terre brûlante, et mêlées avec lui. Buffon écrit d'abord : *purification de l'atmosphère*; puis il efface le mot *purification*; puis il le récrit par-dessus; puis il essaye le mot *séparation* et ne l'achève pas; puis le mot *épuration*; et puis, de guerre lasse, il revient au mot *purification* et le laisse. Ce n'est que dans l'imprimé que je trouve enfin le vrai mot, le mot *dépuration*. Il fallait, en ce lieu, une expression qui tînt à demi du langage ordinaire, car, pour les termes techniques de l'histoire naturelle, Buffon les avait en horreur; il ne s'est jamais servi d'aucun, il les trouvait tout au plus bons pour Daubenton, et il les efface toujours dans Bexon, quand il y en trouve.

Un de ses préceptes, dans son discours à l'Académie française, est de ne nommer les choses que « par les termes les plus généraux. »

Dans ce même discours, il veut que :

Chaque idée soit représentée par une image vive et bien terminée, et que de chaque suite d'idées on forme un tableau harmonieux et mouvant.

Ceci est l'art de ses préambules. Bexon les avait beaucoup étudiés. On se rappelle ce tableau charmant des *fauvettes*, si heureusement retouché par Buffon. Pour en mieux assurer l'effet, Buffon a voulu qu'il fût précédé par un autre tout opposé et qui fît contraste :

Le triste hiver, saison de mort, est le temps du sommeil, ou plutôt de la torpeur de la nature : les insectes sans vie, les reptiles sans mouvement, les végétaux sans verdure et sans accroissement, tous les habitants de l'air détruits ou relégués, ceux des eaux renfermés dans des prisons de glace, et la plupart des animaux terrestres confinés dans les cavernes, les antres et les terriers, tout nous présente les images de la langueur et de la dépopulation ; mais le retour des oiseaux au printemps est le premier signal et la douce annonce du réveil de la nature vivante, et les feuillages renaissants, et les bocages revêtus de leur nouvelle parure, sembleraient moins frais et moins touchants sans les nouveaux hôtes qui viennent les animer et y chanter l'amour. — De ces hôtes des bois, les fauvettes sont les plus nombreuses comme les plus aimables : vives, agiles, légères et sans cesse remuées...

Tout, dans Buffon, était conséquent : son goût comme son génie. C'est pourquoi les idées de ses

systèmes sont si bien liées, et les images de son style
si bien suivies. C'est ce goût sensé qui préside à ses
corrections.

Dans l'article du *colibri*, Bexon dit :

On a vu le père et la mère, rendus audacieux par l'a-
mour, venir jusque dans les mains du ravisseur nourrir
leur progéniture.

Buffon corrige :

On a vu le père et la mère, *par audace de tendresse,*
venir jusque dans les mains du ravisseur porter de la nourriture à leurs *petits.*

A propos de la *frégate*, Bexon écrit :

Qu'elle est souvent l'unique objet qui s'offre entre le ciel
et l'Océan aux regards attentifs des voyageurs.

Buffon efface le mot *attentifs*, et y substitue le
mot *ennuyés*. Ce n'est qu'un mot, mais il ranime
l'attention, et, si je puis ainsi dire, il la rafraîchit.

Après une énumération assez longue des longues
périodes de durée que ce globe a mis à descendre
de l'état d'incandescence à la température actuelle,
il sent que son lecteur se fatigue, et il termine, ou
plutôt il relève tout par ce trait :

Ce n'est donc qu'après trente-sept mille ans que les gens
de la terre doivent dater les actes de leur monde, et compter les faits de la nature organisée.

Buffon voulait être lu, et lu de tous. Cette ambition était l'âme de ses efforts.

Comme les détails de l'histoire naturelle, dit-il, ne sont intéressants que pour ceux qui s'appliquent uniquement à cette science, et que dans une exposition aussi longue que celle de l'histoire particulière de tous les animaux, il règne nécessairement trop d'uniformité, nous avons cru que la plupart de nos lecteurs nous sauraient gré de couper de temps en temps le fil d'une méthode qui nous contraint par des discours dans lesquels nous donnerons nos réflexions sur la nature en général, et traiterons de ses effets en grand. Nous retournerons ensuite à nos détails avec plus de courage ; car j'avoue qu'il en faut pour s'occuper continuellement de petits objets dont l'examen exige la plus froide patience, et ne permet rien au génie [1].

Ailleurs, il va plus loin ; et, pour mieux s'assurer le suffrage affectueux et l'attention redoublée de ses lecteurs, il se les associe en quelque sorte ; ce n'est plus à de simples lecteurs, c'est à des collaborateurs qu'il s'adresse : pouvait-il mieux s'y prendre pour les flatter ?

Voilà, dit-il, ce que je crois pouvoir présenter aujourd'hui à mes lecteurs, surtout à ceux qui, m'ayant honoré de leur suffrage, aiment assez l'histoire naturelle pour chercher avec moi les moyens de l'étendre et de l'approfondir [2].

[1] *Œuvres de Buffon*, t. III, p. 294.
[2] *Œuvres de Buffon*, t. IX, p. 81.

Je finis en citant le préambule des *pétrels*, morceau écrit et corrigé, jusqu'à trois reprises différentes, par une main qui ne se lassait pas.

Première rédaction :

De tous les oiseaux qui fréquentent les hautes mers, les *pétrels* paraissent être les plus étrangers à la terre, les plus hardis à se porter au loin, s'écarter, s'égarer sur le vaste Océan, les plus audacieux pour se livrer aux vents, se confier aux flots, s'exposer aux orages. Quelque part que les navigateurs aient pénétré, soit du côté des deux pôles, soit par la largeur des zones, ils ont trouvé ces oiseaux qui semblaient les attendre et les devancer sur les parages les plus lointains et les plus orageux, et se jouer sur l'élément terrible devant lequel l'homme audacieux est forcé de pâlir; comme si la nature l'attendait là pour lui faire avouer combien les forces qu'elle a départies aux moindres de ses productions sont supérieures à toutes les puissances de notre art.

Seconde rédaction :

De tous les oiseaux qui fréquentent les hautes mers, les pétrels *sont les plus marins*, du moins ils paraissent être les plus étrangers à la terre, les plus hardis à se porter au loin, à s'écarter. *et même* s'égarer sur le vaste Océan, *car ils se livrent avec autant de confiance que d'audace au mouvement des flots, à l'agitation des vents, et paraissent braver les orages.* Quelque *loin* que les navigateurs se soient portés, quelque part[1] qu'ils aient pénétré, soit du

---

[1] « Quelque avant » (3e rédaction).

côté des pôles soit *dans les autres* zones; ils ont trouvé ces oiseaux qui semblaient les attendre et *même* les devancer sur les parages les plus lointains et les plus orageux; *partout ils les ont vus* se jouer[1] sur cet élément terrible *dans sa fureur*, et devant lequel l'homme *le plus intrépide* est forcé de pâlir, comme si la nature l'attendait là pour lui faire avouer combien l'*instinct et* les forces qu'elle a départis aux *êtres qui nous sont inférieurs ne laissent pas d'être bien au-dessus* de toutes les puissances[2] *combinées de notre raison et* de notre art.

J'ai souligné tous les changements de cette seconde rédaction, et mis en note les changements, très-peu considérables, de la troisième.

Tout, dans le travail de Buffon, dans cette suite admirable de corrections, où chaque faculté de l'écrivain vient, à son tour, remplir sa tâche : le jugement, l'imagination, le goût, l'oreille[3], l'esprit, le génie, tout tend à la manifestation pleine et entière des idées. Il définit le style : *l'ordre et le mouvement des pensées.*

Le style n'est, dit-il, que l'ordre et le mouvement qu'on met dans ses pensées.

Les idées seules, dit-il encore, forment le fond du style ; l'harmonie des paroles n'en est que l'accessoire.

Que l'accessoire ! sans doute. Et pourtant l'idée

---

[1] « Avec sécurité, et même avec gaieté » (3e rédaction).

[2] « Des puissances » (3e rédaction).

[3] « Il suffit d'avoir un peu d'oreille pour éviter les dissonances, et de l'avoir exercée... » (*Discours de réception à l'Académie française.*)

n'est rendue qu'autant qu'elle l'est assez fortement pour être sentie. Et, pour cela, que ne faut-il point? de la justesse dans l'expression, de la vivacité dans le tour, de la vérité dans l'image.

Bien écrire, dit Buffon, c'est tout à la fois bien penser, bien sentir et bien rendre; c'est avoir en même temps de l'esprit, de l'âme et du goût.

Et personne jamais n'a mieux pénétré tout ce qu'il y a de force propre, et, si je puis ainsi parler, de vertu intrinsèque, dans le style même et dans le style seul, pris en soi, que Buffon, lorsqu'il a écrit cette phrase :

Un beau style n'est tel que par le nombre infini de vérités qu'il présente. Toutes les beautés intellectuelles qui s'y trouvent, tous les rapports dont il est composé, sont autant de vérités aussi utiles et peut-être plus précieuses pour l'esprit humain que celles qui peuvent faire le fond du sujet.

CHAPITRE IV

HISTOIRE DES MINÉRAUX

Je passe aux manuscrits sur les minéraux ; et ici encore nous allons retrouver notre bon et infatigable abbé.

François (de Neufchâteau) dit très-bien :

Les travaux de Bexon, dans l'ouvrage de Buffon, ne s'étaient pas bornés à l'histoire des oiseaux. Celle des minéraux et des pierres précieuses est aussi, en grande partie, son ouvrage [1].

Les manuscrits relatifs à l'*Histoire des minéraux* forment deux cahiers, et répondent aux deux premiers volumes de cette *Histoire*.

Dans les cahiers sur les oiseaux, ce qui dominait,

____

[1] Voyez le *Conservateur*. t. I, p. VIII.

3.

c'étaient les articles de Bexon. Ici, c'est tout le contraire. Je n'en trouve même que deux qui soient tout à fait de lui : le premier sur le *granit*, le second sur les *pierres composées*.

Mais ce que nos manuscrits sur les minéraux ont de plus précieux, ce sont deux articles, l'un sur le *soufre*, l'autre sur les *sels*, tous deux écrits par Buffon. On ne peut voir sans en être ému, on ne peut lire qu'avec une vénération profonde, ces lignes tracées par une main déjà fatiguée par l'âge (Buffon avait alors soixante-seize ans), et cependant si pleine d'ardeur encore pour le travail.

Je lis dans le manuscrit (*article du soufre*) :

La nature, indépendamment de ses hautes puissances auxquelles nous ne pouvons atteindre, et qui se déploient par des effets universels, a de plus les facultés de nos arts, qu'elle manifeste par des effets particuliers : comme nous, elle sait fondre et sublimer les métaux, cristalliser les sels, tirer le vitriol et le soufre des pyrites, etc. Son mouvement, plus que perpétuel, aidé de la perpétuité du temps, produit, entraîne, amène tous les événements, toutes les combinaisons possibles; elle n'a besoin ni d'instruments, ni de creusets, ni d'une main dirigée par l'intelligence : tout s'opère, parce que tout se rencontre, et que, dans la libre étendue des espaces et dans la succession du mouvement, toute matière est remuée, toute forme donnée, toute figure imprimée. Ainsi tout se rapproche ou s'éloigne, tout s'unit ou se fuit, tout se produit ou se détruit par des forces relatives ou opposées qui seules sont constantes, et, se balançant sans se détruire, animent l'univers et en font un théâtre de scènes toujours nouvelles, d'objets sans cesse renaissants.

Je lis dans l'imprimé :

La nature, indépendamment de ses hautes puissances auxquelles nous ne pouvons atteindre, et qui se déploient par des effets universels, a de plus les facultés de nos arts qu'elle manifeste par des effets particuliers : comme nous, elle sait fondre et sublimer les métaux, cristalliser les sels, tirer le vitriol et le soufre des pyrites, etc.; son mouvement plus que perpétuel, aidé de l'*éternité* du temps, produit, entraîne, amène toutes les *révolutions*, toutes les combinaisons possibles : *pour obéir aux lois établies par le Souverain Être*, elle n'a besoin ni d'instruments, ni *d'adminicules*, ni d'une main dirigée par l'intelligence *humaine*; tout s'opère, *parce que à force de temps* tout se rencontre, et que, dans la libre étendue des espaces et dans la succession *continue* du mouvement, toute matière est remuée, toute forme donnée, toute figure imprimée : ainsi tout se rapproche ou s'éloigne, tout s'unit ou se fuit, *tout se combine ou s'oppose*, tout se produit ou se détruit par des forces relatives ou *contraires*, qui seules sont constantes, et, se balançant sans *se nuire*, animent l'univers et en font un théâtre de scènes toujours nouvelles et d'objets sans cesse renaissants.

J'ai souligné tous les mots changés ou ajoutés, et l'on voit ici plus d'un soin : d'abord celui du style, comme toujours, et puis celui d'une certaine prudence, inspirée par le souvenir de la Sorbonne, que Buffon eut toujours présent, et dont nous verrons encore d'autres preuves, et sur des points bien plus importants.

Après un passage de l'*Histoire des minéraux*, où Buffon se corrige lui-même, voyons un passage où il corrige Bexon. L'article du *granit* est tout entier de Bexon.

Je lis dans le manuscrit, c'est-à-dire dans Bexon :

Des quatre matières simples, la plus fusible est sans comparaison le feldspath ; il l'est à un degré de feu bien inférieur à celui que veut le quartz pour se fondre, puisque ce dernier, quand il est pur, résiste au plus grand feu de nos fourneaux, tandis que le feldspath s'y fond avec facilité, et entraîne même dans sa fonte la fusion du quartz. Le feldspath est même plus fusible que le mica ; car il coule à un degré de chaleur moindre que celui où le mica se réduit en un verre spumeux. Or ces différents degrés de fusibilité respective dans les trois matières qui composent le granit, savoir le quartz, le mica et le feldspath, me semblent suffire pour rendre clairement raison et expliquer d'une manière palpable, et, si je l'ose dire, mécanique, la formation des granits.

Et je lis dans l'imprimé, c'est-à-dire dans Bexon corrigé par Buffon :

De toutes les matières produites par le feu primitif, le granit est la moins simple et la plus variée : il est ordinairement composé de quartz, de feldspath et de schorl, ou de quartz, de feldspath et de mica, ou enfin de quartz, de feldspath, de schorl et de mica : de ces quatre substances primitives, les plus fusibles sont le feldspath et le schorl : ces verres de nature se fondent sans addition au même degré de feu que nos verres factices, tandis que le quartz résiste au plus grand feu de nos fourneaux; le feldspath et le schorl sont aussi beaucoup plus fusibles que le mica, auquel il faut appliquer le feu le plus violent pour le réduire en verre ou plutôt en scories spumeuses. Enfin, le feldspath et le schorl communiquent la fusibilité aux matières dans lesquelles ils se trouvent mélangés, telles que les porphyres, les ophites et les granits, qui tous peuvent se fondre sans addition ni fondant étranger; or ces différents degrés de fusibilité respective dans les matières qui composent le granit, et particulièrement la grande fusibilité du feldspath et du schorl, me semblent suffire pour expliquer d'une manière satisfaisante la formation du granit.

Je n'examine pas ici le fond des choses. Voyez, pour cela, mon édition *annotée* des œuvres de Buffon [1]. Buffon compose le *granit* de *quartz*, de *feldspath* et de *schorl*, ou de *quartz*, de *feldspath*, de *schorl* et de *mica*.

Le *granit* se compose de *quartz*, de *feldspath* (*orthose*) et de *mica*. Le nom de *schorl* est un nom vague qui a été donné à différents minéraux.

Buffon nous dit encore que « le quartz, en s'égrenant, formait les micas. » Mais le *quartz* et le *mica* n'ont pas la même composition. Le *quartz* est l'*acide silicique*, la *silice pure;* et le *mica* se compose de *silice,* d'*alumine,* de *peroxyde de fer,* etc.

---

[1] C'est celle que je cite constamment dans ce volume.

Laissons donc ces erreurs sur les faits, qui tiennent aux erreurs d'un temps qui n'avait pas encore la chimie. Je remarque ici, dans Buffon, cette belle et pittoresque expression : les *verres de nature*. Elle définit clairement ce que Buffon entendait par le mot *verre*, appliqué au globe : les *verres de nature*, c'est-à-dire les *roches du globe fondues par le feu primitif*.

Et je remarque, dans Bexon, une expression très-vive aussi, et négligée à tort par Buffon : d'une *manière mécanique*. Elle peint nettement la vue la plus particulière et la plus intime de Buffon sur la formation du globe.

En effet, puisque tout, selon Buffon (suivant en cela Leibnitz), a été primitivement liquéfié, gazéifié, fondu, la formation du globe (de la *croûte* du globe) n'a donc été qu'une suite de *consolidations*, de dégagements *mécaniques:* les diverses substances, mêlées ensemble à l'état de gaz, se sont dégagées successivement les unes des autres à mesure qu'elles se sont consolidées; la consolidation a été le *ressort mécanique* qui les a dégagées, séparées les unes des autres, et chacune à son temps, selon son degré de *fusibilité*.

Le degré de fusibilité donne donc la date de la *consolidation*, c'est-à-dire de l'*ancienneté* relative de chaque substance, ce qui est toute la théorie de Buffon. Tout se passe donc dans cette théorie, comme le dit Bexon, et le dit très-bien : d'une *manière mécanique*.

CHAPITRE V

DE BEXON CORRIGEANT BUFFON

Nous avons vu, dans les chapitres précédents, Buffon corrigeant Bexon ; voyons, à son tour, Bexon corrigeant Buffon.

Buffon ne demandait pas seulement à Bexon des essais, des ébauches, des rédactions premières, qu'il s'appliquait ensuite à corriger et perfectionner ; il lui demandait encore, et avec non moins d'instance, des observations, des réflexions, des remarques sur ce que lui-même avait composé, sur ce qui était de sa rédaction propre. En un mot, il savait corriger Bexon ; et, ce qui forme ici comme un dernier trait de caractère qui ne doit pas être omis, il savait solliciter les corrections de son jeune et fervent collaborateur ; il savait s'y soumettre.

Je lis, dans la lettre IV de Buffon à Bexon :

« Je vous remercie de la bonne note que vous m'avez envoyée sur le joli touraco ; au reste, vous verrez, par l'ébauche de ce travail, qu'il y a encore beaucoup à retoucher, *et j'attendrai vos observations et réflexions* pour l'achever. »

Dans la lettre IX :

« Je vous envoie ci-joint... l'explication de la carte géographique ;... je vous prie de lire cette explication avec attention, *et d'y faire telles additions et corrections* que vous jugerez à propos. »

Dans la lettre XV :

« Vous verrez mes minéraux ; j'en ai maintenant deux volumes et demi, dont je suis assez content, mais sur lesquels *vous pourrez me faire quelques bonnes observations.* »

Et dans la lettre XX :

« J'ai reçu les quatre cahiers du *fer, et je remercie mon très-cher abbé des courtes remarques qu'il a cru devoir y joindre,* et que je n'ai pas encore eu le temps d'examiner, mais que je crois très-bonnes, comme tout ce qui vient de lui. »

Nous avons justement ces *remarques* sur le *fer,* et l'on peut voir tout de suite quel était le ton net et franc de notre honnête et savant abbé.

Buffon avait écrit :

« On trouve rarement les métaux sous leur forme métallique dans le sein de la terre ; ils y sont ordinairement sous une forme minéralisée, c'est-à-dire altérée par le *mélange* de plusieurs matières étrangères. »

Bexon répond :

« La minéralisation est plus qu'un *mélange*, ou du moins c'est un mélange bien intime ; j'ai mis *mélange intime.* »

Et c'est, en effet, *mélange intime* que l'imprimé nous offre.

Suivait, après cela, une phrase de Buffon assez embarrassée ; Bexon la refait tout entière, et il ajoute :

« Il serait long de rendre toute raison du remaniement de cette phrase ; il sera jugé et senti : dans le premier membre je mets plus de suite ; dans le second, une opposition plus marquée entre les deux chefs de division ; dans le tout, plus de justesse. »

Dans l'article du *soufre*, Buffon avait écrit :

« Son mouvement (le mouvement de la nature), son mouvement plus que perpétuel, aidé de la perpétuité du temps... » — « Idée répétée, dit Bexon ; *plus que perpétuel* ne s'entend pas. »

Buffon corrige *perpétuité* par *éternité* : l'*éternité du temps*, au lieu de la *perpétuité du temps* ; mais il laisse *plus que perpétuel*, malgré l'observation de Bexon[1].

[1] Voyez. ci-devant, p. 47.

Quelques lignes plus loin, Buffon avait mis :

« ... L'imitation par notre art *d'un des* procédés secondaires de la nature... » — « *D'un des...* dit Bexon, est fort peu harmonieux, et même fait cacophonie. » Buffon corrige : « L'imitation par notre art d'un procédé secondaire de la nature... »

Le disciple ne se gêne point, comme on voit, pour dire au maître toute sa pensée. Quelquefois même, à la remontrance s'ajoute une plaisanterie. Dans un de ces élans d'emphase laudative auxquels il ne se laissait que trop aller quand il parlait aux souverains ou des souverains, Buffon avait écrit :

« Le grand Pierre Ier et une impératrice encore plus grande... » — « Sganarelle dit, reprend Bexon, plus grand que moi de tout cela. »

Ici Buffon est doucement averti pour une louange qui touche à l'adulation; il l'est ailleurs pour une critique injuste. Il disait, du grand observateur de Saussure :

« Si M. de Saussure n'avait point la vue offusquée par son système... » — « M. de Saussure, reprend Bexon, n'a point la vue offusquée par son système; il reconnaît clairement que des couches, qui essentiellement sont toujours plus ou moins horizontales, ne peuvent être devenues perpendiculaires que par quelque chute violente... »

Après avoir repoussé une critique injuste, Bexon en écarte une autre où le désir de critiquer le chimiste

Sage faisait tomber Buffon dans une contradiction expresse.

« Pour contredire le pauvre Sage, ce n'est pas la peine, lui dit Bexon, de se contredire soi-même. »

Voici le fait. Après avoir parlé, dans le texte, de la *dissémination universelle de l'or par la nature*, Buffon se moquait, dans une note, d'un *chimiste récent*, tout fier d'en avoir trouvé quelques grains dans la terre de son jardin.

« La note dément le texte, lui dit Bexon, et quoique M. Sage ait en effet prêté au ridicule, en faisant une découverte de l'or trouvé dans la terre de son jardin, il n'en est pas moins vrai, et l'on vient de l'établir, que l'or est en effet disséminé partout[1], non par cas fortuit, mais par une action de la nature ; ce fait est connu dès longtemps, et Boerhaave parle d'un programme présenté aux États généraux sous ce titre : *De arte extrahendi aurum è qualibet terrâ arvensi.* »

Averti par Bexon, Buffon modifie sa note, ou plutôt il la renverse :

« L'or trouvé par nos chimistes récents dans la terre végétale est une preuve, dit-il, de la dissémination universelle de ce métal. »

Et, à l'appui de cette *preuve*, qu'il niait d'abord,

---

[1] *Partout*, c'est trop dire, mais dans une foule de lieux : « il « existe de l'or en paillettes dans toutes les contrées où les roches « anciennes dominent... » (Dufrénoy, t. III, p. 208.)

il reproduit la citation tirée, par Bexon, de Boerhaave.

Je n'en finirais pas, si je voulais rassembler ici tout ce que nous offrent de curieux les *Notes* que j'étudie, mais il faut se borner ; il suffit de dire que jamais la sincérité du bon jeune homme ne se dément, ni jamais, non plus, la docilité du vieillard illustre, du vieillard comblé de gloire ; car Buffon voulait, par-dessus tout, deux choses : dans le style, la perfection, et dans les faits, ce qui est la perfection des faits, l'exactitude.

Or, cette exactitude des faits, ce fondement de tout dans nos sciences, il n'était pas très-propre à l'acquérir par lui-même. Il n'avait pas de bons yeux, et n'avait, de patience, que la patience intellectuelle, celle qu'il a tant vantée, et dont il a dit qu'elle était presque le génie.

Il empruntait donc des yeux et l'autre patience, celle que je pourrais appeler physique, à tous ceux qui l'entouraient : à Daubenton, à Gueneau de Montbeillard, à Bexon. Il leur demandait de voir et d'observer pour lui : quant à lui, il n'observait pas, même ce qui était le plus à sa portée. Par exemple, il nous dit du bœuf, du bœuf qui labourait ses terres : « que les cornes du bœuf tombent à trois ans. » Il s'étend même sur cela : « La castration ni le sexe ne changent rien, dit-il, à la chute des cornes, car elles tombent également à trois ans au taureau, au bœuf et à la vache, et elles sont remplacées par d'autres cornes qui, comme les secondes dents, ne tombent plus. » Ce n'est que vingt-neuf ans plus tard, dans le VIe, dans l'avant-dernier volume de ses *Suppléments*, qu'il corrige cette erreur étrange, et il la corrige (qui le croirait? mais c'est lui-même qui nous le dit) sur deux notes qui lui sont communiquées, et l'une d'elles par un *anonyme*.

J'ai sous les yeux les remarques de Bexon, relatives à l'article de l'*éléphant*, de ce même VIe volume des *Suppléments*. Buffon avait dit, dans sa première histoire de l'éléphant : « que le petit ne tette que par la trompe. » Il corrige cette erreur dans l'article des *Suppléments*; il y représente même un petit éléphant qui tette par sa bouche, mais c'est Bexon qui lui indique tout cela : « Il faudrait placer dans cet article, dit-il, le dessin du petit éléphant tettant sa mère, fait à Pondichéry par M. d'Obsonville. »

Dans le nouvel article sur le *tapir* (toujours même VIe volume des *Suppléments*), Buffon, après avoir commencé par dire que : « ces animaux sont d'un naturel doux, timide, » dit plus loin : « qu'il est à craindre de traverser les chemins qu'ils battent. » — « Il faut nuancer cela, lui fait remarquer Bexon, en disant que, tranquilles dans la paix du désert, ils ne sont à craindre que pour ceux qui la troublent. »

Buffon corrige ainsi : « Quoiqu'ils (les tapirs) soient d'un naturel tranquille et doux, ils deviennent dangereux quand on les blesse. »

Un peu plus loin, et toujours dans ce même article
des *Suppléments* sur le *tapir*, Buffon cite Allamand,
qui dit : « que le tapir a huit incisives à chaque mâchoire. » Buffon cite, et ne fait aucune remarque.

« M. Allamand, reprend Bexon, dit sur les dents des choses beaucoup moins précises que celles que l'on sait et que
vous avez dites : faute dans un *Supplément* qui ne doit être
fait que pour étendre et fortifier les connaissances, et ne
rien admettre qui semble les atténuer... Cette réflexion
peut porter sur plusieurs endroits de ce morceau. »

Réflexion très-sage, mais qui malheureusement ne
trouve pas ici une application bien juste. Sur le
nombre des dents incisives du tapir, Buffon, gour-
mandé par Bexon, ne se trompe pas moins qu'Allamand. Allamand en compte huit, Buffon dix; la vérité
est qu'il n'y en a que six à chaque mâchoire. La den-
tition du tapir n'a été bien connue que de nos jours,
par les deux Cuvier et par M. de Blainville.

Mais je laisse enfin les détails, et je viens à quelque
chose d'assez général, d'assez vaste, pour nous mieux
révéler encore et mettre dans tout son jour l'indépendance d'esprit de l'abbé Bexon. Il admirait
Buffon; il l'admirait pleinement, grandement, mais
il le jugeait.

Dans un ouvrage d'un beau dessein, resté malheu-
sement à l'état d'ébauche : *De la religion par rapport à l'univers*, Bexon consacre un chapitre à la

comparaison des deux fameux *systèmes* de Leibnitz et de Buffon.

« Leibnitz, dit-il, ce grand homme dont toutes les pensées et les erreurs même portèrent l'empreinte du génie, a écrit, le premier entre les modernes, que la terre a été autrefois plongée dans l'élément du feu, qui la mit en fusion et qui a donné aux corps vitrifiés qui la composent leur forme et leur nature. Telle est la révolution ou l'origine de la première terre : *Protogæa*, titre que porte le petit traité où Leibnitz expose son hypothèse. »

De l'*hypothèse* de Leibnitz, Bexon passe au *système* de Buffon, évidemment tiré de la même hypothèse. Il expose rapidement ce *système*, et puis il ajoute :

« Telle est l'exposition abrégée de ce système, fait pour séduire par sa fécondité brillante, fortifié par sa liaison avec les théories neutoniennes, propre à s'accommoder à une physique où l'on s'est plu à regarder les comètes comme un des plus puissants instruments des révolutions de l'univers, et auquel enfin Whiston, par ses idées hardies, avait semblé préluder. »

On ne pouvait mieux juger Buffon et son système. Buffon a tout emprunté ; son système est une mosaïque ; il a pris, de Leibnitz, la grande idée du globe primitivement fondu par le feu ; il a pris, de Whiston, l'idée chimérique des planètes détachées du soleil par le choc oblique d'une comète.

Bexon continue :

« Si on le regarde (le système de Buffon) comme une hypothèse ingénieuse et savante, nous ne lui contesterons pas ces qualités; mais si l'on voulait prétendre qu'il est le vrai système de la nature, que telle est la suite des causes des révolutions qu'elle a éprouvées, nous croyons pouvoir montrer, par les phénomènes mêmes qu'on croit le mieux prouver ces vues, que la nature les dément. »

Voilà pourtant ce que pensait et écrivait Bexon du système de Buffon, et tout à côté de Buffon, et au moment où ce système avait le plus de vogue. Il n'y aurait aucun mérite à penser et à écrire cela aujourd'hui, mais il y en avait alors.

Buffon ne se bornait pas à interroger sur ses écrits son nouveau collaborateur; il interrogeait aussi l'ancien. Nous avons, de Montbeillard, un petit cahier de *notes*, semblables à celles de Bexon, et nous y retrouvons la même franchise; le ton seul diffère. La franchise de Montbeillard est plus calme, plus réfléchie; celle de Bexon a plus d'animation, plus d'élan, et, si je puis dire ainsi, plus de verve.

On sait que Buffon admettait les *générations sponta-nées*. Et pourquoi pas? il admettait bien les *molécules organiques*. Que dis-je, il les admettait, c'est lui qui les avait imaginées. Il avait imaginé les *molécules orga-niques*, comme Leibnitz avait imaginé les *monades*. Et l'on sent bien que, soit *molécules organiques*, soit *monades*, une fois qu'un germe est donné, le pas le plus difficile est fait; le nouvel être ne sera plus que le développement de ce germe. Buffon admet donc les *générations spontanées*, mais sur quoi? sur des preuves, toutes reconnues fausses aujourd'hui, et dont la plupart même l'étaient déjà de son temps; et c'est ce que Montbeillard lui fait très-bien remarquer.

Buffon cite, comme exemples de *génération spontanée*, les vers de terre, les champignons, les vers des intestins, etc.

« Mais, lui dit Montbeillard, les vers de terre et les champignons sont-ils bien certainement produits par la génération spontanée? On croit communément que les vers de terre sont hermaphrodites, et qu'ils s'accouplent pendant la nuit[1]. D'autre côté, on prétend avoir vu la graine[2] de plusieurs espèces de champignons, agarics, vesses-de-loups, etc. Je suis bien convaincu de la certitude, de la nécessité même de la génération spontanée, mais il ne faut la prouver aux autres que par des faits incontestables. »

Je vais plus loin que Montbeillard; il ne faut se la prouver à soi-même que par des *faits incontestables*; et de tels, certainement personne n'en a jamais eu.

---

[1] « Il est certain qu'ils sont hermaphrodites, mais il se pourrait « que leur rapprochement ne servît qu'à les exciter l'un l'autre à « se féconder eux-mêmes. » (Cuvier, *Règne animal*, t. III, p. 210.)

[2] On l'a vue en effet, du moins de nos jours. On a vu les parties qui constituent les organes reproducteurs des végétaux *cryptogames*, et qu'on nomme les *spores*.

Un côté curieux des *notes* de Montbeillard est celui qui nous montre jusqu'à quel point allait, et si je puis ainsi dire, descendait son attention en fait de style.

Buffon avait écrit : « *immense masse;* » — « l'oreille demande *masse immense,* » lui dit Montbeillard.

Buffon avait écrit : « *et* d'autres matières » — « Je dirais : « *ou* d'autres matières, à cause du second *et* qui vient après, » lui dit Montbeillard.

Il refait ailleurs une phrase entière de Buffon, et puis il ajoute : « La phrase à laquelle je substitue celle-ci me semble un peu *peinée.* »

Je m'arrête ici. Je renvoie au chapitre suivant l'examen de la partie de nos manuscrits qui se rapporte aux *Époques de la nature.* Nous trouverons encore là des corrections, et beaucoup ; mais ce ne seront plus seulement des corrections de mots ; ce seront des corrections d'idées, et des plus magnifiques idées.

CHAPITRE VI

DES ÉPOQUES DE LA NATURE

Le manuscrit des *Époques de la nature*, que possède le Muséum, contient deux copies plus ou moins incomplètes de la seconde *époque*; une, plus complète, de la troisième; une de la quatrième, devenue la cinquième de l'imprimé; et, sous les titres de cinquième et sixième *époque*, deux copies, toutes deux très-incomplètes, de l'*époque* restée définitivement la sixième.

M. Cuvier nous dit, de Buffon, qu'il *fut obligé* de faire recopier jusqu'à onze fois le manuscrit des *Époques de la nature*[1]; Hérault de Séchelles dit jusqu'à dix-huit[2]; et l'on a l'air de croire que tout ce travail, tout ce long, tout ce grand travail, n'avait d'autre objet que le style.

[1] *Biographie universelle*, article BUFFON.
[2] *Voyage à Montbard*, p. 18 (an IX).

Nos copies nous en donnent une idée fort différente. J'y vois, sans doute, beaucoup de modifications pour le style ; j'y en vois encore plus pour les idées, pour les choses, pour le fond des choses, j'entends pour la durée, pour le nombre des périodes nommées *époques*, et pour la détermination, pour le choix des caractères, c'est-à-dire des faits que l'auteur assigne à chacune.

Buffon avait publié, en 1749, sa *Théorie de la terre* et son *Système sur la formation des planètes* ; mais, ni dans l'un ni dans l'autre de ces deux écrits, il n'avait marqué des *époques* : c'est pourtant là qu'il voulait en venir.

Comme, nous dit-il lui-même dans son beau langage, comme dans l'histoire civile on consulte les titres, on recherche les médailles, on déchiffre les inscriptions antiques pour déterminer les époques des révolutions humaines et constater les dates des événements moraux ; de même, dans l'histoire naturelle, il faut fouiller les archives du monde, tirer des entrailles de la terre les vieux monuments, recueillir leurs débris, et rassembler en un corps de preuves tous les indices des changements physiques qui peuvent nous faire remonter aux différents âges de la nature. C'est le seul moyen de fixer quelques points dans l'immensité de l'espace, et de placer un certain nombre de pierres numéraires sur la route éternelle du temps[1].

Tel était donc le problème : il fallait *fixer quelques*

[1] T. IX, p. 455.

points; il fallait *placer quelques pierres numéraires*; il fallait, comme le dit encore Buffon quelques lignes plus loin, il fallait poser quelques *fanaux*[1] sur la route, jusqu'alors si obscure, de l'histoire du globe.

C'est à quoi s'applique Buffon.

Il part, comme on sait[2], de l'hypothèse, si grandement conçue par Leibnitz, de notre globe primitivement fondu par le feu. La première époque du globe sera donc celle de sa *fusion*; la seconde celle de sa *consolidation*; la troisième, celle de la *chute des eaux*, reléguées jusque-là dans l'atmosphère par la chaleur du sol; la quatrième, celle de l'action des *volcans*; la cinquième, celle des *terres du nord* habitées par les *animaux du midi*; la sixième, celle de la *séparation* des deux *continents*; et la septième, celle de l'*homme* apparaissant enfin sur le globe et venant seconder par sa puissance, c'est-à-dire par son intelligence, la puissance de la nature.

Voilà les sept *époques* de Buffon, telles que nous les présente son livre; mais il n'est pas arrivé là, à ce nombre sept, tout de suite.

Nos copies, et sûrement elles n'ont pas été les premières, n'ont que six *époques*.

La cinquième du livre — *lorsque les éléphants et*

---

[1] « Le passé est comme la distance, notre vue y décroît et s'y « perdrait de même, si l'histoire et la chronologie n'eussent placé « des fanaux, des flambeaux aux points les plus obscurs. »

[2] Voyez, sur cela, mon *Histoire des travaux et des idées de Buffon*, p. 208 et suiv. (2ᵉ édition).

les autres animaux du midi ont habité les terres du nord — est la quatrième de nos copies ; et la quatrième du livre — *lorsque les eaux se sont retirées et que les volcans ont commencé d'agir* — n'est que dans le livre, elle n'existait pas du temps des copies.

Buffon n'avait pas fait encore sa *théorie des volcans*[1] ; il la fit plus tard, et de cette théorie il fit sa quatrième époque.

Cette intercalation d'une quatrième époque, l'époque des *volcans*, entre la troisième — *lorsque les eaux ont couvert nos continents* — et la cinquième — *lorsque les éléphants et les autres animaux du midi ont habité les terres du nord* — est le changement le plus considérable que présente notre manuscrit relativement au livre imprimé. Mais il en est plusieurs autres qui, quoique moins importants, méritent pourtant d'être indiqués.

Et, par exemple, nous avons deux copies de la *seconde époque* : dans la première copie, les coquillages et les poissons datent de cette *seconde époque* ; ils ne datent que de la *troisième époque* dans la seconde copie.

Un détail assez curieux de notre copie de la *troisième époque*, c'est qu'elle contient une digression

---

[1] C'est à peine si ce qui concerne les *volcans* forme, dans nos copies, trois ou quatre pages (les 10ᵉ, 11ᵉ, 12ᵉ et 13ᵉ), enveloppées et comme perdues dans le reste.

très-philosophique, et même, à côté des assertions hardies de Buffon, assez nécessaire, sur la difficulté qu'a l'esprit humain de concevoir de longs espaces de temps, de longues durées. Effrayé, pour son lecteur, des milliers d'années et même de siècles qu'il vient de lui présenter, Buffon cherche à le rassurer. Il comprit bientôt qu'il valait mieux encore chercher à le pré-munir ; et la digression fut transportée de la troi-sième époque dans la première, mais sans le préam-bule suivant, que mon lecteur à son tour sera, je crois, bien aise de voir.

Pourquoi, me dira-t-on, nous rejeter dans un espace aussi vague qu'une durée de quatre ou cinq cent mille ans ? Est-il aisé, est-il même possible de se former une idée du tout et des parties d'une aussi longue suite de temps ? Pour-quoi ne pas s'en tenir aux vingt ou vingt-cinq mille ans que vous aviez désignés d'abord comme suffisant à peu près pour ces opérations de la nature ? C'est ajouter une nouvelle cause d'obscurité aux choses difficiles dont vous prétendez donner l'explication que d'employer de si grands nombres et des espaces d'une durée qui n'est guère concevable.

J'ai si bien senti la force de cette considération, que j'ai tâché d'en prévenir l'effet en présentant d'abord un plan moins étendu de la durée des temps; cette plus petite échel'e m'était nécessaire pour conserver l'ordre et la clarté des idées qui se seraient peut-être perdus dans un trop grand espace, si tout à coup j'eusse présenté le plan de la durée des temps sur l'échelle que j'emploie aujourd'hui, laquelle est trois fois plus étendue que celle de mon premier tableau.

Mais tout bon esprit qui se sera familiarisé avec les rapports que ce tableau présente pourra les transporter aisément et les appliquer dans le même ordre aux opérations de la nature. Lorsque je n'ai compté que 74 ou 75,000 ans pour le temps écoulé depuis la formation des planètes, j'ai averti que je me contraignais pour m'opposer le moins possible aux opinions reçues, et en même temps, pour ne tirer, de mes expériences sur le refroidissement, que des conséquences absolument incontestables [1].

Eh ! pourquoi l'esprit humain semble-t-il se perdre dans l'espace de la durée plutôt que dans celui de l'étendue ou des nombres ? Pourquoi cent mille ans sont-ils plus difficiles à concevoir et à compter que cent mille livres de rente ? Serait-ce parce que la somme du temps ne peut se palper ni se réaliser en espèces visibles ? ou plutôt n'est-ce pas

---

[1] « Mais je me suis expressément réservé (continue-t-il) l'augmen- « tation de la durée des temps pour être à l'aise sur l'explication des « phénomènes, et pour pouvoir présenter d'une manière intelligi- « ble et sensible l'ordre et la succession des différents événements « de la nature. Je n'ai même formé mon dernier tableau sur une « échelle quatre fois plus grande que d'après une supposition défavo- « rable et trop faible, car je suis très-persuadé que, dans la réalité, les « *causæ latentes* de Newton, c'est-à-dire les obstacles qui s'opposent « à la déperdition de la chaleur des corps, au lieu de n'être supposées « qu'un millionième depuis un pouce jusqu'à dix pieds de diamètre « peuvent être supposées d'un cent millième au moins; et cela seul « aurait augmenté dix fois plus notre échelle, et m'aurait donné « un million d'années au lieu de cent mille ans pour la durée de « notre époque; mais encore une fois, quoiqu'il soit très-vrai que « plus nous étendrons le temps, plus nous approcherons et de la vé- « rité et de la réalité de l'emploi qu'en a fait la nature, néanmoins « il faut le raccourcir autant qu'il est possible, quand ce ne serait « que pour se conformer à la puissance limitée de notre enten- « dement. »

qu'étant accoutumés par notre trop courte existence à regarder cent ans comme une grosse somme de temps, nous avons peine à nous former une idée de mille ans, et ne pouvons plus nous représenter dix mille ans ni même en concevoir cent mille [1].

On ne se doute pas de toute la peine que la combinaison, la répartition de ces milliers d'années et de siècles ont donnée à Buffon, ni de toutes les modifications, de toutes les variations auxquelles il les a soumises.

Suivant un de ses calculs, la troisième époque a duré *vingt-cinq mille ans ;* elle en a duré *quatre ou cinq cent mille,* suivant un autre ; elle a duré *un million d'années,* suivant un troisième. Buffon en usait un peu avec les milliers d'années, comme nos faiseurs de vaudevilles en usent, tous les jours, avec les millions d'écus.

Mais quelle était donc la base de tous ces calculs si vastes et si divers ?

De 1749, où Buffon avait publié sa *Théorie de la terre* et son *Système sur les planètes,* jusqu'en 1774 et 1775, où il publia les deux volumes de son *Introduction à l'histoire des minéraux,* il avait passé une

---

[1] Ce dernier alinéa, depuis les mots : « Eh ! pourquoi l'esprit humain... » a été conservé dans l'imprimé, mais avec quelques modifications. Au lieu de : *plutôt que dans celui de l'étendue ou des nombres,* Buffon a mis : *plutôt que dans celui de l'étendue ou dans la considération des mesures, des poids et des nombres ;* au lieu de : *cent mille livres de rente,* il a mis : *cent mille livres de monnaie..*

grande partie de son temps à faire ou à faire faire le plus d'expériences qu'il avait pu sur *les progrès de la chaleur dans les corps* et sur *la durée de leur incandescence.*

Il faisait fondre des masses de fer; il faisait chauffer au blanc, au rouge, des boulets de fer, de zinc, d'étain, d'antimoine, de grès, de marbre, etc.; il observait combien ces matières mettaient de temps à se consolider, à se refroidir, à se refroidir plus ou moins, jusqu'au point de pouvoir être touchées sans brûler, jusqu'au point de la température actuelle, etc.; puis il appliquait de son mieux tous ces résultats à la consolidation et au refroidissement du globe[1].

J'ai commencé, dit-il, par la partie expérimentale de mon

---

[1] « J'ai fait quelques expériences pour reconnaître combien il faut « de temps aux matières qui sont en fusion pour prendre leur con- « sistance et passer de l'état de fluidité à celui de solidité ; combien « de temps il faut pour que la surface prenne sa consistance, combien « il en faut de plus pour produire cette même consistance à l'inté- « rieur, et savoir par conséquent combien le centre d'un globe, dont « la surface serait consistante et même refroidie à un certain point, « pourrait néanmoins être de temps dans l'état de liquéfaction. » (T. IX, p. 500.) — « Nous avons démontré par les expériences du « premier mémoire, qu'un globe de fer, gros comme la terre, péné- « tré de feu seulement jusqu'au rouge, serait plus de 96,670 ans à « se refroidir, auxquels ajoutant 2 ou 3,000 ans pour le temps de sa « consolidation jusqu'au centre, il résulte qu'en tout il faudrait « environ 100,000 ans pour refroidir au point de la température « actuelle un globe de fer gros comme la terre, sans compter la durée « du premier état de liquéfaction, ce qui recule encore les limites du « temps qui semble fuir et s'étendre à mesure que nous cherchons à « le saisir. » (T. IX, p. 508.)

travail, parce que c'est sur les résultats de mes expériences que j'ai fondé tous mes raisonnements [1].

Sans doute que le *fondement* n'était pas très-sûr, car, indépendamment des variations que j'indiquais il n'y a qu'un instant, j'en pourrais citer beaucoup d'autres.

A la page 3 de notre première copie de la seconde époque, Buffon pose d'abord : 74,832 *ans* pour la formation des planètes, et 34,270 pour le refroidissement de la terre, au point de pouvoir être touchée, sans brûler. Cela écrit, il l'efface : au-dessus de 74,832, il met 2,993,280, et au-dessus de 34,270, il met 1,370,800. Un peu plus loin, au lieu de *plus de vingt mille*, il met *six ou sept cent mille.*

Venons à ses nombres définitifs.

En supposant, dit-il, comme tous les phénomènes paraissent l'indiquer, que la terre ait autrefois été dans un état de liquéfaction causée par le feu, il est démontré par nos expériences que, si le globe était entièrement composé de fer ou de matière ferrugineuse, il ne se serait consolidé jusqu'au centre qu'en 4,026 ans, refroidi au point de pouvoir le toucher sans se brûler en 46,991 ans, et qu'il ne se serait refroidi au point de la température actuelle qu'en 100,696 ans; mais comme la terre, dans tout ce qui nous est connu, nous paraît être composée de matières vitrescibles et calcaires qui se refroidissent en moins de temps que

les matières ferrugineuses, il faut, pour approcher de la vérité autant qu'il est possible, prendre les temps respectifs
du refroidissement de ces différentes matières, tels que nous
les avons trouvés par nos expériences du second mémoire,
et en établir le rapport avec celui du refroidissement du fer.
En n'employant dans cette somme que le verre, le grès, la
pierre calcaire dure, les marbres et les matières ferrugineuses, on trouvera que le globe terrestre s'est consolidé
jusqu'au centre en 2,905 ans environ, qu'il s'est refroidi
au point de pouvoir le toucher en 33,911 ans environ, et à
la température actuelle en 74,047 ans environ [1].

A la bonne heure ! Mais combien de milliers d'années Buffon n'eût-il pas ajoutés à tous ces milliers-là,
s'il eût prévu ce que penseraient les géologues un siècle
après lui, savoir : que le globe, loin d'être consolidé
encore jusqu'au centre, l'est à peine dans une très-
mince partie de sa surface ?

Ce qui fait le grand côté du tableau tracé par
Buffon, c'est l'art admirable avec lequel il nous présente ce globe, « depuis le sommet de l'échelle du
« temps (pour parler comme lui) jusqu'à des temps
« assez voisins du nôtre, » passant du chaos à la
lumière, de l'incandescence au refroidissement, du
refroidissement à l'établissement de la mer universelle, à la production des premiers coquillages et des
premiers végétaux, à la construction de la surface de

[1] T. IX, p. 348.

la terre par lits horizontaux, à la retraite des eaux,
au feu des volcans, à ce temps enfin où la Nature,
« dans son premier moment de repos, a donné ses
« productions les plus nobles, » c'est-à-dire les grands
animaux terrestres, les grands animaux du midi
habitant les terres du nord, et l'homme lui-même que
Buffon définit si bien : « le témoin intelligent et
« l'admirateur paisible du grand spectacle de la na-
« ture et des merveilles de la création. »

Et à propos de l'homme, je vois encore ici (copie de
la quatrième époque[1]) un changement curieux et
digne d'être noté.

Buffon dit, dans l'imprimé : « Nous sommes persua-
« dés, indépendamment de l'autorité des livres sacrés,
« que l'homme a été créé le dernier, et qu'il n'est
« venu prendre le sceptre de la terre que quand elle
« s'est trouvée digne de son empire; » mais il avait
écrit dans notre copie[2] : « il reste celle (la création) de
« l'homme; a-t-elle été contemporaine à celle des
« animaux? Des raisons particulières semblent forcer
« à dire qu'elle s'est faite postérieurement à toutes nos
« époques; néanmoins l'analogie, les monuments et
« même les traditions nous démontrent, au contraire,
« que l'espèce humaine a suivi la même marche et
« date du même temps que les autres espèces.... »

Ainsi, dans nos copies, « quoique des raisons parti-

[1] Cinquième de l'imprimé. (Voyez, ci-devant, p. 63.)
[2] P. 16.

« culières semblent forcer à dire que la création de
« l'homme s'est faite postérieurement à toutes les
« autres, néanmoins l'analogie et les monuments dé-
« montrent qu'elle est de la même date; » et, dans
l'imprimé, l'auteur est persuadé, « même indépendam-
« ment de l'autorité des livres sacrés, que l'homme est
« venu le dernier, etc. » L'imprimé est pour les *livres
sacrés*, et la copie pour les *monuments et l'analogie*.

Les *Époques de la nature* sont, de Buffon, l'ouvrage
le plus considérable et le plus fortement conçu. Les
hypothèses y sont judicieuses, les faits enchaînés, les
raisonnements suivis, les déductions naturelles. On y
reconnaît le grand cachet d'un esprit conséquent. On
est étonné de l'audace, mais on admire la grandeur.
On voudrait à l'édifice entier une base moins fragile
que quelques expériences dont l'auteur est loin d'avoir
soupçonné l'extrême complication[1], mais on est
frappé, mais on est ravi de l'aspect imposant que cet
édifice nous offre. J'applique à Buffon ce que d'Alem-
bert a dit de Descartes, que, s'il s'était trompé sur les

---

[1] « Dans l'ignorance complète où nous sommes, dit M. de Hum-
« boldt, sur la nature des matériaux dont l'intérieur de la terre est
« formé, sur les degrés divers de capacité pour la chaleur et de con-
« ductibilité des couches superposées, enfin sur les transformations
« chimiques que les matières solides ou liquides doivent subir sous
« l'influence d'une pression énorme, nous ne pouvons appliquer sans
« réserve à notre planète les lois de la propagation de la chaleur,
« qu'un profond géomètre a découvertes pour un sphéroïde en mé-
« tal... » (*Cosmos*, t. I, p. 194.)

lois du mouvement, il avait du moins deviné le premier qu'il devait y en avoir. Si Buffon s'est trompé sur la durée des *âges* du globe, s'il n'a pu indiquer qu'en gros, et de loin, leurs vrais caractères, du moins a-t-il deviné le premier qu'il devait y avoir des *âges*. Les *révolutions* de Cuvier ne sont que les *âges* de Buffon, sous une autre forme et sous la plume d'un génie différent; et tout ce que font d'efforts nos géologues actuels, tout ce qu'en feront jamais les géologues futurs, pour le classement, de mieux en mieux démêlé, de leurs formations, de leurs couches, de leurs terrains, ne sera jamais qu'un remaniement incessant, et sans cesse perfectionné, des *Époques de la nature*. Ce thème sera toujours refait et ne sera jamais fini.

Voici comment Buffon a jugé lui-même son œuvre :

J'ai fait ce que j'ai pu pour proportionner, dans chacune de ces périodes, la durée du temps à la grandeur des ouvrages; j'ai tâché, d'après mes hypothèses, de tracer le tableau successif des grandes révolutions de la nature, sans néanmoins avoir prétendu la saisir à son origine et encore moins l'avoir embrassée dans toute son étendue. Et mes hypothèses fussent-elles contestées, et mon tableau ne fût-il qu'une esquisse très-imparfaite de celui de la nature, je suis convaincu que tous ceux qui, de bonne foi, voudront examiner cette esquisse et la comparer avec le modèle, trouveront assez de ressemblance pour pouvoir au moins satisfaire leurs yeux et fixer leurs idées sur les plus grands objets de la philosophie naturelle.

SECONDE PARTIE

REPRODUCTION DE QUELQUES FRAGMENTS DES MANUSCRITS DE BUFFON

ÉPOQUES DE LA NATURE

Notre MANUSCRIT des *Époques de la nature* contient, comme je l'ai déjà dit[1], deux *copies* de la *seconde* époque, une de la *troisième*, une de la *quatrième*, devenue la *cinquième* de l'imprimé, et deux de la *sixième* dont la première porte encore le titre de *cinquième*.

Ce que s'est proposé Buffon dans ses *Époques de la nature* (je l'ai déjà dit aussi[2], c'est de marquer par durées déterminées, par *époques* successives, par âges distincts, les différents changements du globe.

Deux points surtout l'occupaient : le premier, de bien démêler les grands faits de la nature et d'en marquer l'*ordre successif;* et le second, de donner à chaque fait sa *juste étendue.* « J'ai tâché d'après mes « hypothèses, dit-il, de tracer l'ordre successif des « grandes révolutions de la nature…; j'ai fait, dit-il « encore, ce que j'ai pu pour proportionner, dans « chacune de ces périodes, la durée du temps à la « grandeur des ouvrages[3]. »

[1] Page 63.
[2] Page 64.
[3] *OEuvres de Buffon*, t. IX, p. 576.

Il y a deux agents : le *feu* et l'*eau* ; et, des deux, c'est évidemment le feu qui a le premier fait sentir son action. La première époque a donc été celle de la *fusion* ; la seconde celle de la *consolidation*, la troisième, celle de la *chute des eaux* ; la quatrième, celle de la retraite des eaux et de l'apparition des *premiers animaux terrestres* ; la cinquième, celle de la *séparation des deux continents*, et la sixième celle de l'*homme*. Voilà les six époques de nos copies [1].

Buffon s'aperçut bientôt qu'il n'avait pas fait à l'action du feu une part assez grande. Cette action ne s'est pas immédiatement épuisée : après la *fusion générale*, après la *consolidation* même du globe, elle a longtemps persisté, témoin les volcans éteints ; elle persiste encore aujourd'hui, témoin les volcans actuels. Buffon revint donc sur son plan ; il l'ouvrit pour l'élargir, et, entre l'époque des *eaux couvrant la terre* et celle des *premiers animaux terrestres*, il en

---

[1] Les sept époques du livre sont :

La première, lorsque la terre et les planètes ont pris leur forme ;

La deuxième, lorsque la matière, s'étant consolidée, a formé la roche intérieure du globe, ainsi que les grandes masses vitrescibles qui sont à sa surface ;

La troisième, lorsque les eaux ont couvert nos continents ;

La quatrième, lorsque les eaux se sont retirées, et que les volcans ont commencé d'agir (c'est celle-ci qui manquait encore au temps des copies) ;

La cinquième, lorsque les éléphants et les autres animaux du midi ont habité les terres du nord :

La sixième, lorsque s'est faite la séparation des continents ;

La septième, lorsque la puissance de l'homme a secondé celle de la nature.

plaça une nouvelle, qui fut l'époque des premiers *volcans* et de leurs grands effets.

Buffon traitait son sujet comme nos auteurs dramatiques ont coutume de traiter le leur. Ils ajoutent ou retranchent un acte ou deux à la moindre difficulté ; ils déplacent même des scènes, et Buffon en faisait autant. Nous avons vu, en comparant les copies au livre, qu'il avait transporté l'apparition des premiers animaux de la seconde époque à la troisième, et l'apparition de l'homme de la cinquième à la septième.

Et, sous ce rapport du remaniement successif de ses idées, rien n'est plus curieux que la première des deux *copies* que nous avons de la *seconde époque*.

Buffon réunissait alors sous une même et seule *époque* ce dont il a fait ensuite trois *époques* distinctes : l'époque de la *consolidation,* restée la seconde ; l'époque de la *chute des eaux* et des *premiers êtres vivants*, devenue la troisième, et l'époque des *volcans*, devenue la *quatrième*.

Je reproduis cette *première copie* tout entière, et je la reproduis telle que Buffon l'a primitivement écrite. Je mets en notes ce qu'il y a marqué plus tard de corrections et de changements. Je place enfin, en regard de la *première copie*, la rédaction dernière et définitive, c'est-à-dire celle que nous offre l'*imprimé*.

SECONDE ÉPOQUE
(1re copie).

LORSQUE LA MATIÈRE S'ÉTANT CONSOLIDÉE A FORMÉ LES GRANDES MASSES DES
SUBSTANCES VITRIFIABLES [1].

Il a fallu, comme nous l'avons dit, près de trois mille ans [2] [e]
pour que le globe terrestre ait pris toute sa consistance et que [e]
les matières en fusion se soient consolidées jusqu'à son centre. [e]
Comparons les effets de cette consolidation du globe terrestre [3] [e]
en liquéfaction par le feu, à ce que nous voyons arriver à une [e]
masse de métal ou de verre fondu lorsqu'elle commence à se [e]
refroidir [4]. Nous voyons qu'il se forme à la surface de ces masses [e]
des aspérités [5], et dans l'intérieur [6] des cavités qui représentent parfaitement les premières inégalités qui se sont trouvées sur la surface de la terre [7], et ce grand nombre de montagnes, d'abimes, de trous et de cavernes [8] qui occupaient alors [e]
l'intérieur des couches les plus voisines de la superficie. Notre [e]
comparaison est d'autant plus exacte que les plus hautes [e]
montagnes [9], que je suppose de 3,000 toises de hauteur, ne [e]
sont par rapport au diamètre de la terre que ce qu'un hui-[e]
tième de ligne est par rapport au diamètre d'un globe de deux [e]
pieds. Ces masses de rochers et ces chaînes de montagnes qui [e]
nous paraissent si prodigieuses tant par le volume que par la [e]

CORRECTIONS FAITES PAR BUFFON SUR LA COPIE.

[1] Lorsque la matière, s'étant consolidée, a formé la roche intérieure [e]
du globe ainsi que les grandes masses vitrifiables qui sont à sa surface. [e]

[2] En jetant les yeux sur notre dernier tableau, l'on reconnaîtra [e]
qu'il s'est écoulé 117,440 ans avant que le globe.....

[3] ..... consolidation de la terre liquéfiée par le feu.....

[4] ..... à se refroidir. Il se forme à la.....

[5] ..... à la surface de ces masses des inégalités, des ondes, des [e]
aspérités.....

2ᵈᵉ. Epoque

Lorsque la matière se seroit consolidée a formé les grandes
masses ~~...~~ vitrifiables qui sont à la surface;

Lorsque le globe terrestre ait pris toute
sa consistence et que les matières en fusion se
soient consolidées jusqu'à son centre. Comparons
les effets de cette consolidation ~~...~~
~~...~~ par le feu, a ce que nous voyons
arriver a une masse de métal ou de verre fondu
lorsqu'elle commence a se refroidir; nous voyons
qu'il se forme a la surface de ces masses des
~~...~~ et dans l'interieur des cavités qui ~~...~~
~~...~~ les premieres inégalités
qui se sont trouvées sur la surface de la terre,
et le grand nombre de montagnes, d'abymes, de
trous et de Cavernes qui ~~...~~
~~...~~ de la superficie; Notre
comparaison est d'autant plus exacte que les
~~...~~ que je suppose de
~~...~~ toises de hauteur ne sont par rapport au

SECONDE ÉPOQUE

(imprimé).

LORSQUE LA MATIÈRE S'ÉTANT CONSOLIDÉE A FORMÉ LA ROCHE INTÉRIEURE DU GLOBE,
AINSI QUE LES GRANDES MASSES VITRESCIBLES QUI SONT A SA SURFACE.

On vient de voir que, dans notre hypothèse, il a dû s'écouler deux mille neuf cent trente-six ans avant que le globe terrestre ait pu prendre toute sa consistance, et que sa masse entière se soit consolidée jusqu'au centre. Comparons les effets de cette consolidation du globe de la terre en fusion à ce que nous voyons arriver à une masse de métal ou de verre fondu, lorsqu'elle commence à se refroidir : il se forme à la surface de ces masses des trous, des ondes, des aspérités; et au-dessous de la surface il se fait des vides, des cavités, des boursouflures, lesquelles peuvent nous représenter ici les premières inégalités qui se sont trouvées sur la surface de la terre et les cavités de son intérieur; nous aurons dès lors une idée du grand nombre de montagnes, de vallées, de cavernes et d'anfractuosités qui se sont formées dès ce premier temps dans les couches extérieures de la terre. Notre comparaison est d'autant plus exacte que les montagnes les plus élevées, que je suppose de trois mille ou trois mille cinq cents toises de hauteur, ne sont, par rapport au diamètre de la terre, que ce

---

(CORRECTIONS FAITES PAR BUFFON SUR LA COPIE.)

[6] Et dans l'intérieur il se fait des vides, des boursouflures, des cavités qui doivent nous représenter ici les premières inégalités qui.....

[7] Ainsi que les cavités de son intérieur et nous donner une idée du grand nombre de.....

[8] ..... et de cavernes qui composaient les premières couches de la superficie du globe.

[9] ..... exacte que les montagnes les plus élevées que je suppose de 3,000 ou 3,200 toises.....

(COPIE.)

hauteur, ces profondeurs de la mer qui nous paraissent si considérables [1], ne sont dans la réalité que des inégalités [2] proportionnées à la grosseur du globe, et des effets naturellement produits par le premier refroidissement des matières en fusion, lorsque la terre a commencé à prendre de la consistance [3].

A cette époque, et même longtemps après, tant que la chaleur excessive a duré, il s'est fait une séparation de toutes les parties volatiles, telles que l'eau, l'air, les huiles, le mercure et les autres substances que la grande chaleur enlève et qui ne peuvent exister que dans une région plus tempérée que ne l'était alors la surface de la terre. Toutes ces matières volatiles s'étendaient donc autour du globe en forme d'atmosphère à une très-grande distance [4] où la chaleur était moins grande et en même temps la matière fixe du globe, qui n'était que du verre fondu par l'action du feu, s'étant consolidée, forma les pics et les grandes montagnes, dont les sommets, les noyaux et les bases intérieures sont composés de matières vitrescibles. Ainsi, le premier établissement local des grandes chaînes de montagnes appartient à cette seconde époque qui a précédé de plusieurs milliers d'années [5] la formation des mers et celle de toutes les substances [6] qu'elles produisent et nourrissent. Car, tant que la surface du globe n'a pas été refroidie au point de permettre à l'eau d'y séjourner sans se réduire en vapeurs, il est certain que toutes les mers étaient alors dans l'atmosphère et

---

(CORRECTIONS FAITES PAR BUFFON SUR LA COPIE.)

[1] ..... par la hauteur. Ces vallées de la mer, qui semblent être des abîmes de profondeur, ne sont dans.....

[2] ..... réalité que de légères inégalités proportionnées.....

[3] ..... à la grosseur du globe et qui ne pouvaient manquer de se former, lorsqu'il a pris sa consistance : ce sont des effets naturels et qui ont été produits par le premier refroidissement des matières en fusion lorsqu'elles se sont consolidées à la surface de la terre.

[4] .... à une grande distance où la chaleur était moins forte, tandis

(IMPRIMÉ.)

qu'un huitième de ligne est par rapport au diamètre d'un globe de deux pieds. Ainsi ces chaînes de montagnes qui nous paraissent si prodigieuses, tant par le volume que par la hauteur, ces vallées de la mer, qui semblent être des abîmes de profondeur, ne sont dans la réalité que de légères inégalités proportionnées à la grosseur du globe, et qui ne pouvaient manquer de se former lorsqu'il prenait sa consistance : ce sont des effets naturels produits par une cause tout aussi naturelle et fort simple, c'est-à-dire par l'action du refroidissement sur les matières en fusion, lorsqu'elles se consolident à la surface.

C'est alors que se sont formés les éléments par le refroidissement et pendant ses progrès. Car à cette époque, et même longtemps après, tant que la chaleur excessive a duré, il s'est fait une séparation et même une projection de toutes les parties volatiles, telles que l'eau, l'air et les autres substances que la grande chaleur chasse au dehors et qui ne peuvent exister que dans une région plus tempérée que ne l'était alors la surface de la terre. Toutes ces matières volatiles s'étendaient donc autour du globe en forme d'atmosphère à une grande distance où la chaleur était moins forte, tandis que les matières fixes, fondues et vitrifiées, s'étant consolidées, formèrent la roche intérieure du globe et le noyau des grandes montagnes, dont les sommets, les masses intérieures et les bases, sont en effet composées de matières vitrescibles. Ainsi le premier éta-

---

(CORRECTIONS FAITES PAR BUFFON SUR LA COPIE.)

que les matières fixes, fondues et vitrifiées, s'étant consolidées, formèrent la roche intérieure du globe et le noyau des pics et des grandes montagnes, dont les sommets, les masses intérieures et les bases sont composés de.....

5 ..... de plusieurs milliers de siècles.

6 ..... la formation des montagnes et des collines calcaires qu n'ont existé qu'après l'établissement des mers et la production de toutes les substances.....

(COPIE.)

qu'elles n'ont pu tomber et s'établir sur la terre que quand [1]
sa surface s'est trouvée assez refroidie pour ne pas rejeter
l'eau par une trop forte ébullition, et ce temps de l'établissement des eaux sur la surface de la terre n'a précédé que de
peu de milliers d'années [2] le moment où l'on aurait pu toucher cette surface sans se brûler ; en sorte qu'en admettant,
comme nous l'avons annoncé, 74,832 [3] ans à dater en arrière
de ce jour pour l'époque de la formation des planètes, et
54,270 [4] ans pour le temps nécessaire à son refroidissement [5] au
point de pouvoir la toucher, il s'est peut-être passé plus de vingt-
cinq mille [6] de ces premières années avant que l'eau, toujours
rejetée dans l'atmosphère, ait pu tomber et s'établir [7] sur la
terre : car, quoiqu'il y ait une assez grande différence entre le
degré auquel l'eau chaude cesse de nous offenser et celui où
elle entre en ébullition, et qu'il y ait encore une distance considérable entre ce premier degré d'ébullition et celui où elle se
disperse subitement en vapeurs, on peut néanmoins assurer
que cette différence de temps n'est pas plus grande [8] que je l'admets ici.

Ainsi, pendant les premières vingt-cinq mille [9] années, le
globe terrestre, d'abord lumineux et chaud comme le soleil, a
conservé son état d'incandescence et de lumière pendant environ trois mille [10] ans, c'est-à-dire jusqu'à ce qu'il ait été
consolidé [11] ; ensuite les matières fixes de la terre [12] sont devenues encore plus fixes par leur refroidissement, et ont pris
leur nature et leur consistance telles que nous les reconnais-

---

(CORRECTIONS FAITES PAR BUFFON SUR LA COPIE.)

[1] ..... qu'au moment où ....

[2] ..... que de quelques centaines de siècles.. ..

[3] ..... 2,993,280 ....

[4] ..... 1,370,800 ...

[5] . ... nécessaire au refroidissement de la terre.....

[6] ..... six ou sept cent mille de ces premières ...

(IMPRIMÉ.)

blissement local des grandes chaînes de montagnes appartient à cette seconde époque, qui a précédé de plusieurs siècles celle de la formation des montagnes calcaires, lesquelles n'ont existé qu'après l'établissement des eaux, puisque leur composition suppose la production des coquillages et des autres substances que la mer fomente et nourrit. Tant que la surface du globe n'a pas été refroidie au point de permettre à l'eau d'y séjourner sans s'exhaler en vapeurs, toutes nos mers étaient dans l'atmosphère : elles n'ont pu tomber et s'établir sur la terre qu'au moment où sa surface s'est trouvée assez attiédie pour ne plus rejeter l'eau par une trop forte ébullition ; et ce temps de l'établissement des eaux sur la surface du globe n'a précédé que de peu de siècles le moment où l'on aurait pu toucher cette surface sans se brûler ; de sorte qu'en comptant soixante-quinze mille ans depuis la formation de la terre, et la moitié de ce temps pour son refroidissement au point de pouvoir la toucher, il s'est peut-être passé vingt-cinq mille des premières années avant que l'eau, toujours rejetée dans l'atmosphère, ait pu s'établir à demeure sur la surface du globe ; car, quoiqu'il y ait une assez grande différence entre le degré auquel l'eau chaude cesse de nous offenser et celui où elle entre en ébullition, et qu'il y ait encore une distance considérable entre ce premier degré d'ébullition et celui où elle se disperse subitement en vapeurs, on peut néanmoins assurer que cette différence de temps ne peut pas être plus grande que je l'admets ici.

(CORRECTIONS FAITES PAR BUFFON SUR LA COPIE.)

[7] ..... et s'établir à demeure sur la surface du globe.

[8] ..... ne peut pas être plus grande que...

[9] ..... dans les premières sept cent mille années.....

[10] .... environ cent dix-sept mille ans.....

[11] ..... entièrement consolidé.....

[12] ..... du globe.....

(COPIE.)

sons aujourd'hui dans les pics et sur les sommets de toutes les hautes montagnes [1] dont l'origine date de cette époque, et qui [2] ne sont en effet composées dans leur intérieur [3] que de matières vitrescibles, telles que le granit, le roc vif, la pierre cornée, etc.

C'est dans ce long espace de temps de vingt-cinq ou vingt-six mille ans [4] que se sont aussi formées par la sublimation toutes les grandes veines et les gros filons des mines où se trouvent les métaux ; ces substances métalliques ont été séparées de la matière vitrée [5] par la chaleur longue et constante qui les a sublimées, et poussées de l'intérieur du globe dans toutes les montagnes [6], où le resserrement des matières, causé par le refroidissement [7], laissait des fentes et des cavités qui ont été remplies [8] par ces substances métalliques que nous y trouvons aujourd'hui, car il faut, à l'égard de l'origine des mines, faire la même distinction que nous avons indiquée pour l'origine des matières vitrescibles et des matières calcaires, dont les premières ont été produites par l'action du feu, et les autres par l'intermède de l'eau. Il en est de même des mines métalliques ; les principaux filons, ou, si l'on veut, les mines primordiales, ont été produites, comme je viens de le dire, par la fusion et par la sublimation, c'est-à-dire par l'action du feu, et les autres mines, qu'on peut appeler secondaires, ne se sont formées qu'aux dépens des premières et ont été produites [9] par le moyen de l'eau. Ces filons prin-

---

(CORRECTIONS FAITES PAR BUFFON SUR LA COPIE.)

[1] ..... aujourd'hui dans la roche du globe et dans le noyau de toutes.....

[2] ..... car elles ne sont.....

[3] ..... dans leur intérieur et jusqu'à leur sommet.....

[4] ..... de sept cent mille ans.....

[5] ..... de la masse vitrescible du globe.....

[6] ..... de l'intérieur de la masse dans toutes les aspérités et les pointes avancées de la superficie où le resserrement.....

(IMPRIMÉ.)

Ainsi dans ces premières vingt-cinq mille années, le globe
terrestre, d'abord lumineux et chaud comme le soleil, n'a
perdu que peu à peu sa lumière et son feu : son état d'incandescence a duré pendant deux mille neuf cent trente-six ans,
puisqu'il a fallu ce temps pour qu'il ait été consolidé jusqu'au
centre; ensuite les matières fixes dont il est composé sont devenues encore plus fixes en se resserrant de plus en plus par le
refroidissement; elles ont pris peu à peu leur nature et leur
consistance telle que nous la reconnaissons aujourd'hui dans
la roche du globe et dans les hautes montagnes, qui ne sont
en effet composées, dans leur intérieur et jusqu'à leur sommet, que de matières de la même nature : ainsi leur origine
date de cette même époque.

C'est aussi dans les premiers trente-sept mille ans que se
sont formées par la sublimation toutes les grandes veines et
les gros filons de mines où se trouvent les métaux; les substances métalliques ont été séparées des autres matières vitrescibles par la chaleur longue et constante qui les a sublimées
et poussées de l'intérieur de la masse du globe dans toutes les
éminences de sa surface, où le resserrement des matières,
causé par un plus prompt refroidissement, laissait des fentes
et des cavités, qui ont été incrustées et quelquefois remplies
par ces substances métalliques que nous y trouvons aujour-
d'hui; car il faut, à l'égard de l'origine des mines, faire la
même distinction que nous avons indiquée pour l'origine des
matières vitrescibles et des matières calcaires, dont les premières ont été produites par l'action du feu, et les autres par
l'intermède de l'eau. Dans les mines métalliques, les principaux filons ou, si l'on veut, les masses primordiales, ont été

(CORRECTIONS FAITES PAR BUFFON SUR LA COPIE.)

7 ..... par un plus prompt refroidissement.....

8 . ... incrustées et quelquefois remplies.....

9 ..... produites très-postérieurement.....

(COPIE.)

cipaux, qu'on peut regarder comme les troncs des arbres métalliques, ayant tous été produits, soit par la fusion dans le temps du feu primitif, soit par la sublimation dans les temps subséquents[1], ils se sont trouvés et se trouvent encore aujourd'hui dans les fentes perpendiculaires des plus hautes montagnes[2]; tandis que l'on trouve, au contraire, au pied de ces mêmes montagnes des petits filons que l'on prendrait d'abord pour les rameaux de ces arbres métalliques, mais qui ne leur tiennent néanmoins ni par la continuité ni même par l'origine, car ces mines secondaires se sont formées par l'intermède de l'eau qui, par la succession des temps, a détaché des particules des anciens filons et les a déposées sous différentes formes[3] à des distances assez considérables et toujours au-dessous du lieu de leur première origine[4].

La formation[5] de ces mines parasites est, comme on le voit, bien postérieure[6] à celle des mines primitives; elle doit se rapporter, comme la formation des pierres calcaires, à une époque subséquente, c'est-à-dire au temps où la température de la terre a permis aux eaux de se rassembler dans les profondeurs de sa surface pour y former les mers, et ensuite au temps où les vapeurs ont commencé à se condenser contre les montagnes pour y produire les sources des ruisseaux et des fleuves. Mais avant ces temps il s'est passé[7] de grands effets préliminaires dont nous devons rendre compte[8].

(CORRECTIONS FAITES PAR BUFFON SUR LA COPIE.)

[1] ..... dans les temps subséquents de la grande chaleur....

[2] ..... des hautes montagnes.....

[3] ..... par l'action successive de l'eau, qui, dans des temps bien postérieurs aux premiers, a détaché des anciens filons les particules métalliques qu'elle a charriées et déposées sous différentes formes.....

[4] ..... première formation....

[5] La production.....

[6] ..... moins ancienne que.....

(IMPRIMÉ.)

produites par la fusion et par la sublimation, c'est-à-dire par l'action du feu; et les autres mines, qu'on doit regarder comme des filons secondaires et parasites, n'ont été produites que postérieurement par le moyen de l'eau. Ces filons principaux, qui semblent présenter les troncs des arbres métalliques, ayant tous été formés, soit par la fusion dans le temps du feu primitif, soit par la sublimation dans les temps subséquents, ils se sont trouvés et se trouvent encore aujourd'hui dans les fentes perpendiculaires des hautes montagnes, tandis que c'est au pied de ces mêmes montagnes que gisent les petits filons, que l'on prendrait d'abord pour les rameaux de ces arbres métalliques, mais dont l'origine est néanmoins bien différente; car ces mines secondaires n'ont pas été formées par le feu, elles ont été produites par l'action successive de l'eau, qui, dans des temps postérieurs aux premiers, a détaché de ces anciens filons des particules minérales qu'elle a charriées et déposées sous différentes formes, et toujours au-dessous des filons primitifs.

Ainsi la production de ces mines secondaires étant bien plus récente que celle des mines primordiales, et supposant le concours et l'intermède de l'eau, leur formation doit, comme celle des matières calcaires, se rapporter à des époques subséquentes, c'est-à-dire au temps où la chaleur brûlante s'étant attiédie, la température de la surface de la terre a permis aux eaux de s'établir, et ensuite aux temps où ces mêmes eaux ayant laissé nos continents à découvert, les vapeurs ont commencé à se condenser contre les montagnes pour y produire des sources d'eau courante. Mais, avant ce second et ce troisième temps, il y a eu d'autres grands effets que nous devons indiquer.

(CORRECTIONS FAITES PAR BUFFON SUR LA COPIE.)

7 ..... il s'est encore passé.....

8 ..... préliminaires que nous devons indiquer.

Arrivé à cette page-ci du manuscrit, je vois en marge, et de la main de Buffon, comme le sont d'ailleurs toutes les corrections (le texte seul est de la main du secrétaire), ces mots : PAGE 22, 3ᵉ ÉPOQUE.

En effet, tout ce qui suit, jusqu'à un certain point que je marquerai, appartient à la *troisième époque.* C'est de cette partie détachée de la *seconde époque,* que Buffon a fait la *troisième.*

Buffon se réglait par les phénomènes : après la *fusion,* la *consolidation;* après la *consolidation,* la *chute des eaux.* Or, avec l'alinéa qui suit, commence, dans notre *copie,* le phénomène de la *chute des eaux.*

En y pensant davantage, Buffon s'aperçut que c'était arriver trop tôt à ce second phénomène, que le tableau de la *consolidation* du globe n'était pas complet, que ce temps-singulier, ce moment qui a été unique dans l'histoire du globe, où ce globe ne se composait que des produits du feu, que des *produits ignés,* que des *substances vitrescibles,* n'était ni suffisamment décrit, ni assez fortement caractérisé.

Il s'arrêta donc, et s'attachant avec énergie à l'étude de ce globe primitif, si différent de tout ce que le globe a été par la suite, il fit de cette étude le sujet unique de sa *seconde époque* tout entière.

Et, cette grande intercalation opérée, il fit, de tout ce qui, dans la copie qui nous occupe, suit les parties de cette même copie que j'ai déjà transcrites, sa *troisième époque* — LORSQUE LES EAUX ONT COUVERT NOS CONTINENTS.

En effet, la *troisième époque* commence dans l'imprimé par cette phrase : « A la date de trente ou « trente-cinq mille ans de la formation des planètes, « la terre se trouvait assez attiédie pour recevoir les « eaux sans les rejeter en vapeurs…, » phrase qui est la même que celle par laquelle nous allons continuer.

SUITE DE NOTRE COPIE
SUITE QUI SE TROUVE TRANSFORMÉE EN TROISIÈME ÉPOQUE DANS L'IMPRIMÉ.

Au bout de vingt-cinq ou de vingt-six mille ans [1] de la formation du globe, il commençait à être assez refroidi pour recevoir les eaux à sa surface [2]. Le chaos de l'atmosphère a commencé [3] à se débrouiller [4] alors, les eaux et toutes les matières volatiles que la trop grande chaleur y tenait reléguées et suspendues, tombant [5] de toutes parts, produisirent un vrai déluge universel, ou du moins elles remplirent toutes les profondeurs, toutes les plaines, tous les intervalles qui se trouvaient entre les parties les plus élevées de la surface du globe [6]. On a des preuves évidentes que les eaux ont couvert toute l'Europe jusqu'à 8 ou 900 toises [7] au-dessus du niveau de la mer actuelle, puisqu'on trouve des coquilles et d'autres productions marines dans les Alpes, dans les Pyrénées, etc., jusqu'à cette même hauteur. On a les mêmes preuves pour les continents de l'Asie et de l'Afrique [8]; et même, dans celui de l'Amérique, où les montagnes sont une fois plus élevées qu'en Europe, on a trouvé des coquilles et des productions marines à plus de deux mille toises de hauteur au-dessus du niveau actuel de la mer du Sud. Il est donc évident [9] que, dans ces premiers temps, la surface de la terre [10] était en géral plus élevée qu'elle ne l'est aujourd'hui, et que pendant

---

CORRECTIONS FAITES PAR BUFFON SUR LA COPIE.

[1] A la date d'un million d'années de la formation des planètes, la terre commençait à .....

[2] ..... à sa surface sans les rejeter en vapeurs.....

[3] ..... commençait à.....

[4] ..... alors, non-seulement les eaux, mais toutes.....

[5] ..... tombèrent de toutes parts et produisirent.....

TROISIÈME ÉPOQUE
(imprimé).
LORSQUE LES EAUX ONT COUVERT NOS CONTINENTS.

A la date de trente ou trente-cinq mille ans de la formation
des planètes, la terre se trouvait assez attiédie pour recevoir
les eaux sans les rejeter en vapeurs. Le chaos de l'atmosphère
avait commencé de se débrouiller : non-seulement les eaux,
mais toutes les matières volatiles que la trop grande chaleur y
tenait reléguées et suspendues tombèrent successivement ; elles
remplirent toutes les profondeurs, couvrirent toutes les plaines,
tous les intervalles qui se trouvaient entre les éminences de la
surface du globe, et même elles surmontèrent toutes celles
qui n'étaient pas excessivement élevées. On a des preuves évidentes que les mers ont couvert le continent de l'Europe jusqu'à quinze cents toises au-dessus du niveau de la mer actuelle, puisqu'on trouve des coquilles et d'autres productions
marines dans les Alpes et dans les Pyrénées jusqu'à cette
même hauteur. On a les mêmes preuves pour les continents
de l'Asie et de l'Afrique; et même dans celui de l'Amérique,
où les montagnes sont plus élevées qu'en Europe, on a trouvé
des coquilles marines à plus de deux mille toises de hauteur
au-dessus du niveau de la mer du Sud. Il est donc certain que
dans ces premiers temps le diamètre du globe avait deux lieues
de plus, puisqu'il était enveloppé d'eau jusqu'à deux mille toises

---

(CORRECTIONS FAITES PAR BUFFON SUR LA COPIE.)

[6] ..... entre les aspérités de la surface du globe, et même elles
surmontèrent toutes celles qui n'étaient pas excessivement élevées.
On a des preuves....

[7] ..... mille.....

[8] ..... de l'Afrique et de l'Amérique. Il est donc.....

[9] ..... certain.

[10] ..... du globe.

(COPIE.)

une assez [1] longue suite de siècles, la mer l'a recouverte en
entier, à l'exception de tous les sommets et des crêtes de montagnes qui seuls surmontaient alors cette mer universelle [2],
dont l'élévation était au moins à ces mille toises de hauteur [3], où
l'on cesse de trouver des coquilles ou d'autres débris des productions marines. Les animaux auxquels ces dépouilles appartiennent ont donc été les premiers habitants du globe, et leur
multitude était innombrable, car c'est de leurs détriments
qu'ont été formés toutes les pierres calcaires, tous les marbres,
les craies, les marnes [4], etc.

Et [5], dans les commencements de ce séjour des eaux sur la
surface de la terre, n'avaient-elles pas un degré de chaleur
que nos poissons et nos coquillages actuels n'auraient pu supporter? et ne devons-nous pas présumer que les premières
productions de la mer [6] encore bouillante étaient différentes
de celles qu'elle nous offre aujourd'hui? Cette grande chaleur
ne pouvait convenir qu'à d'autres natures de coquillages et de
poissons; et par conséquent c'est à cette époque intermé-
diaire [7] que l'on doit rapporter l'existence de ces espèces perdues [8], dont on ne retrouve nulle part les analogues vivants;
telles que les énormes volutes, dont nous avons parlé, toutes
les cornes d'Ammon, les grands oursins armés de grosses
bélemnites, etc. Ces événements se sont passés depuis l'année
vingt-cinq mille de la formation des planètes jusqu'à l'année
trente-cinq mille, à laquelle environ nous avons fixé le com-

---

(CORRECTIONS FAITES PAR BUFFON SUR LA COPIE.)

[1] ..... très-longue. ...

[2] ..... à l'exception peut-être des plus hauts sommets et des pics
de montagnes qui seuls surmontaient cette mer universelle.....

[3] ..... dont l'élévation était au moins à cette hauteur de mille
toises, où l'on cesse de.....

[4] ..... des productions marines, d'où l'on doit inférer que les animaux auxquels ces dépouilles ont appartenu doivent être regardés
comme les premiers habitants du globe; et cette population était im-

(IMPRIMÉ.)

de hauteur. La surface de la terre en général était donc beaucoup plus élevée qu'elle ne l'est aujourd'hui ; et pendant une
longue suite de temps les mers l'ont recouverte en entier, à
l'exception peut-être de quelques terres très-élevées et des
sommets des hautes montagnes, qui seuls surmontaient cette
mer universelle, dont l'élévation était au moins à cette hauteur où l'on cesse de trouver des coquilles ; d'où l'on doit inférer que les animaux auxquels ces dépouilles ont appartenu
peuvent être regardés comme les premiers habitants du globe,
et cette population était innombrable, à en juger par l'immense quantité de leurs dépouilles et de leurs détriments,
puisque c'est de ces mêmes dépouilles et de leurs détriments
qu'ont été formées toutes les couches des pierres calcaires, des
marbres, des craies et des tufs qui composent nos collines et
qui s'étendent sur de grandes contrées dans toutes les parties
de la terre.

Or, dans les commencements de ce séjour des eaux sur la
surface du globe, n'avaient-elles pas un degré de chaleur que
nos poissons et nos coquillages actuellement existants n'auraient pu supporter ? et ne devons-nous pas présumer que les
premières productions d'une mer encore bouillante étaient
différentes de celles qu'elle nous offre aujourd'hui ? Cette grande
chaleur ne pouvait convenir qu'à d'autres natures de coquillages et de poissons ; et par conséquent c'est aux premiers

---

(CORRECTIONS FAITES PAR BUFFON SUR LA COPIE.)

mense, car la multitude de leurs dépouilles est innombrable, puisque
c'est de ces mêmes dépouilles et de leurs détriments qu'ont été formés toutes les pierres calcaires, tous les marbres, les craies, les
marnes, etc., qui composent nos collines et s'étendent sur de grandes
contrées dans toutes les parties de la terre....

⁵ Or.....

⁶ ..... d'une mer. ...

⁷ ..... c'est aux premiers temps de cette époque.....

⁸ ..... des espèces perdues.....

(COPIE.)

mencement de la nature vivante[1] sur la surface sèche du globe, c'est-à-dire au temps où elle s'est trouvée assez refroidie pour permettre aux êtres sensibles comme nous de la toucher sans se brûler.

Et l'on ne doit point être étonné de ce que j'avance ici, qu'il y a eu des poissons[2] et d'autres animaux aquatiques capables de supporter un degré de chaleur beaucoup plus fort que celui de la température actuelle de nos mers méridionales, puisque, encore aujourd'hui, nous connaissons des espèces de poissons et de plantes qui vivent et végètent dans des eaux presque bouillantes, ou du moins chaudes jusqu'au cinquantième et soixantième degré.

Reprenons donc ce second temps où les eaux[3], jusqu'alors réduites en vapeurs, se sont condensées et ont commencé de tomber sur la terre aride et desséchée[4]; tâchons de nous représenter les prodigieux effets qui en ont résulté : la séparation de l'élément de l'air et de l'élément de l'eau, la production des vents, la purification de l'atmosphère par l'abandon et la chute de toutes les matières aqueuses[5], huileuses, bitumineuses et de toutes les substances volatiles; telles que le mercure, les acides, les alcalis, etc., qui toutes descendirent et tombèrent avec plus ou moins de précipitation. Quels orages ont dû précéder, accompagner et suivre l'établissement local de chacune de ces substances[6]? et ne devons-nous pas rapporter à ces premiers moments et aux temps immédiatement

---

(CORRECTIONS FAITES PAR BUFFON SUR LA COPIE.)

[1] Ces premières espèces, maintenant anéanties, ont subsisté pendant les quatre ou cinq cent mille ans qui ont immédiatement suivi le temps auquel les eaux venaient de s'établir, et c'est à cette seconde date de quatorze ou quinze cent mille ans de la formation des planètes que nous avons fixé le commencement de la nature vivante.....

[2] ..... ici, qu'il y a eu, avant ce second temps, des poissons.....

(IMPRIMÉ.)

temps de cette époque, c'est-à-dire depuis trente jusqu'à quarante mille ans de la formation de la terre, que l'on doit rapporter l'existence des espèces perdues dont on ne trouve nulle
part les analogues vivants. Ces premières espèces, maintenant
anéanties, ont subsisté pendant les dix ou quinze mille ans qui
ont suivi le temps auquel les eaux venaient de s'établir.

Et l'on ne doit point être étonné de ce que j'avance ici qu'il
y a eu des poissons et d'autres animaux aquatiques capables
de supporter un degré de chaleur beaucoup plus grand que celui de la température actuelle de nos mers méridionales, puisque encore aujourd'hui, nous connaissons des espèces de poissons et de plantes qui vivent et végètent dans des eaux presque
bouillantes, ou du moins chaudes jusqu'à 50 ou 60 degrés
du thermomètre.

Mais, pour ne pas perdre le fil des grands et nombreux
phénomènes que nous avons à exposer, reprenons ces temps
antérieurs, où les eaux, jusqu'alors réduites en vapeurs, se sont
condensées et ont commencé de tomber sur la terre brûlante,
aride, desséchée, crevassée par le feu : tâchons de nous représenter les prodigieux effets qui ont accompagné et suivi cette
chute précipitée des matières volatiles, toutes séparées, combinées, sublimées dans le temps de la consolidation et pendant
le progrès du premier refroidissement. La séparation de l'élément de l'air et de l'élément de l'eau, le choc des vents et des
flots qui tombaient en tourbillons sur une terre fumante; la
dépuration de l'atmosphère, qu'auparavant les rayons du so-

(CORRECTIONS FAITES PAR BUFFON SUR LA COPIE.)

⁵ Mais pour ne pas perdre le fil des grands et nombreux phénomènes que nous avons à exposer, reprenons ces temps antérieurs où
les eaux.....

⁴ ..... et desséchée par le feu.....

..... et la chute des matières aqueuses....

⁶ ..... de chacun de ces éléments....

(COPIE.)

subséquents les grands bouleversements, les affaissements, les irruptions et tous les changements qui ont donné une seconde forme à la surface du globe? Il est aisé de sentir que les eaux qui en couvrirent alors presque toute la surface étant continuellement agitées par l'action du flux et du reflux [1], ont commencé par sillonner la terre, et que, par leur long séjour, elles se sont ouvert des routes souterraines, ont rempli les cavernes, et se sont abaissées d'autant plus, que ces mêmes cavernes se sont affaissées en plus grand nombre; elles étaient l'ouvrage du feu : l'eau les a détruites et continue de les détruire encore.

Les eaux ont en même temps saisi toutes les matières qu'elles pouvaient délayer ou dissoudre; elles ont fondu les sels, séparé les huiles et les bitumes et transporté de place en place tout ce qui se trouvait réduit en poudre [2] ou en petits volumes. Il s'est donc fait dans ces dix mille années, c'est-à-dire depuis vingt-cinq jusqu'à trente-cinq mille ans de la formation des planètes, un si grand changement [3] à la surface du globe, que la mer, alors [4] élevée ed mille toises, comme l'indiquent ses productions qu'on trouve [5] à cette hauteur, s'est successivement abaissée pour remplir les profondeurs occasionnées par l'affaissement des cavernes dont les voûtes naturelles, sapées par le mouvement des eaux [6], ne pouvaient plus

---

(CORRECTIONS FAITES PAR BUFFON SUR LA COPIE.)

[1] .. .. Par l'action de leur chute, par celle du flux et du reflux, par les vents impétueux, elles auront obéi à toutes ces impulsions, et que dans leurs mouvements elles auront commencé par sillonner la terre, en renverser les pointes les moins solides, rabaisser et percer les chaînes les plus faibles des montagnes primitives et ensuite par leur long séjour, elles se sont ouvert des routes souterraines, ont rempli les cavernes, et cette mer presque universelle s'est abaissée successivement et d'autant plus que ces mêmes cavernes se sont affaissées en plus grand nombre : elles étaient l'ouvrage du feu, l'eau les a détruites et continue de les détruire encore. Nous sommes

(IMPRIMÉ.)

leil ne pouvaient pénétrer; cette même atmosphère obscurcie
de nouveau par les nuages d'une épaisse fumée; la cohobation
mille fois répétée et le bouillonnement continuel des eaux tombées et rejetées alternativement; enfin la lessive de l'air par
l'abandon des matière volatiles précédemment sublimées, qui
toutes s'en séparèrent et descendirent avec plus ou moins de
précipitation : quels mouvements, quelles tempêtes ont dû
précéder, accompagner et suivre l'établissement local de chacun de ces éléments! Et ne devons-nous pas rapporter à ces
premiers moments de choc et d'agitation les bouleversements,
les premières dégradations, les irruptions et les changements
qui ont donné une seconde forme à la plus grande partie de
la surface de la terre? Il est aisé de sentir que les eaux qui la
couvraient alors presque tout entière, étant continuellement
agitées par la rapidité de leur chute, par l'action de la lune sur
l'atmosphère et sur les eaux déjà tombées, par la violence des
vents, etc., auront obéi à toutes ces impulsions, et que dans
leurs mouvements elles auront commencé par sillonner plus à
fond les vallées de la terre, par renverser les éminences les
moins solides, rabaisser les crêtes des montagnes, percer leurs
chaînes dans les points les plus faibles; et qu'après leur établissement, ces mêmes eaux se seront ouvert des routes souterraines, qu'elles ont miné les voûtes des cavernes, les ont
fait écrouler, et que par conséquent ces mêmes eaux se sont

(CORRECTIONS FAITES PAR BUFFON SUR LA COPIE.)

donc bien fondés à attribuer l'abaissement successif des mers à cette
première cause qui nous est démontrée par les faits.

² ..... De place en place toutes les scories de verre et toutes les
matières qui se trouvaient réduites en poudre.....

³ Il s'est donc fait dans ces quatre ou cinq cent mille années un si
grand changement.....

⁴ D'abord.

⁵ ..... Ses productions trouvées à.....

⁶ .... sapées ou percées par l'action et l'effort des eaux.....

6.

(COPIE.)

soutenir les terres dont elles étaient chargées. A mesure qu'il se faisait quelques grands affaissements par la rupture d'une ou plusieurs cavernes, l'eau arrivait de tous côtés pour remplir cette nouvelle profondeur, et, par conséquent, la hauteur générale des mers diminuait d'autant, en sorte qu'étant d'abord à mille toises d'élévation, elle a successivement baissé jusqu'à son niveau actuel [1].

On doit donc présumer que ces coquilles et les autres productions marines que l'on trouve aujourd'hui [2] à mille toises de hauteur [3], sont les espèces les plus anciennes de la nature; et il serait bien important pour l'histoire naturelle de recueillir un assez grand nombre de ces premières productions de la mer qui se trouvent sur nos montagnes à la plus grande hauteur, et de les comparer avec celles qui sont dans les couches inférieures de ces mêmes montagnes ou dans les plaines voisines. Nous sommes assurés que dans nos collines et sur nos petites montagnes la plus grande partie des coquilles qu'on y rencontre [4] ne se trouvent actuellement existantes que dans les mers méridionales. Nous trouvons dans les mêmes endroits plusieurs autres coquilles dont on ne connaît point les analogues vivants. Si jamais on fait un recueil de ces pétrifications, prises à la plus grande élévation dans les montagnes, on sera peut-être en état de prononcer sur l'ancienneté plus ou moins grande des espèces relativement aux autres espèces de ce genre [5]. Tout ce que nous pouvons en dire aujourd'hui, c'est que la plupart de ces espèces [6], dont nous ne connaissons pas les analogues vivants, étaient beaucoup plus grandes qu'aucune espèce du même genre actuellement existante : des

---

(CORRECTIONS FAITES PAR BUFFON SUR LA COPIE.)

[1] ..... jusqu'au niveau où nous la voyons aujourd'hui.
[2] ..... l'on trouve à mille toises.....
[3] ..... de hauteur au-dessus de ce niveau.....
[4] ..... rencontre appartiennent à des espèces inconnues, c'est-à-

(IMPRIMÉ.)

abaissées successivement pour remplir les nouvelles profondeurs qu'elles venaient de former : les cavernes étaient l'ouvrage du feu; l'eau dès son arrivée a commencé par les attaquer; elle les a détruites, et continue de les détruire encore;
nous devons donc attribuer l'abaissement des eaux à l'affaissement des cavernes, comme à la seule cause qui nous soit démontrée par les faits.

Voilà les premiers effets produits par la masse, par le poids
et par le volume de l'eau; mais elle en a produit d'autres par
sa seule qualité : elle a saisi toutes les matières qu'elle pouvait
délayer et dissoudre; elle s'est combinée avec l'air, la terre et
le feu pour former les acides, les sels, etc.; elle a converti les
scories et les poudres du verre primitif en argiles; ensuite elle
a, par son mouvement, transporté de place en place ces mêmes
scories, et toutes les matières qui se trouvaient réduites en petits volumes. Il s'est donc fait dans cette seconde période, depuis trente-cinq jusqu'à cinquante mille ans, un si grand changement à la surface du globe, que la mer universelle, d'abord
très-élevée, s'est successivement abaissée pour remplir les profondeurs occasionnées par l'affaissement des cavernes, dont
les voûtes naturelles, sapées ou percées par l'action et l'effet
de ce nouvel élément, ne pouvaient plus soutenir le poids cu-
mulé des terres et des eaux dont elles étaient chargées. A mesure qu'il se faisait quelque grand affaissement par la rupture
d'une ou de plusieurs cavernes, la surface de la terre se dépri-
mant en ces endroits, l'eau arrivait de toutes parts pour remplir cette nouvelle profondeur, et par conséquent la hauteur
générale des mers diminuait d'autant; en sorte qu'étant d'a-

(CORRECTIONS FAITES PAR BUFFON SUR LA COPIE.)
dire à des espèces dont la mer ne nous offre pas les analogues vivants.
..... plus ou moins grande de ces espèces relativement aux
autres. Tout ce que.....
⁶ ..... de ces coquillages.

(COPIE.)

cornes d'Ammon de sept et huit pieds de diamètre sur un pied
d'épaisseur, dont on trouve les moules pétrifiés; des bélemnites de neuf et dix pouces de longueur sur un pouce de diamètre à la base, sont certainement des êtres gigantesques dans
ce genre des coquilles et dans celui des oursins. La nature
était alors dans sa première vigueur [1] et travaillait la matière
organique et vivante avec une force [2] plus active dans un élément plus chaud [3], mais elle n'opérait encore que dans le sein
de la mer. La surface de la terre était encore trop chaude pour
qu'on pût la toucher. Elle ne pouvait donc être peuplée que
de plantes et d'animaux capables de supporter une chaleur [4]
bien plus grande que celle qui nous convient [5]. Mais nous
avouons que cette idée, quoique vraisemblable, n'est qu'une
supposition qui n'est pas fondée, comme celle de la population

---

(CORRECTIONS FAITES PAR BUFFON SUR LA COPIE.)

[1] ..... force.

[2] ..... puissance.

[3] ..... élément plus chaud. Cette cause est suffisante pour rendre
raison de toutes les productions gigantesques si communes et si fréquentes dans les premiers âges du monde. Cette cause puissante opérait également dans le sein de la mer et sur les hautes terres que
les eaux n'avaient pu surmonter; ces terres ne pouvaient être peuplées que de plantes.....

[4] ..... chaleur plus grande.....

[5] ..... nous convient; et nous avons des monuments dans les
mines, surtout dans celles de charbon et d'ardoise qui nous démontrent par les poissons et les végétaux qu'elles contiennent que ce ne
sont pas des espèces qui existent actuellement. On peut donc croire
que la population de la mer n'est pas plus ancienne que celle de la
terre; les monuments et les témoins sont plus nombreux et plus évidents pour la mer, mais ceux qui déposent pour la terre sont aussi
certains, et nous démontrent que ces espèces anciennes dans les
animaux et dans les végétaux marins ou terrestres se sont anéanties
ou plutôt ont cessé de se multiplier dès que la terre et la mer ont
perdu la chaleur nécessaire à leur existence.

Les coquillages ainsi que les végétaux de ce premier temps s'é-
tant prodigieusement multipliés pendant ce long espace de quatre

(IMPRIMÉ.)

bord à deux mille toises d'élévation, la mer a successivement baissé jusqu'au niveau où nous la voyons aujourd'hui.

On doit présumer que les coquilles et les autres productions marines que l'on trouve à de grandes hauteurs au-dessus du niveau actuel des mers, sont les espèces les plus anciennes de la nature ; et il serait important pour l'histoire naturelle de recueillir un assez grand nombre de ces productions de la mer qui se trouvent à cette plus grande hauteur, et de les comparer avec celles qui sont dans les terrains plus bas. Nous sommes assurés que les coquilles dont nos collines sont composées appartiennent en partie à des espèces inconnues, c'est-à-dire à des espèces dont aucune mer fréquentée ne nous offre les analogues vivants. Si jamais on fait un recueil de ces pétrifications prises à la plus grande élévation dans les montagnes, on sera peut-être en état de prononcer sur l'ancienneté plus ou moins grande de ces espèces, relativement aux autres. Tout ce que nous pouvons en dire aujourd'hui, c'est que quelques-uns des monuments qui nous démontrent l'existence de certains animaux terrestres et marins, dont nous ne connaissons pas les analogues vivants, nous montrent en même temps que ces animaux étaient beaucoup plus grands qu'aucune espèce du même genre actuellement subsistante : ces grosses dents molaires à pointes mousses, du poids de onze ou douze livres ; ces cornes d'Ammon, de sept à huit pieds de diamètre sur un pied d'épaisseur, dont on trouve les moules pétrifiés, sont certainement des êtres gigantesques dans le

---

(CORRECTIONS FAITES PAR BUFFON SUR LA COPIE.)

ou cinq mille ans, et la durée de leur vie n'étant que de quelques années, les animaux à coquille et tous ceux qui convertissent l'eau de la mer en pierre ont, à mesure qu'ils périssaient, abandonné leurs dépouilles aux caprices des eaux : elles les auront transportées, brisées et déposées en mille et mille endroits, car c'est dans ce même temps que le mouvement du

plus ancienne de la mer, sur les monuments de la nature, puisqu'ils nous démontrent un grand nombre d'espèces perdues dans les animaux marins, au lieu qu'à peine pouvons-nous citer quelques exemples d'animaux terrestres dont on puisse croire que l'espèce est perdue.

C'est dans ce même temps que le mouvement du flux et du reflux a produit les courants qui ont donné à toutes les collines et à toutes les montagnes de médiocre hauteur des directions correspondantes, en sorte que les angles saillants correspondent toujours à des [1] angles rentrants. Nous ne répéterons pas à ce sujet ce que nous avons dit dans notre Théorie de la terre, et nous nous contenterons d'assurer que cette disposition générale de la surface de la terre [2] par angles saillants et rentrants, ainsi que sa composition par couches horizontales, démontrent évidemment que la structure entière de la terre, jusqu'à de grandes profondeurs, a été disposée par les eaux et produite par leurs sédiments. Il n'y a eu que les crêtes, les pics et les sommets des plus hautes montagnes qui se sont trouvés hors d'atteinte et contre [3] lesquels la mer, par son mouvement, n'a pu agir directement [4], puisqu'ils lui étaient supérieurs par l'élévation ; mais, ne pouvant les attaquer par leur sommet, elle les a pris par leur base, elle a miné les terres, percé les cavernes et les voûtes qui soutiennent ces vastes et hautes montagnes, et ayant rempli ces cavités [5], elle a produit, dans presque toutes, les volcans, dont quelques-uns subsistent encore aujourd'hui.

---

[1] . ... à leurs.

[2] .... du globe.

[3] ..... sur.

[4] ..... la mer n'a point laissé d'empreintes, parce qu'ils.....

[5] ..... ayant trouvé ces cavités remplies en partie de minéraux, de pyrites et d'autres substances capables d'effervescence.....

genre des animaux quadrupèdes et dans celui des coquillages. La nature était alors dans sa première force, et travaillait la matière organique et vivante avec une puissance plus active dans une température plus chaude : cette matière organique était plus divisée, moins combinée avec d'autres matières, et pouvait se réunir et se combiner avec elle-même en plus grandes masses, pour se développer en plus grandes dimensions : cette cause est suffisante pour rendre raison de toutes les productions gigantesques qui paraissent avoir été fréquentes dans ces premiers âges du monde.

En fécondant les mers, la nature répandait aussi les principes de vie sur toutes les terres que l'eau n'avait pu surmonter ou qu'elle avait promptement abandonnées ; et ces terres, comme les mers, ne pouvaient être peuplées que d'animaux et de végétaux capables de supporter une chaleur plus grande que celle qui convient aujourd'hui à la nature vivante. Nous avons des monuments tirés du sein de la terre, et particulièrement du fond des minières de charbon et d'ardoise, qui nous démontrent que quelques-uns des poissons et des végétaux que ces matières contiennent ne sont pas des espèces actuellement existantes. On peut donc croire que la population de la mer en animaux n'est pas plus ancienne que celle de la terre en végétaux : les monuments et les témoins sont plus nombreux, plus évidents pour la mer ; mais ceux qui déposent pour la terre sont aussi certains, et semblent nous démontrer que ces espèces anciennes dans les animaux marins et dans les végétaux terrestres se sont anéanties, ou plutôt ont cessé de se multiplier dès que la terre et la mer ont perdu la grande chaleur nécessaire à l'effet de leur propagation.

Les coquillages ainsi que les végétaux de ce premier temps s'étant prodigieusement multipliés pendant ce long espace de vingt mille ans, et la durée de leur vie n'étant que de peu d'années, les animaux à coquilles, les polypes des coraux, des

madrépores, des astroïtes et tous les petits animaux qui convertissent l'eau de la mer en pierre, ont, à mesure qu'ils périssaient, abandonné leurs dépouilles et leurs ouvrages aux caprices des eaux : elles auront transporté, brisé et déposé ces
dépouilles en mille et mille endroits; car c'est dans ce même
temps que le mouvement des marées et des vents réglés a
commencé de former les couches horizontales de la surface de
la terre par les sédiments et le dépôt des eaux; ensuite les courants ont donné à toutes les collines et à toutes les montagnes
de médiocre hauteur des directions correspondantes, en sorte
que leurs angles saillants sont toujours opposés à des angles
rentrants. Nous ne répéterons pas ici ce que nous avons dit à
ce sujet dans notre théorie de la terre, et nous nous contenterons d'assurer que cette disposition générale de la surface du
globe par angles correspondants, ainsi que sa composition par
couches horizontales, ou également et parallèlement inclinées,
démontrent évidemment que la structure et la forme dè la surface actuelle de la terre ont été disposées par les eaux et produites par leurs sédiments. Il n'y a eu que les crêtes et les pics
des plus hautes montagnes qui, peut-être, se sont trouvés hors
d'atteinte aux eaux, ou n'en ont été surmontés que pendant
un petit temps, et sur lesquels par conséquent la mer n'a point
laissé d'empreintes : mais, ne pouvant les attaquer par leur
sommet, elle les a prises par la base; elle a recouvert ou miné
les parties inférieures de ces montagnes primitives; elle les a environnées de nouvelles matières, ou bien elle a percé les voûtes
qui les soutenaient; souvent elle les a fait pencher : enfin elle
a transporté dans leurs cavités intérieures les matières combustibles provenant du détriment des végétaux, ainsi que les
matières pyriteuses, bitumineuses et minérales, pures ou mêlées de terres et de sédiments de toute espèce.

C'est ici que Buffon passe de l'action des *eaux* à celle du feu secondaire ou des *volcans*. Il réunissait donc ainsi, comme je l'ai dit, p. 81, dans une seule *époque* (la *seconde*), le sujet de trois époques distinctes (la seconde, la troisième et la quatrième).

Nous venons de voir comment il en a détaché la *troisième*, en retirant de la *seconde* tout ce qui était relatif à l'*action des eaux*. Il fit de même pour la *quatrième*. Il sépara de la *seconde* tout ce qui se rapportait à l'*action des volcans*.

Au reste, ce sujet des *volcans*, dont le développement fait, dans l'imprimé, une époque tout entière, était ici à peine indiqué. Buffon n'y avait consacré que trois ou quatre pages que je crois devoir reproduire.

Je continue donc.

Ils étaient autrefois (les volcans) en bien plus grand nombre, et leur action dépend de celle de l'eau contre le feu [1]. Comme ces hautes montagnes contiennent dans leurs fentes perpendiculaires des pyrites et d'autres matières qui peuvent s'enflammer par la seule effervescence; il est nécessaire que le feu, produit par cette cause, s'entretienne et dure tant qu'il trouve des matières [2] qui peuvent lui servir d'aliment [3];

(CORRECTIONS FAITES PAR BUFFON SUR LA COPIE.)

[1] ..... contre le feu. Ces volcans ont pu brûler dès le commencement, mais sans explosion, car les matières qui leur servent d'aliment pouvant s'enflammer.....

[2] ..... substances.

[3] ..... le nourrir.

7

mais s'il arrive que ce feu se choque contre l'eau qui est au pied et dans l'intérieur de la montagne, il en résulte [1] les explosions, les éruptions et tous les effets qui accompagnent le travail et l'action des volcans. Nulle puissance, à l'exception de l'eau choquée par le feu, ne peut produire des mouvements aussi prodigieux.

Les observations confirment parfaitement ce que je dis ici de l'action des volcans; tous ceux qui sont maintenant en travail ou en action sont situés près des mers; tous ceux [2] qui sont éteints, et dont le nombre est beaucoup plus grand, sont placés dans le milieu des terres ou tout au moins à quelque distance de la mer, et quoique ceux [3] qui subsistent paraissent tous appartenir aux plus hautes montagnes, il en a existé beaucoup d'autres dans les collines et même dans les plaines [4], comme nous le démontrerons dans nos suppléments à la Théorie de la terre. Mais la date de l'âge des volcans n'est pas pour tous la même; les premiers n'ont certainement agi qu'après l'établissement des eaux sur la terre, et peut-être même longtemps après; et à mesure [5] que les eaux se sont retirées de leur voisinage, ils se sont éteints, et il s'en est formé d'autres dans les terres dont la mer s'est approchée.

On pourra me demander quel est le temps où je suppose que les pyrites [6] et les autres matières capables de s'enflammer par la seule effervescence ont été déposées dans le sein des montagnes. La réponse serait moins difficile, si l'on con-

---

(CORRECTIONS FAITES PAR BUFFON SUR LA COPIE.)

[1] ..... contre l'eau, il en résulte...

[2] .... la plus grande partie de ceux qui.....

[3] ..... ces volcans..... .

[4] ..... les plaines. Mais la date... .

[5] ..... mais à mesure que.....

[6] Nous venons de supposer que le temps où les pyrites...

naissait [7] la composition intérieure d'un seul volcan; mais, jusqu'à présent, nous n'avons sur cela que de légers indices qui semblent seulement nous avertir qu'il y a des communications souterraines entre quelques-unes de ces bouches à feu, et que, quoique le foyer de leur embrasement ne soit qu'à une profondeur médiocre [8] au-dessous de leur sommet, il y a néanmoins des cavités qui descendent beaucoup plus bas, et que ces cavités, dont la profondeur et l'étendue nous sont inconnues, peuvent être en tout ou en partie remplies des mêmes matières que celles qui sont actuellement embrasées. On pourrait [9] donc rapporter à peu près au même temps la production des filons métalliques et celle des amas de tous les minéraux qui contribuent à l'embrasement des volcans. Mais il se pourrait aussi que plusieurs de ces matières, ayant besoin de l'intermède de l'eau pour se former, elles n'eussent été produites qu'après la chute des eaux sur la surface de la terre et qu'elles aient été entraînées avec elles dans les fentes et dans les cavités qu'elles occupent aujourd'hui. L'eau les y aura déposées et ensuite se sera retirée dans le temps de l'abaissement général des mers; en sorte que ces matières n'auront commencé à entrer en effervescence que successivement et postérieurement à l'établissement des mers; ceci paraît assez clairement indiqué par les volcans éteints qui tous sont éloignés des mers, et par les volcans allumés qui tous en sont voisins.

Quoi qu'il en soit, nous ne devons pas perdre de vue la division générale que nous avons donnée des matières terrestres, dont

---

(CORRECTIONS FAITES PAR BUFFON SUR LA COPIE.)

[7] ..... ont été produites dans les cavernes et dans le sein des montagnes est à peu près le même que celui de la sublimation des métaux : nous en serions plus assuré si l'on connaissait.....

[8] ..... ne soit peut-être pas à une grande profondeur.....

[9] On peut donc.....

la première classe renferme toutes celles qui [1] ont été produites par le feu primitif, c'est-à-dire toutes les substances solides
et vitrescibles desquelles l'établissement local a peu changé et
forme le fond du globe, ainsi que les noyaux et les pics de
toutes les hautes montagnes. La seconde classe contient toutes
les matières calcaires, c'est-à-dire toutes les substances produites par les coquillages et autres animaux de la mer ; elles
recouvrent d'assez grands espaces sur la surface de la terre [2] ;
elles se trouvent aussi à d'assez grandes profondeurs ; elles
couvrent [3] les bases des montagnes les plus élevées jusqu'à
mille toises de hauteur [4] ; et la troisième classe est celle des
matières soulevées et rejetées par les volcans, dont quelques-
unes paraissent être mêlées des deux premières, et d'autres
ont subi sans mélange une seconde action du feu, qui leur a
donné un nouveau caractère. On doit rapporter à ces trois
classes toutes les substances minérales, et l'on peut, en les
examinant [5], reconnaître leur origine [6], ce qui suffit pour
nous indiquer à peu près le temps de leur formation ; car,
comme nous venons de l'exposer, il paraît clairement que

(CORRECTIONS FAITES PAR BUFFON SUR LA COPIE.)

[1] ..... des volcans ; et ce temps a précédé celui de l'action de ces
mêmes volcans, et par conséquent celui de la formation des laves et
des autres matières qu'ils ont rejetées.

Nous devons rappeler ici la division générale que nous avons faite
de toutes les matières terrestres en trois classes : la première renferme celles qui.....

[2] .... elles s'étendent sur des provinces entières et forment même
d'assez grandes contrées.....

[3] ..... environnent.....

[4] ..... jusqu'à une très-grande hauteur.

[5] Nous rapportons à ces trois classes toutes les substances minérales, parce qu'en les examinant.....

[6] ..... on peut toujours reconnaître à laquelle de ces trois classes
elles appartiennent et par conséquent prononcer sur leur origine.....

toutes les matières vitrescibles ont été [7] produites par le feu primitif, et que, par conséquent [8], leur formation appartient au temps de notre seconde époque, *tandis que la formation des matières calcaires n'appartient qu'à des temps postérieurs* [9]. Et comme dans les matières rejetées par les volcans on trouve quelquefois des substances calcaires, on ne peut guère douter que la formation de ces mêmes matières rejetées par les volcans ne soit aussi [10] postérieure à la formation des matières calcaires.

Je prie que l'on remarque la correction indiquée dans l'avant-dernière note, la note 9 : « *La formation des matières calcaires s'est faite dans des temps subséquents et doit être rapportée au commencement de notre* TROISIÈME ÉPOQUE; » je prie que l'on se rappelle en même temps ces mots sur lesquels (p. 92) j'ai appelé l'attention : « PAGE 22 DE LA TROISIÈME ÉPOQUE, » et l'on verra clairement indiqué par Buffon lui-même tout ce qu'il voulait détacher de la *seconde époque* (c'est-à-dire tout ce qui appartient à *l'action des eaux*) pour en former la *troisième*.

Il en retranchera de même plus tard tout ce qui se rapporte à *l'action des volcans*. Il fera de ceci sa *quatrième époque*, — *lorsque les eaux se sont reti-*

(CORRECTIONS FAITES PAR BUFFON SUR LA COPIE.)

[7] ..... matières vitrescibles solides et qui n'ont pas changé de nature ni de situation ont été produites.....

[8] . ... et que leur formation... .

[9] ..... la formation des matières calcaires s'est faite dans des temps subséquents et doit être rapportée au commencement de notre TROISIÈME ÉPOQUE.

[10] ..... encore.....

rées et que les volcans ont commencé d'agir; — et dès lors il aura tiré d'une seule époque, la *seconde*, trois époques distinctes : la *seconde*, la *troisième*, et la *quatrième*.

Et de plus (ce qui était surtout l'objet qu'il avait en vue), chaque époque ne contiendra plus que des phénomènes de même ordre : la *seconde* que des phénomènes dus au *feu primitif*, la *troisième* que des phénomènes dus à l'*action des eaux*, la *quatrième* que des phénomènes dus au feu secondaire, au *feu des volcans*.

Ces trois *époques*, tirées d'une seule, sont, à ne considérer ici que nos copies, le grand changement ou, pour mieux en parler, le grand progrès des idées de Buffon. J'ai reproduit ce grand changement dans toute son étendue; et, comme je l'ai déjà dit, il est tout entier renfermé dans notre première copie de la *seconde époque*. Les autres copies ne nous offrent que des modifications de détail.

Cela est particulièrement vrai de notre seconde copie (car j'ai déjà dit que nous en avions deux[1]) de la

---

[1] Page 63. J'ai déjà dit aussi (p. 63) que nos copies n'étaient pas complètes. Notre première copie de la *seconde époque* n'a que vingt-sept pages; notre seconde copie de la même *époque* n'en a que vingt. Dans ces deux copies, ce sont les dernières pages qui manquent; la copie de la *troisième époque* manque des premières et des dernières. La copie de la *quatrième* (*cinquième* de l'imprimé) est à peu près complète; la première copie de la *sixième* (sous le titre de *cinquième*) n'a que huit pages; et la seconde copie de cette même *sixième époque* (cette fois-ci sous son vrai titre de *sixième*) en a vingt-six.

seconde époque. Il y a sans doute ici, comme il y a toujours dans Buffon, de très-nombreuses modifications de mots, de phrases, de développements d'idées, mais l'essentiel, mais le fond en est partout conforme à l'imprimé.

Je puis en dire presque autant de notre copie de la *troisième époque.* Le fond en est conforme à l'imprimé, à deux différences près cependant, et toutes deux très-dignes d'être notées.

1° Buffon conserve encore dans cette copie de la *troisième époque,* c'est-à-dire dans une *époque* où ne doivent se trouver que des faits relatifs à l'*action des eaux,* les trois ou quatre pages sur les *volcans* de la première copie de la *seconde époque* (pages qui viennent d'être reproduites); mais, après les avoir fait transcrire, il les efface. Et ce n'est qu'à ce moment-là, au moment où il les efface, qu'il songe à sa *quatrième époque* : l'époque où les *volcans ont commencé d'agir.*

2° C'est dans cette copie de la *troisième époque* que se trouve la digression[1] sur la difficulté de notre esprit à concevoir d'immenses durées de temps, digression que Buffon, comme je l'ai dit (p. 67), transporta plus tard de la *troisième époque* dans la *première,* regardant comme plus prudent de préve-

----

[1] Voyez les p. 67 et 68.

nir l'effroi de son lecteur sur ces *immenses durées*
que d'avoir à le dissiper.

Je passe à la *quatrième époque* de nos copies (*cinquième de l'imprimé*), — *lorsque les éléphants et les
autres animaux du Midi ont habité les terres du
Nord.*

Cette *époque* est l'une des plus remarquables par le
spectacle nouveau qu'elle nous offre, celui des grands
animaux du globe passant des terres du Nord dans
celles du Midi.

On n'y voit qu'avec plus de regret le mélange des
idées solides et des hypothèses. C'est là, par exemple,
que Buffon se demande pourquoi les espèces du midi
de l'un des deux continents sont toutes différentes de
celles du midi de l'autre[1], et qu'il se fait cette singulière réponse, savoir, que les *molécules organiques*
ont trouvé des *moules* dans le midi de l'ancien continent et qu'elles n'en ont pas trouvé dans le midi du
nouveau : « Les grands animaux sont arrivés du
« Nord sur les terres du Midi; ils s'y sont nourris,
« reproduits, multipliés, et ont par conséquent ab-
« sorbé les molécules vivantes, en sorte qu'ils n'en
« ont point laissé de superflues qui auraient pu for-
« mer des espèces nouvelles, tandis que, au con-

---

[1] Voyez, sur les animaux propres à chacun des deux continents,
l'une des plus belles vues de Buffon, mon *Histoire de ses travaux
et de ses idées*, p. 153 (seconde *Édition*).

« traire, dans les terres de l'Amérique méridionale,
« où les grands animaux du Nord n'ont pu pénétrer,
« les molécules organiques vivantes, ne se trouvant
« absorbées par aucun moule animal déjà subsis-
« tant, elles se seront réunies pour former des es-
« pèces qui ne ressemblent point aux autres..... »

J'ai déjà dit que notre copie de cette *époque* est
à peu près complète[1]. Elle est aussi, pour le fond,
très-semblable à l'imprimé.

Je n'ai guère vu qu'un point essentiel par où la
copie diffère de l'imprimé. Ce point est celui qui
concerne la *création de l'homme.*

Le lecteur peut se souvenir que j'ai cité (p. 73)
quelques phrases de notre copie touchant cet objet.
Je reproduis ici le passage entier qui s'y rapporte.

[1] Voyez la note de la page 114.

(COPIE.)

Il reste celle de l'homme : a-t-elle été contemporaine à celle
des animaux ? Des raisons particulières semblent forcer à dire
qu'elle s'est faite postérieurement à toutes nos époques; néanmoins l'analogie, les monuments et même la tradition nous
démontrent, au contraire, que l'espèce humaine a suivi la
même marche et date du même temps que les autres espèces,
qu'elle s'est même plus universellement répandue, et que, si
l'époque de sa CRÉATION est postérieure à celle des animaux,
l'homme n'a pas moins subi les mêmes lois de nature, les
mêmes altérations, les mêmes changements, et que la seule
différence réelle qu'il y ait entre son espèce et les autres ne
consiste point dans les facultés corporelles, mais provient
uniquement de ce rayon divin qu'il a plu au Souverain Être de
lui départir; en sorte que la matière se trouvant dans l'homme
conduite par l'esprit, il a souvent modifié les effets de la nature et trouvé le moyen de résister aux intempéries des climats; il a créé de la chaleur, lorsque le froid l'eut détruit.
L'élément du feu, qu'il a su tirer artificiellement en choquant
les matières les plus dures, l'a rendu plus fort et plus robuste
qu'aucun des animaux, puisque cette découverte, due à sa
seule intelligence, l'a mis en état de braver les tristes effets
du refroidissement. D'autres arts, c'est-à-dire d'autres traits
de son intelligence, lui ont fourni des vêtements et des armes, et bientôt il s'est trouvé le maître du domaine de la
terre; ces mêmes arts, quoique encore très-simples, lui ont
donné les moyens d'en parcourir toute la surface et de s'habituer partout, parce qu'avec plus ou moins de précautions,
tous les climats lui sont devenus pour ainsi dire égaux. Il n'est
donc pas étonnant que, quoiqu'on ne trouve aucun des animaux des parties méridionales de notre continent dans l'autre,
et que, réciproquement, il ne se trouve aucun des animaux
des parties méridionales du nouveau continent dans le nôtre,

(IMPRIMÉ)

Il reste celle de l'homme : a-t-elle été contemporaine à celle
des animaux? Des motifs majeurs et des raisons très-solides
se joignent ici pour prouver qu'elle s'est faite postérieurement
à toutes nos époques, et que l'homme est en effet le grand et
dernier œuvre de la création. On ne manquera pas de nous dire
que l'analogie semble démontrer que l'espèce humaine a suivi
la même marche et qu'elle date du même temps que les autres
espèces; qu'elle s'est même plus universellement répandue,
et que si l'époque de sa création est postérieure à celle des animaux, rien ne prouve que l'homme n'ait pas au moins subi
les mêmes lois de la nature, les mêmes altérations, les mêmes
changements. Nous conviendrons que l'espèce humaine ne
diffère pas essentiellement des autres espèces par ses facultés
corporelles, et qu'à cet égard son sort eût été le même à peu
près que celui des autres espèces ; mais pouvons-nous douter
que nous ne différions prodigieusement des animaux par le
rayon divin qu'il a plu au Souverain Être de nous départir ; ne
voyons-nous pas que dans l'homme la matière est conduite par
l'esprit? il a donc pu modifier les effets de la nature; il a trouvé
le moyen de résister aux intempéries des climats; il a créé de
la chaleur lorsque le froid l'eut détruit : la découverte et les
usages de l'élément du feu, dus à sa seule intelligence, l'ont
rendu plus fort et plus robuste qu'aucun des animaux, et l'ont
mis en état de braver les tristes effets du refroidissement.
D'autres arts, c'est-à-dire d'autres traits de son intelligence,
lui ont fourni des vêtements, des armes, et bientôt il s'est
trouvé le maître du domaine de la terre : ces mêmes arts lui
ont donné les moyens d'en parcourir toute la surface et de
s'habituer partout, parce qu'avec plus ou moins de précautions tous les climats lui sont devenus pour ainsi dire égaux.
Il n'est donc pas étonnant que, quoiqu'il n'existe aucun des
animaux du midi de notre continent dans l'autre, l'homme

(COPIE.)

l'homme seul, c'est-à-dire son espèce, se trouve également, non-seulement dans ces parties du globe qui paraissent avoir été totalement séparées relativement à la formation des animaux, mais encore dans toutes les parties froides ou chaudes de la surface de la terre; car, quelque part et quelque loin que l'on ait pénétré depuis la perfection de l'art de la navigation, l'homme a trouvé partout des hommes; les terres les plus disgraciées, les îles les plus isolées, les plus éloignées des continents se sont trouvées peuplées, et l'on ne peut pas dire que ces hommes, tels que ceux des îles Mariannes ou ceux d'Otahiti et des autres petites îles situées dans le milieu des mers, à de si grandes distances de toutes terres habitées, ne soient néanmoins des hommes de notre même espèce, puisqu'ils peuvent produire avec nous, et que les petites différences qu'on peut remarquer dans leur nature ne sont que de légères variétés causées par l'influence du climat et de la nourriture.

Sans vouloir l'affirmer, nous présumons donc, d'après notre hypothèse, que l'espèce humaine est aussi ancienne que celle des éléphants, que pouvant supporter le même degré de chaleur, et peut-être même un degré encore plus fort, l'homme aura pénétré avant les animaux vers les contrées méridionales, mais que son premier séjour a été fixe et constant dans les terres du Nord, que c'est dans ces mêmes terres où sont d'abord nés les arts de première nécessité, et, bientôt après, les sciences également nécessaires à l'exercice de la puissance de l'homme et sans lesquelles il n'aurait pu former de sociétés, ni compter sa vie, ni commander aux animaux, ni se servir autrement des végétaux que pour les brouter. C'est surtout dans le haut pays des terres de la Sibérie, du Thibet et des autres parties élevées de l'Asie que me parait avoir été formée la première société d'hommes, déjà assez instruits, assez multipliés, pour en avoir senti la nécessité. Nous donnerons dans

(IMPRIMÉ.)

seul, c'est-à-dire son espèce, se trouve également dans cette terre isolée de l'Amérique méridionale, qui paraît n'avoir eu aucune part aux premières formations des animaux, et aussi dans toutes les parties froides ou chaudes de la surface de la terre ; car quelque part et quelque loin que l'on ait pénétré depuis la perfection de l'art de la navigation, l'homme a trouvé partout des hommes : les terres les plus disgraciées, les îles les plus isolées, les plus éloignées des continents, se sont presque toutes trouvées peuplées ; et l'on ne peut pas dire que ces hommes, tels que ceux des îles Mariannes ou ceux d'Otahiti et des autres petites îles situées dans le milieu des mers à de si grandes distances de toutes terres habitées, ne soient néanmoins des hommes de notre espèce puisqu'ils peuvent produire avec nous, et que les petites différences qu'on remarque dans leur nature ne sont que de légères variétés causées par l'influence du climat et de la nourriture.

Néanmoins, si l'on considère que l'homme, qui peut se munir aisément contre le froid, ne peut au contraire se défendre par aucun moyen contre la chaleur trop grande ; que même il souffre beaucoup dans les climats que les animaux du Midi cherchent de préférence, on aura une raison de plus pour croire que la création de l'homme a été postérieure à celle de ces grands animaux. Le Souverain Être n'a pas répandu le souffle de vie dans le même instant sur toute la surface de la terre ; il a commencé par féconder les mers et ensuite les terres les plus élevées, et il a voulu donner tout le temps nécessaire à la terre pour se consolider, se figurer, se refroidir, se découvrir, se sécher et arriver enfin à l'état de repos et de tranquillité où l'homme pouvait être le témoin intelligent, l'admirateur paisible du grand spectacle de la nature et des merveilles de la création. Ainsi, nous sommes persuadés, indépendamment de l'autorité des livres sacrés, que l'homme a été créé le dernier, et qu'il n'est venu prendre le sceptre de la terre que

(COPIE.)

la suite un grand nombre de faits qui concourent à prouver que toutes les connaissances humaines, qui supposent de l'étude, sont venues de ce climat et se sont répandues à la ronde, c'est-à-dire à l'Orient, à l'Occident et au Midi; car le derrière du Nord est toujours demeuré sans culture, par la raison particulière qu'il était couvert par les mers pendant tout l'espace de temps où la chaleur douce faisait fleurir la nature dans les continents voisins, et que les terres qui aboutissent aujourd'hui aux mers boréales n'ont été abandonnées par les eaux que très-longtemps après celles de la Sibérie, qui sont beaucoup plus élevées. Les sciences et les arts avaient donc déjà fui de leur première patrie et s'étaient répandues presque en même temps du Thibet à la Chine et aux Indes, de la Sibérie en Perse et en Europe, et jusqu'en Éthiopie, et même chez les Atlantes en Mauritanie; mais elles ne se sont point établies dans les terres plus septentrionales, parce que la mer ne les a quittées que pour les laisser exposées à l'inclémence de l'air et à la trop grande rigueur du froid. Les hommes, à la vérité, s'y sont habitués, mais postérieurement à leur migration dans tous les climats plus heureux, et l'on voit combien ils ont dégénéré dans ces terres nouvelles et trop froides. Quelle différence du Samoyède, du Lapon, du Groenlandais, de l'Esquimaux, aux hommes des terres méridionales ou tempérées, et si l'on doit souvent dans l'histoire naturelle se laisser conduire par les analogies et par les inductions, n'aurons-nous pas raison de présumer que dans ces premiers temps voisins de l'origine de la nature vivante, et dans ces mêmes terres qu'ont habitées les premiers éléphants et les hippopotames, dont les défenses et les dents sont d'une si prodigieuse grandeur, les hommes n'aient aussi, comme ces animaux, reçu de la nature plus de force de corps et plus d'étendue dans ses dimensions? La mémoire des races des géants paraît s'être conservée jusqu'à nos premières traditions écri-

(IMPRIMÉ.)

quand elle s'est trouvée digne de son empire. Il paraît néanmoins que son premier séjour a d'abord été, comme celui des animaux terrestres, dans les hautes terres de l'Asie, que c'est dans ces mêmes terres où sont nés les arts de première nécessité, et bientôt après les sciences, également nécessaires à l'exercice de la puissance de l'homme, et sans lesquelles il n'aurait pu former de société, ni compter sa vie, ni commander aux animaux, ni se servir autrement des végétaux que pour les brouter. Mais nous nous réservons d'exposer dans notre dernière époque les principaux faits qui ont rapport à l'histoire des premiers hommes.

(COPIE)

tes, puisqu'elles en font mention. Le grand âge qu'elles donnent aux premiers hommes s'accorde assez avec la plus grande
taille que nous leur supposons; mais nous discuterons et expo-
serons plus au long tout ce qui a rapport à l'histoire ancienne
de l'homme dans notre dernière époque, et nous terminerons
celle-ci par une seule réflexion, c'est que son corps ayant été
soumis par le Créateur aux mêmes lois, aux mêmes effets de
nature que ceux des animaux, il a dû, dans les commencements, avoir avec eux les mêmes rapports de naissance, de développement et de durée, c'est-à-dire être comme eux beaucoup
plus fort, plus grand et plus vivace qu'il ne l'est aujourd'hui.

J'arrive à nos deux copies de la *sixième époque,—
lorsque s'est faite la séparation des continents.* —
De ces deux copies, la première, sous le titre, qui ne
devait pas rester, de *cinquième*[1], n'a que huit pages;
la seconde, sous son vrai titre de *sixième*, en a vingt-
six.

Les huit pages de la première de ces deux copies
sont presque tout entières de la main de Buffon, et
évidemment de premier jet. Du reste, presque tout ce
qui est de la main de Buffon a passé dans la seconde,
et de la seconde dans l'imprimé.

Les vingt-six pages de la seconde copie ont subi
bien des modifications, bien des additions, bien des
suppressions de détail; mais le fond en est essentiellement le même que dans l'imprimé; et c'est par
cette raison que j'ai cru inutile de la reproduire.

[1] Voyez ce que j'ai dit, p. 63 et 79.

HISTOIRE DES OISEAUX

Je fais, pour le manuscrit de l'*Histoire des oi-*
seaux, ce que j'ai fait pour celui des *Époques de la*
nature.

1° Je reproduis la *rédaction première* de Bexon ;

2° Je mets en NOTES les corrections de Buffon ;

Et 3° je place, en regard de la *rédaction première*
de Bexon, la *rédaction définitive et dernière* de
Buffon, ou l'*imprimé*.

LES GOBE-MOUCHES, MOUCHEROLLES ET TYRANS.
(BEXON.)

Au-dessous du dernier ordre de la grande classe des oiseaux carnassiers, la nature a établi un petit genre d'oiseaux chasseurs, plus innocents et plus utiles, et qu'elle a rendus très-nombreux. Ce sont tous ces oiseaux qui vivent [1] de mouches, de moucherons et d'autres insectes volants, sans toucher [2] aux fruits ni aux graines.

LE BECFIGUE.
(BEXON.)

Cet oiseau, fameux par sa délicatesse, n'est point remarquable par ses couleurs.

L'OISEAU-MOUCHE.
(BEXON.)

Dans le genre volatile, c'est au dernier dègré de l'échelle de grandeur que la nature a placé son chef-d'œuvre. Le plus petit des oiseaux en est encore le plus merveilleux ; il réunit tous les dons partagés aux habitants de l'air : légèreté, rapidité, prestesse, grâce, beauté, brillante parure de plus riches couleurs, tout appartient au charmant oiseau-mouche. L'émeraude, le rubis, la topaze éclatent sur son plumage ; dans sa vie tout aérienne, on le voit à peine toucher quelques instants à la terre ; il vole de fleurs en fleurs ; il a leur fraîcheur, comme il a leur éclat ; il vit de leur nectar ; on a dit qu'il mourait avec elles : plus heureux, il habite des climats où elles ne se flétrissent que pour renaître, et parent tour à tour le cercle entier de l'année.

(CORRECTIONS DE BUFFON.)

[1] ..... Ce sont tous ces oiseaux qui ne vivent pas de chair, mais qui se nourrissent de mouches...

[2] BUFFON... Sans toucher ni aux fruits, ni aux graines.

LES GOBE-MOUCHES, MOUCHEROLLES ET TYRANS.
(BUFFON.)

N. B. Buffon n'a fait à ce passage que les deux très-petits changements indiqués en note, et je ne le place ici que comme preuve de ce que j'ai dit dans le chapitre sur Bexon, que la collaboration de Bexon a commencé dès les moucherolles, et dès le quatrième volume de l'*Histoire des Oiseaux* par consé-quent.

LE BECFIGUE.
(BUFFON.)

Cet oiseau qui, comme l'ortolan fait les délices de nos ta-bles, n'est pas aussi beau qu'il est bon.

L'OISEAU-MOUCHE [1].
(BUFFON.)

De tous les êtres animés, voici le plus élégant pour la forme et le plus brillant pour les couleurs. Les pierres et les métaux polis par notre art ne sont pas comparables à ce bijou de la nature; elle l'a placé dans l'ordre des oiseaux, au dernier de-gré de l'échelle de grandeur, *maximè miranda in minimis*; son chef-d'œuvre est le petit oiseau-mouche; elle l'a comblé de tous les dons qu'elle n'a fait que partager aux autres oiseaux : légèreté, rapidité, prestesse, grâce et riche parure, tout appar-tient à ce petit favori. L'émeraude, le rubis, la topaze, brillent sur ses habits; il ne les souille jamais de la poussière de la terre, et dans sa vie tout aérienne on le voit à peine toucher le gazon par instants; il est toujours en l'air, volant de fleurs en fleurs; il a leur fraîcheur comme il a leur éclat : il vit de leur nectar et n'habite que les climats où sans cesse elles se renouvellent.

---

[1] Voyez ce que j'ai dit, p. 23, savoir, que le manuscrit de Bexon sur l'*oiseau-mouche* ne porte aucune correction de Buffon.

(BEXON.)

C'est au nouveau monde que la nature, plus variée et plus féconde dans toutes les productions des règnes de l'eau et de l'air, a placé ces rares oiseaux. Tous les oiseaux-mouches sont naturels aux régions de l'Amérique comprises entre les tropiques. Si quelques-uns s'avancent en été plus au nord, on les voit disparaître de ces contrées avant les frimas; ils suivent le soleil, se retirent avec lui et volent à la suite des zéphyrs sur les pas d'un printemps éternel.

C'est dans ces idées et l'œil frappé de l'éclat et du feu que rendent les couleurs de ces brillants oiseaux que les Indiens leur ont donné les noms de *rayons du soleil*, de *cheveux du soleil*; celui de *tominejos*, que leur donnent les Espagnols, est relatif à leur excessive petitesse : le *tomine* est un poids de douze grains. « J'ai vu, dit Nieremberg, essayer au trébuchet « un de ces oiseaux, lequel, avec son nid, ne pesa pas plus « de deux tomines. »

Effectivement, la plus petite espèce d'oiseau-mouche est moins grosse qu'un bourdon, et plusieurs sont plus petites que le taon, ou la grande mouche-asile. Leur bec est une aiguille fine et leur langue un fil délié. Leurs petits yeux noirs sont deux points brillants. Les plumes de l'aile sont si délicates qu'elles en paraissent transparentes; à peine aperçoit-on leurs pieds, tant ils sont courts et menus. L'oiseau-mouche en fait peu d'usage; il n'est guère posé que la nuit : le reste du temps, il est emporté dans les airs. Son vol est continu, bourdonnant et rapide; Marcgrave compare le bourdonnement de ses ailes au bruit d'un rouet, et l'exprime par les syllabes : *hur, hur, hur*; leur battement est si vif que, suspendu en l'air, il paraît immobile. On le voit s'arrêter ainsi quelques instants devant une fleur et partir comme un trait pour aller à une autre; il les visite toutes, plongeant sa langue dans leur sein, les flattant de ses ailes; sans jamais s'y fixer, sans les quitter jamais; il ne presse ses inconstances que pour mieux

(BUFFON.)

C'est dans les contrées les plus chaudes du nouveau monde que se trouvent toutes les espèces d'oiseaux-mouches ; elles sont assez nombreuses et paraissent confinées entre les deux tropiques, car ceux qui s'avancent en été dans les zones tempérées n'y font qu'un court séjour ; ils semblent suivre le soleil, s'avancer, se retirer avec lui, et voler sur l'aile des zéphyrs à la suite d'un printemps éternel.

Les Indiens, frappés de l'éclat et du feu que rendent les couleurs de ces brillants oiseaux, leur avaient donné les noms de *rayons* ou *cheveux du soleil*. Les Espagnols les ont appelés *tominejos*, mot relatif à leur excessive petitesse ; le *tomine* est un poids de douze grains. « J'ai vu, dit Nieremberg, peser au « trébuchet un de ces oiseaux, lequel, avec son nid, ne pesait « que deux *tomines*, » et, pour le volume, les petites espèces de ces oiseaux sont au-dessous de la grande mouche asile (*le taon*) pour la grandeur, et du bourdon pour la grosseur. Leur bec est une aiguille fine et leur langue un fil délié ; leurs petits yeux noirs ne paraissent que deux points brillants ; les plumes de leurs ailes sont si délicates qu'elles en paraissent transparentes ; à peine aperçoit-on leurs pieds, tant ils sont courts et menus ; ils en font peu d'usage, ils ne se posent que pour passer la nuit, et se laissent pendant le jour emporter dans les airs ; leur vol est continu, bourdonnant et rapide. Marcgrave compare le bruit de leurs ailes à celui d'un rouet et l'exprime par les syllabes *hour, hour, hour* ; leur battement est si vif que l'oiseau, s'arrêtant dans les airs, paraît non-seulement immobile, mais tout à fait sans action ; on le voit s'arrêter ainsi quelques instants devant une fleur et partir comme un trait pour aller à une autre ; il les visite toutes, plongeant sa petite langue dans leur sein, les flattant de ses ailes, sans jamais s'y fixer, mais aussi sans les quitter jamais ; il ne presse ses inconstances que pour mieux suivre ses amours et multiplier ses jouissances innocentes, car cet amant léger des fleurs

(BEXON.)

suivre ses amours, distribuer ses caresses et multiplier ses baisers.

Cet amant léger des fleurs tire sa substance de leur miel. C'est à le recueillir que sa langue paraît uniquement destinée; composée de deux fibres creuses, jointes en un petit canal, et divisée au bout en deux filets, elle a la forme d'une trompe, dont elle fait les fonctions. L'oiseau la darde hors de son bec, apparemment par un mécanisme de l'os hyoïde, semblable en petit à celui que nous avons remarqué dans la langue des pics, et la plonge jusqu'au fond du calice des fleurs pour en tirer les sucs. Telle est sa manière de vivre, d'après tous les auteurs qui ont écrit sur l'Amérique, et suivant les meilleurs observateurs : Marcgrave, Sloane, Catesby, Feuillée, Labat, Dutertre; M. Browne joint son témoignage à celui de ces naturalistes. Ils n'ont eu qu'un contradicteur : c'est M. Badier, qui, pour avoir trouvé dans l'œsophage d'un oiseau-mouche quelques débris de petits insectes, en conclut qu'il vit de ces animaux et non du suc des fleurs, comme tout le monde l'a pensé; mais nous ne croyons pas devoir faire céder une multitude de témoignages authentiques et respectables à une seule assertion, qui encore paraît prématurée : que l'oiseau-mouche, en effet, avale quelques insectes, s'ensuit-il qu'il en vive et s'en nourrisse toujours? et ne semble-t-il pas inévitable qu'en pompant le miel des fleurs, en recueillant leur poussière, il entraîne en même temps quelques-uns des insectes qui s'y trouvent toujours engagés? Que, s'il était besoin d'ajouter à l'autorité des témoignages qui nous attachent à l'ancienne opinion, une raison, prise dans la nature même, contribuerait à nous y fixer. Ce n'est pas trop, en effet, de la nourriture la plus organique et la plus spiritueuse, telle qu'on sait être le miel, pour suffire à la prodigieuse vivacité de l'oiseau-mouche, comparée avec son extrême petitesse; pour soutenir tant de forces dans de si faibles organes, et fournir à la

(BUFFON.)

vit à leurs dépens sans les flétrir : il ne fait que pomper leur
miel, et c'est à cet usage que sa langue paraît uniquement destinée ; elle est composée de deux fibres creuses, formant un
petit canal, divisé au bout en deux filets ; elle a la forme d'une
trompe, dont elle fait les fonctions. L'oiseau la darde hors de
son bec, apparemment par un mécanisme de l'os hyoïde, semblable à celui de la langue des pics ; il la plonge jusqu'au fond
du calice des fleurs pour en tirer les sucs. Telle est sa manière
de vivre d'après tous les auteurs qui en ont écrit. Ils n'ont eu
qu'un contradicteur : c'est M. Badier, qui, pour avoir trouvé
dans l'œsophage d'un oiseau-mouche quelques débris de petits
insectes, en conclut qu'il vit de ces animaux et non du suc des
fleurs. Mais nous ne croyons pas devoir faire céder une multitude de témoignages authentiques à une seule assertion, qui
même paraît prématurée. En effet, que l'oiseau-mouche avale
quelques insectes, s'ensuit-il qu'il en vive et s'en nourrisse
toujours ? Et ne semble-t-il pas inévitable qu'en pompant le
miel des fleurs, ou recueillant leurs poussières, il entraîne en
même temps quelques-uns des petits insectes qui s'y trouvent
engagés ? Au reste, la nourriture la plus substantielle est nécessaire pour suffire à la prodigieuse vivacité de l'oiseau-
mouche, comparée avec son extrême petitesse ; il faut bien des
molécules organiques pour soutenir tant de forces dans de si
faibles organes, et fournir à la dépense d'esprits que fait un
mouvement perpétuel et rapide. Un aliment d'aussi peu de substance que quelques menus insectes y paraît bien peu proportionné ; et Sloane, dont les observations sont ici du plus grand
poids, dit expressément qu'il a trouvé l'estomac de l'oiseau-
mouche tout rempli des poussières et du miellat des fleurs.

Rien n'égale, en effet, la vivacité de ces petits oiseaux, si ce
n'est leur courage, ou plutôt leur audace. On les voit poursuivre
avec furie des oiseaux vingt fois plus gros qu'eux, s'attacher à
leur corps, et, se laissant emporter par leur vol, les becqueter

(BEXON.)

dépense d'esprits que fait un mouvement perpétuel et rapide : un aliment d'aussi peu de substance que quelques menus insectes y paraît bien peu proportionné, et Sloane, dont les observations sont sans doute du plus grand poids, dit expressément qu'il a trouvé l'estomac de l'oiseau-mouche tout rempli des poussières et du miellat des fleurs.

Rien n'égale la vivacité des oiseaux-mouches, si ce n'est leur courage, ou plutôt leur audace : on les voit poursuivre avec furie des oiseaux infiniment plus gros qu'eux, s'attacher à leur corps, et, se laissant emporter par leur vol, les becqueter à coups redoublés, jusqu'à ce qu'ils aient assouvi leur petite colère. Quelquefois même ils se livrent entre eux de ces combats très-vifs; l'impatience paraît être leur âme: s'ils s'approchent d'une fleur et qu'ils la trouvent fanée, ils lui arrachent toutes ses feuilles, avec une précipitation qui marque leur dépit. On voit, dit-on, sur la fin de l'été des milliers de fleurs ainsi dépouillées par la rage des oiseaux-mouches. Ils n'ont pas d'autre voix, outre leur bourdonnement, qu'un petit cri de *screp*, *screp*, fréquent et répété. Ils le font beaucoup entendre dans les bois dès l'aurore, jusqu'à ce qu'aux premiers rayons du soleil tous prennent l'essor et se dispersent.

L'oiseau-mouche est solitaire, suivant la remarque du docteur Grew; il est difficile, en effet, que des oiseaux, sans cesse emportés dans les airs, se reconnaissent et se joignent; mais l'amour sait les réunir : on les voit deux à deux dans le temps des nichées. Le nid qu'ils construisent répond à la délicatesse et à l'élégance de l'ouvrier; il est fait d'une espèce de coton ou de bourre soyeuse, recueillie sur des fleurs; ce duvet est fortement tissu et de la consistance d'une peau douce et épaisse. La femelle se charge de l'ouvrage; elle laisse au mâle le soin d'apporter les matériaux; on la voit empressée à sa besogne chérie, chercher, choisir, employer brin à brin les fibres de ce doux berceau de sa progéniture, en polir les bords avec à coups redoublés jusqu'à ce qu'ils aient assouvi leur petite colère. Quelquefois même ils se livrent entre eux de très-vifs combats; l'impatience paraît être leur âme; s'ils s'approchent d'une fleur et qu'ils la trouvent fanée, ils lui arrachent les pétales avec une précipitation qui marque leur dépit. Ils n'ont point d'autre voix qu'un petit cri, *screp, screp*, fréquent et répété; ils le font entendre dans les bois dès l'aurore, jusqu'à ce qu'aux premiers rayons du soleil tous prennent l'essor et se dispersent dans les campagnes.

Ils sont solitaires, et il serait difficile qu'étant sans cesse emportés dans les airs, ils pussent se reconnaître et se joindre. Néanmoins l'amour, dont la puissance s'étend au delà de celle des éléments, sait rapprocher et réunir tous les êtres dispersés : on voit les oiseaux-mouches deux à deux dans le temps des nichées; le nid qu'ils construisent répond à la délicatesse de leur corps; il est fait d'un coton fin ou d'une bourre soyeuse recueillie sur des fleurs; ce nid est fortement tissu et de la consistance d'une peau douce et épaisse; la femelle se charge de l'ouvrage et laisse au mâle le soin d'apporter les matériaux. On la voit empressée à ce travail chéri, chercher, choisir, employer brin à brin les fibres propres à former le tissu de ce doux berceau de sa progéniture; elle en polit les bords avec sa gorge, le dedans avec sa queue; elle le revêt à l'extérieur de petits morceaux d'écorce de gommier qu'elle colle alentour pour le défendre des injures de l'air autant que pour le rendre plus solide; le tout est attaché à deux feuilles ou à un seul brin d'oranger, de citronnier, ou quelquefois à un fétu qui pend de la couverture de quelque case. Ce nid n'est pas plus gros que la moitié d'un abricot et fait de même en demi-coupe; on y trouve deux œufs tout blancs et pas plus gros que des petits pois. Le mâle et la femelle les couvent tour à tour pendant douze jours; les petits éclosent au treizième jour, et ne sont alors pas plus gros que des mouches. « Je n'ai jamais pu re-

(BEXON.)

sa gorge, le dedans avec sa queue, revêtir l'extérieur de petits
morceaux d'écorce de gommier, qu'elle colle alentour pour
le défendre des injures de l'air, autant que pour le rendre
plus solide. Tout l'ouvrage est attaché à deux feuilles, ou à un
brin d'oranger ou de citronnier : quelquefois à un fétu pendant
de la couverture de quelque case. Ce nid n'est pas plus gros
que la moitié d'un abricot ou d'un très-petit œuf, et fait en
demi-coupe. On y trouve deux œufs tout blancs et pas plus
gros que de petits pois. Le mâle et la femelle les couvent tour
à tour l'espace de douze jours. Les petits éclos ne paraissent
que comme des mouches. « Je n'ai pu remarquer, dit le
« P. Dutertre, quelle sorte de becquée la mère leur apporte,
« sinon qu'elle leur donne à sucer sa langue encore tout
« emmiellée du suc tiré des fleurs. »

On conçoit aisément qu'il est comme impossible d'élever ces
petits volatiles ; ceux qu'on a essayé de nourrir avec des sirops
ont dépéri dans quelques semaines : cette nourriture est trop
différente de la manne délicate qu'ils recueillent en liberté. Il
eût été peut-être mieux de leur offrir du miel. La manière de
les prendre est de les tirer au sable ou à la sarbacane : ils sont
si peu défiants qu'on peut les approcher jusqu'à cinq ou six
pas. Une petite chasse encore qui leur est propre, consiste à se
nicher au milieu d'un arbre fleuri, une verge enduite d'une
gomme gluante à la main ; on en touche aisément le petit oiseau, tandis que, suspendu, il bourdonne devant une fleur ;
il meurt aussitôt qu'il est pris. Privé de la vie, sa destinée est
encore belle ; il sert à décorer la beauté : la parure d'une
Indienne n'est pas complète qu'elle n'ait en pendants d'oreilles
deux de ces charmants oiseaux. Les Péruviens avaient l'art de
composer avec leurs plumes des dessins émaillés et de petits
tableaux, dont les anciennes relations ne cessent de vanter la
beauté. Marcgrave, qui avait vu de ces ouvrages, en admire
l'éclat et la délicatesse.

(BUFFON.)

« marquer, dit le P. Dutertre, quelle sorte de becquée la mère
« leur apporte, sinon qu'elle leur donne à sucer sa langue
« encore tout emmiellée du suc tiré des fleurs. »

On conçoit aisément qu'il est comme impossible d'élever ces
petits volatiles; ceux qu'on a essayé de nourrir avec des sirops
ont dépéri dans quelques semaines. Ces aliments, quoique légers, sont encore bien différents du nectar délicat qu'ils recueillent en liberté sur les fleurs, et peut-être aurait-on mieux
réussi en leur offrant du miel.

La manière de les abattre est de les tirer avec du sable ou à
la sarbacane; ils sont si peu défiants qu'ils se laissent approcher jusqu'à cinq ou six pas. On peut encore les prendre en
se plaçant dans un buisson fleuri, une verge enduite d'une
gomme gluante à la main; on en touche aisément le petit oiseau lorsqu'il bourdonne devant une fleur. Il meurt aussitôt
qu'il est pris, et sert après sa mort à parer les jeunes Indiennes,
qui portent en pendants d'oreilles deux de ces charmants oiseaux. Les Péruviens avaient l'art de composer avec leurs
plumes des tableaux dont les anciennes relations ne cessent
de vanter la beauté. Marcgrave, qui avait vu de ces ouvrages,
en admire l'éclat et la délicatesse.

Avec le lustre et le velouté des fleurs, on a voulu encore en
trouver le parfum à ces jolis oiseaux. Plusieurs auteurs ont
écrit qu'ils sentaient le musc; c'est une erreur dont l'origine
est apparemment dans le nom que leur donne Oviedo, de *passer mosquitus*, aisément changé en celui de *passer moscatus*.
Ce n'est pas la seule petite merveille que l'imagination ait voulu
ajouter à leur histoire : on a dit qu'ils étaient moitié oiseaux
et moitié mouches, qu'ils se produisaient d'une mouche, et
un provincial des jésuites affirme gravement, dans Clusius,
avoir été témoin de la métamorphose. On a dit qu'ils mouraient avec les fleurs pour renaître avec elles; qu'ils passaient
dans un sommeil et un engourdissement total toute la mau-

(BEXON.)

Avec le lustre et le velouté des fleurs, on a encore voulu en trouver le parfum à ces jolis oiseaux ; plusieurs auteurs ont écrit qu'ils avaient l'odeur du musc. C'est une erreur dont l'origine est apparemment dans le nom, que leur donne Oviedo, de *passer mosquitus*, aisément changé en celui de *passer moscatus*. Ce n'est pas la seule petite merveille que l'imagination ait voulu ajouter à leur histoire : on a dit qu'ils étaient moitié oiseaux et moitié mouches, qu'ils se produisaient d'une mouche, et un provincial des jésuites affirme gravement, dans Clusius, avoir été témoin de la métamorphose. On a dit qu'ils mouraient avec les fleurs pour renaître avec elles, qu'ils passaient dans un sommeil et un engourdissement total toute la mauvaise saison, suspendus et le bec fiché à l'écorce d'un arbre, jusqu'à ce que le réveil du printemps vînt les ramener sur les fleurs nouvelles : Hernandez fait ce conte et s'efforce d'y faire croire ; et c'est apparemment là-dessus qu'on les appelle aux îles *renés* ou ressuscités. Mais Catesby se rit de cette fiction, adoptée par une foule d'auteurs et rejetée par les naturalistes les plus sensés : il assure avoir vu, durant toute l'année, ces oiseaux à Saint-Domingue et au Mexique, où il n'y a pas de saison entièrement dépouillée de fleurs. Sloane dit la même chose de la Jamaïque, en observant seulement qu'ils y paraissent en plus grand nombre après la saison des pluies ; et Marcgrave avait déjà écrit qu'on les trouve toute l'année en grand nombre dans les bois. Quant à ceux de ces oiseaux qui s'avancent jusque dans les pays où l'on commence à sentir des hivers, ils en partent dès la fin de l'été, comme Catesby l'a observé de ceux de la Caroline, et se retirent sous des climats plus doux.

(BUFFON.)

vaise saison, suspendus par le bec à l'écorce d'un arbre ; mais
ces fictions ont été rejetées par les naturalistes sensés, et Catesby assure avoir vu, durant toute l'année, ces oiseaux à Saint-
Domingue et au Mexique, où il n'y a pas de saison entièrement dépouillée de fleurs. Sloane dit la même chose de la
Jamaïque, en observant seulement qu'ils y paraissent en plus
grand nombre après la saison des pluies, et Marcgrave avait
déjà écrit qu'on les trouve toute l'année en grand nombre dans
les bois du Brésil.

Nous connaissons vingt-quatre espèces dans le genre des
oiseaux-mouches, et il est plus que probable que nous ne les
connaissons pas toutes. Nous les désignerons chacune par des
dénominations différentes, tirées de leurs caractères les plus
apparents, et qui sont suffisants pour ne les pas confondre.

LE COLIBRI.

(BEXON.)

La nature, prodigue de beautés, a produit dans les mêmes climats l'oiseau-mouche et le colibri[1]. Presque aussi délicat, aussi brillant, aussi léger, vivant comme lui sur les fleurs, le colibri est paré de même de tout ce que les plus riches couleurs ont d'éclatant, de moelleux, de suave[2]. Tout ce que nous avons dit de l'élégance[3] de l'oiseau-mouche, de sa vivacité, de son vol bourdonnant et rapide, de sa constance à aller de fleurs en fleurs[4], de sa manière de nicher et de vivre, doit s'appliquer également au colibri : un même instinct anime ces deux charmants oiseaux[5]; la nature les produisit sur un même dessin, souvent aussi on les a confondus sous un même nom.....

On a vu le père et la mère, rendus audacieux par l'amour[6], venir jusque dans les mains du ravisseur nourrir leur progéniture[7].....

C'est sans doute la constance de ce climat (le climat de Quito) qu'ils aiment[8]. C'est là que, dans une suite non interrompue de jouissances et de délices, ils volent de la fleur épanouie à la fleur naissante, et que l'année, composée d'un cercle entier de beaux jours[9], ne connaît qu'une seule saison : celle de la fécondité et de l'amour.

(CORRECTIONS DE BUFFON).

[1] La nature, en prodiguant tant de beautés à l'oiseau-mouche, n'a pas oublié le colibri, son voisin et son proche parent; elle l'a produit dans le même climat et formé sur le même modèle : aussi brillant, aussi léger, vivant comme lui sur.....

[2] ..... suave; et ce que nous avons dit.....

[3] ..... dit de la beauté de l'oiseau-mouche.....

[4] ..... constance à visiter les fleurs.....

le Colibri (a).

La nature en prodiguant tant de beauté a l'oiseau mouche

La Nature prodigue de beautés, a produit

elle l'a produit dans le même climat et formé sur le même

modèle, aussi brillant et aussi brillant,

aussi vivant comme lui sur les fleurs, le

Colibri est paré de même de tout ce que les plus

riches couleurs ont d'éclattant, de moelleux, de suave;

Tout ce que nous avons dit de sa beauté de l'oiseau

mouche, de sa vivacité, de son vol bourdonnant

et rapide; de sa constance à visiter les fleurs

LE COLIBRI.
(BUFFON.)

La nature, en prodiguant tant de beautés à l'oiseau-mouche, n'a pas oublié le colibri, son voisin et son proche parent; elle l'a produit dans le même climat et formé sur le même modèle : aussi brillant, aussi léger que l'oiseau-mouche, et vivant comme lui sur les fleurs, le colibri est paré de même de tout ce que les plus riches couleurs ont d'éclatant, de moelleux, de suave, et ce que nous avons dit de la beauté de l'oiseau-mouche, de sa vivacité, de son vol bourdonnant et rapide, de sa constance à visiter les fleurs, de sa manière de nicher et de vivre, doit s'appliquer également au colibri : même instinct anime ces deux charmants oiseaux, et, comme ils se ressemblent presque en tout, souvent on les a confondus sous un même nom.....

On a vu le père et la mère, par audace de tendresse, venir jusque dans les mains du ravisseur porter la nourriture à leurs petits.

C'est à vingt ou vingt-deux degrés de température qu'ils se plaisent. C'est là que, dans une suite non interrompue de jouissances et de délices, ils volent de la fleur épanouie à la fleur naissante, et que l'année, composée d'un cercle entier de beaux jours, *ne fait qu'une saison constante d'amour et de fécondité.*

(CORRECTIONS DE BUFFON.)

[5] Et, comme ils se ressemblent presque en tout, souvent on les a confondus.....

[6] On a vu le père et la mère par audace de tendresse.....

[7] ..... leurs petits.

[8] C'est donc à **20** ou **22** degrés de température qu'ils se plaisent.

[9] ..... beaux jours, ne fait qu'une saison constante d'amour et de fécondité.

LES ARAS.
(BEXON.)

Les aras sont les plus grands comme les plus magnifiques oiseaux du genre des perroquets [1]. Leur plumage est couvert avec profusion des plus riches couleurs. Le pourpre, l'or et l'azur composent leur vêtement. L'œil assuré, la contenance ferme, la démarche grave, l'ara semble sentir son prix et connaître sa beauté; son naturel paisible le rend aisément familier, et la domesticité n'est point pour lui l'esclavage; il a sa liberté et n'en abuse pas; la douce habitude le rappelle et l'attachement le ramène.

LES PICS.
(BEXON.)

Entre les oiseaux, comme parmi les quadrupèdes, il n'y a guère que les frugivores qui entrent en société. Eux seuls ont les mœurs douces et la vie facile et paisible que l'instinct social suppose [2]; ils goûtent sans soin et jouissent sans trouble. Le riche fonds de leur subsistance les environne, et, dans ce grand banquet de la nature, l'abondance du lendemain est égale à la profusion de la veille. Les autres, au contraire [5], occupés à pourchasser sans cesse une proie qui les fuit toujours, pressés

---

(CORRECTIONS DE BUFFON.)

[1] De tous les perroquets, l'ara est le plus grand et le plus magnifiquement paré. Le pourpre, l'or et l'azur brillent sur son plumage; il a l'œil assuré, la contenance ferme, la démarche grave, et même l'air désagréablement dédaigneux, comme s'il sentait son prix et connaissait trop sa beauté; néanmoins son naturel paisible le rend aisément familier, et même susceptible de quelque attachement; on peut le faire domestique sans le rendre esclave; il n'abuse pas de la liberté qu'on lui donne. La douce habitude le rappelle auprès de ceux qui le nourrissent, et il revient assez constamment au domicile qu'on lui fait adopter.

LES ARAS.

(BUFFON.)

De tous les perroquets, l'ara est le plus grand et le plus
magnifiquement paré; le pourpre, l'or et l'azur brillent sur
son plumage; il a l'œil assuré, la contenance ferme, la démarche grave et même l'air désagréablement dédaigneux, comme
s'il sentait son prix et connaissait trop sa beauté; néanmoins,
son naturel paisible le rend aisément familier et même susceptible de quelque attachement; on peut le rendre domestique
sans en faire un esclave; il n'abuse pas de la liberté qu'on lui
donne; la douce habitude le rappelle auprès de ceux qui le
nourrissent, et il revient assez constamment au domicile qu'on
lui fait adopter.

LES PICS.

(BUFFON.)

Les animaux qui vivent des fruits de la terre sont les seuls
qui entrent en société; l'abondance est la base de l'instinct
social, de cette douceur de mœurs et de cette vie paisible
qui n'appartient qu'aux êtres qui n'ont aucun motif de se
rien disputer; ils jouissent sans trouble du riche fonds de
subsistance qui les environne; et, dans ce grand banquet de
la nature, l'abondance du lendemain est égale à la profusion
de la veille. Les autres animaux, sans cesse occupés à pour-

(CORRECTIONS DE BUFFON.)

[2] Les animaux qui vivent des fruits de la terre sont les seuls qui
entrent en société. L'abondance est la base de l'instinct social, de
cette douceur de mœurs et de cette vie paisible qui n'appartient
qu'aux êtres qui n'ont aucun motif de se rien disputer; ils jouissent
sans trouble du riche.....

[3] ..... Les autres animaux sans cesse occupés à pourchasser une
proie qui.....

par le besoin [1], aiguillonnés par l'appétit, retenus par le danger,
sans moyens que leur activité, sans provision que leur industrie, sans ressource que dans leurs efforts, ont à peine le temps
de vivre [2] et n'ont pas [3] celui d'aimer. Telle est la condition
de tous les oiseaux chasseurs, excepté peut-être de quelques
lâches [4] qui s'acharnent sur une proie morte et s'attroupent
plutôt en brigands qu'ils ne se rassemblent en amis : tous [5] se
tiennent isolés et vivent solitaires. Chacun est tout entier [6] à se
procurer un nécessaire étroit et pénible, et nul n'a de sentiments, comme de biens [7], à partager avec autrui [8].....

Ses mouvements (les mouvements du pic) sont [9] brusques,
son air est [10] inquiet, ses traits ont de la rudesse [11], son naturel
paraît [12] farouche : il fuit toute société, même celle de son
semblable, et quand l'amour [13] le force [14] de la rechercher,
c'est sans pouvoir lui donner aucune des grâces dont alors il
embellit tous les êtres...

(CORRECTIONS DE BUFFON.)

[1] ..... pressés par le besoin, retenus par le danger, sans provision, sans moyens que dans leur industrie, sans autre ressource
que leur activité.....

[2] ..... de se pourvoir.....

[3] ..... n'ont guère.....

[4] ..... à l'exception de.....

[5] ..... tous les autres.....

[6] ..... tout entier à soi, et nul n'a de sentiments.....

[7] ..... ni de biens.....

chasser une proie qui les fuit toujours, pressés par le besoin, retenus par le danger, sans provision, sans moyens que dans leur industrie, sans aucune ressource que leur activité, ont à peine le temps de se pourvoir et n'ont guère celui d'aimer. Telle est la condition de tous les oiseaux chasseurs; et, à l'exception de quelques lâches qui s'acharnent sur une proie morte et s'attroupent plutôt en brigands qu'ils ne se rassemblent en amis, tous les autres se tiennent isolés et vivent solitaires. Chacun est tout entier à soi, et nul n'a de biens ni de sentiments à partager...

Ses mouvements sont brusques; il a l'air inquiet, les traits et la physionomie rudes, le naturel sauvage et farouche : il fuit toute société, même celle de son semblable, et quand le besoin physique de l'amour le force à rechercher une compagne, c'est sans aucune des grâces dont ce sentiment anime les mouvements de tous les êtres qui l'éprouvent avec un cœur sensible.

(CORRECTIONS DE BUFFON.)

8 ..... à partager.....

9 ..... sont lourds et brusques.....

10 ..... il a l'air inquiet.....

11 ..... les traits d'une physionomie rude.....

12 ..... le naturel sauvage et même farouche.....

13 ..... le besoin physique de l'amour.....

14 ..... le force à rechercher une compagne, c'est sans aucune des grâces dont ce sentiment embellit les mouvements de tous ceux qui l'éprouvent avec un cœur sensible.....

LE TORCOL.

(BEXON.)

Cet oiseau [1], quoique solitaire et nulle part nombreux, est partout remarqué par une habitude très-étrange, et qui n'est qu'à lui : c'est celle de tordre et de tourner le col de côté [2] et en arrière, la tête jetée à la renverse [3] sur le dos, et les yeux à demi fermés [4]. Ce mouvement n'a rien de précipité [5], il est lent et moelleux, et tout semblable aux replis ondoyants d'un reptile. C'est, à ce qu'il paraît [6], une convulsion de surprise et d'effroi [7], une crise d'étonnement [8] à l'aspect de tout objet nouveau : c'est aussi un effort qu'il semble faire pour se dégager lorsqu'il est retenu [9]; quoi qu'il en soit, ce tournoiement lui est tout naturel. Les petits dans le nid se le donnent déjà, et plus d'un chasseur effrayé les prit pour de petits serpents.

DISCOURS SUR LA NATURE DES OISEAUX D'EAU.

(BEXON.)

Le genre des quadrupèdes (un petit nombre d'amphibies excepté) n'a de séjour que la terre ferme : le genre volatile, bien plus étendu, avec la terre et l'air embrasse aussi le domaine des eaux. Une partie les habite, y vit, y nage, y vogue, comme sur son élément naturel : partout une abondante pâture, une capture facile y est offerte à ces hôtes ailés : pour

---

(CORRECTIONS DE BUFFON.)

[1] ..... se reconnaît au premier coup d'œil par un trait ou plutôt par une habitude qui n'appartient qu'à lui; c'est de tordre.....

[2] ..... de côté et en arrière.....

[3] ..... la tête renversée sur. ...

[4] ... à demi fermés pendant ce mouvement qui n'a.....

[5] ..... rien de précipité, et qui est, au contraire, lent, sinueux et tout semblable.....

LE TORCOL.
(BUFFON.)

Cet oiseau se reconnaît au premier coup d'œil par un signe
ou plutôt par une habitude qui n'appartient qu'à lui : c'est
de tordre et de tourner le cou de côté et en arrière, la tête
renversée vers le dos et les yeux à demi fermés, pendant
tout le temps que dure ce mouvement, qui n'a rien de précipité, et qui est au contraire lent, sinueux et tout semblable
aux replis ondoyants d'un reptile; il paraît être produit par
une convulsion de surprise et d'effroi, ou par une crise
d'étonnement à l'aspect de tout objet nouveau : c'est aussi
un effort qu'il semble faire pour se dégager lorsqu'il est retenu : cependant cet étrange mouvement lui est tout naturel
et dépend en grande partie d'une conformation particulière;
puisque les petits dans le nid se donnent les mêmes tours de
cou; en sorte que plus d'un dénicheur effrayé les a pris pour
de petits serpents.

LES OISEAUX AQUATIQUES.
(BUFFON.)

Les oiseaux d'eau sont les seuls qui réunissent à la jouissance de l'air et de la terre la possession de la mer. De nombreuses espèces, toutes très-multipliées, en peuplent les
rivages et les plaines; ils voguent sur les flots avec autant
d'aisance et plus de sécurité qu'ils ne volent dans leur élément
naturel : partout ils y trouvent une subsistance abondante,

(CORRECTIONS DE BUFFON.)

[6] ..... d'un reptile; il paraît être produit par une convulsion.....

[7] ..... ou par une crise.....

[8] ..... de cet oiseau.....

[7] ..... cependant cet étrange mouvement est tout naturel et dépend en grande partie de la conformation, puisque les petits dans le
nid se donnent les mêmes tours de col, et que plus d'un dénicheur
effrayé les a pris.....

9

la saisir, les uns fendent les ondes et s'y plongent : à d'autres
il suffit d'en raser rapidement la surface; tous s'y établissent
en grandes sociétés, et, sans rien redouter de l'élément terrible, s'y jouent avec les flots, luttent avec les vents, bondis-
sent sur la vague émue, paraissent au milieu des tempêtes et
ne connaissent pas les naufrages[1].

LE CARIAMA.

(BEXON.)

Nous avons vu[1] la nature, marchant d'un pas égal, nuancer[2] tous ses ouvrages, en lier[3] l'ensemble par une suite
de rapports constants et de gradations insensibles[4], remplir[5]
par des transitions les intervalles où nous pensons lui fixer
des divisions et des coupures, occuper[6] par des productions
intermédiaires les points de repos que la seule fatigue de
notre esprit dans la contemplation de ses œuvres immor-
telles nous oblige d'y marquer[7]; établir sur le passage d'une
forme à une autre forme éloignée[8] des relations qui les rapprochent[9]; composer enfin de son admirable ensemble un tout

(CORRECTIONS DE BUFFON.)

[1] Tous les animaux quadrupèdes, à l'exception de quelques amphibies, n'habitent que sur la terre; ils la parcourent sans pouvoir s'en
séparer, sans qu'il leur soit possible de s'élever dans l'air ni de s'établir sur l'eau; les oiseaux, indépendamment de l'empire qu'ils ont
dans l'élément de l'air, usent comme les quadrupèdes de celui de la
terre, et y réunissent encore le domaine des eaux. De grandes, de
nombreuses espèces, toutes très-multipliées, fréquentent les mers,
les habitent, y vivent, y nagent, y voguent comme sur leur élément
naturel; partout une abondante pâture, une capture facile leur offre
une subsistance abondante. Pour la saisir, les uns fendent les ondes
et s'y plongent; d'autres ne font que les effleurer et raser leur surface par un vol rapide et mesuré sur la distance et la quantité de
la proie; tous s'y établissent en grandes sociétés, et, sans rien
craindre de leurs mouvements, ils semblent se jouer avec les flots,
lutter avec les vents, bondir sur la vague agitée, enfin s'exposer aux
tempêtes sans les redouter ni subir de naufrages.

une proie qui ne peut les fuir; et pour la saisir les uns fendent les ondes et s'y plongent; d'autres ne font que les effleurer en rasant leur surface par un vol rapide ou mesuré sur les distances et la quantité des victimes; tous s'établissent sur cet élément mobile, comme dans un domicile fixe; ils s'y rassemblent en grandes sociétés, et vivent tranquillement au milieu des orages; ils semblent même se jouer avec les vagues, lutter contre les vents, et s'exposer aux tempêtes, sans les redouter ni subir de naufrages.

LE CARIAMA.

(BUFFON.)

Nous avons vu que la nature, marchant d'un pas égal, nuance tous ses ouvrages; que leur ensemble est lié par une suite de rapports constants et de gradations successives; elle a donc rempli, par des transitions, les intervalles où nous pensons lui fixer des divisions et des coupures, et placé des productions intermédiaires aux points de repos que la seule fatigue de notre esprit dans la contemplation de ses œuvres nous a forcé de supposer : aussi trouvons-nous, dans les formes même les plus éloignées, des relations qui les rapprochent.

(CORRECTIONS DE BUFFON.)

1 Nous avons vu que la nature.....

2 ..... nuance.....

3 ..... que leur ensemble est lié.....

4 ..... successives. ...

5 ..... elle a donc rempli.....

6 ..... et placer des productions intermédiaires aux points de repos.

7 ..... nous a forcé de supposer.....

8 Aussi trouvons-nous dans les formes même les plus éloignées...

9 ..... en sorte que rien n'est vide, tout se touche, tout se tient dans la nature et qu'il n'y a que nos méthodes et nos systèmes qui soient incohérents, lorsque nous prétendons lui marquer des sections ou des limites qu'elle ne connait pas.

où rien n'est vide, où tout se touche, où tout se tient et où se confondent nos méthodes et nos systèmes, lorsque nous prétendons lui marquer des sections, des distances, des limites qu'elle ne connaît pas.

LE SECRÉTAIRE OU LE MESSAGER.
(BEXON.)

Cet oiseau, considérable par sa grandeur autant que remarquable par sa structure[1], est non-seulement d'une espèce nouvelle, mais d'un genre tout nouveau[2], ou plutôt semble fait pour éluder et pour confondre toute idée de classification et tout arrangement de nomenclature. Ses longs pieds indiquent[3] un oiseau de rivage; son bec crochu[4] est celui d'un oiseau de proie; son ensemble offre[5] une tête d'aigle sur un corps de cigogne ou de grue : à quelle classe peut appartenir[6] un être où se rapprochent[7] des caractères en apparence si opposés[8]? Nouvelle preuve que la nature, libre au milieu des limites que nous pensons lui prescrire, est plus riche que nos idées et plus vaste que nos systèmes.

LES BARGES.
(BEXON.)

De tout le genre des oiseaux[1] sur lequel la nature a répandu tant de vie et de grâces, qu'elle a jeté[2] à travers la grande scène de ses ouvrages pour en faire le mouvement et la parure[3], et dont elle semble avoir formé tous les êtres heureux

---

(CORRECTIONS DE BUFFON.)

[1] ..... figure.....

[2] ..... genre isolé et singulier au point d'éluder et même de confondre tout arrangement de méthodes et de nomenclature.

[3] En même temps que ses longs pieds désignent.....

[4] ..... bec crochu indiquerait un oiseau.....

[5] ....., il a pour ainsi dire une tête.....

en sorte que rien n'est vide, tout se touche, tout se tient dans la nature, et qu'il n'y a que nos méthodes et nos systèmes qui soient incohérents lorsque nous prétendons lui marquer des sections ou des limites qu'elle ne connaît pas.

LE SECRÉTAIRE.
(BUFFON.)

Cet oiseau, considérable par sa grandeur autant que remarquable par sa figure, est non-seulement d'une espèce nouvelle, mais d'un genre isolé et singulier au point d'éluder et même de confondre tout arrangement de méthodes et de nomenclature ; en même temps que ses longs pieds désignent un oiseau de rivage, son bec crochu indiquerait un oiseau de proie ; il a, pour ainsi dire, une tête d'aigle sur un corps de cigogne ou de grue : à quelle classe peut donc appartenir un être dans lequel se réunissent des caractères aussi opposés ? Autre preuve que la nature, libre au milieu des limites que nous pensons lui prescrire, est plus riche que nos idées et plus vaste que nos systèmes.

LES BARGES.
(BUFFON.)

De tous ces êtres légers sur lesquels la nature a répandu tant de vie et de grâces, et qu'elle paraît avoir jetés à travers la grande scène de ses ouvrages, pour animer le vide de l'espace

---

(CORRECTIONS DE BUFFON.)

6 ..... peut donc appartenir.....
7 ..... se réunissent.....
8 ..... caractères aussi opposés ?

---

1 De tous ces êtres légers sur lesquels.....
2 ..... et qu'elle paraît avoir jeté.....
3 ..... et la parure, les oiseaux de marais sont ceux qui ont eu...

pour l'amour et pour la liberté, ceux qui ont le moins de part à ces dons, les moins doués de cet instinct exquis donné aux volatiles, ceux enfin dont le naturel paraît le plus borné, le sens le plus obtus, sont tous ces oiseaux qui vivent à l'entour des maréeages[4], qui cherchent leur pâture sur la vase ou dans la terre fangeuse; comme si[5], attachées au premier limon, ces espèces n'avaient pu prendre part au progrès plus heureux et plus développé qu'ont fait successivement toutes les autres parties [6] de la nature, développements étendus et embellis encore dans la nature cultivée, et auxquels ces habitants des marais sont restés nécessairement étrangers.

En effet, aucun d'eux n'a la gaieté [7] des oiseaux de nos champs; ils ne savent point, comme ceux-ci, s'égayer, se réjouir ensemble, on ne voit point entre eux [8] de doux ébats sur terre ni dans les airs; leur vol n'est qu'une fuite, une traite rapide d'un froid marécage à un autre.

L'IBIS.

(BEXON.)

Le culte des animaux me semble [1] l'une des preuves les plus frappantes de l'état de faiblesse où se trouvait l'espèce humaine dans les premiers temps[2] du monde. Les espèces [3] animales,

---

(CORRECTIONS DE BUFFON.)

[4] . . . . à ces dons; leurs sens sont obtus, leur naturel est réduit aux sensations les plus grossières, et leur instinct se borne à chercher à l'entour des marécages leur pâture.....

[5] ..... comme si ces espèces, attachées au.....

[6] ..... productions de la nature, dont les développements se sont encore étendus et embellis par les soins de l'homme, tandis que ces habitants des marais sont restés dans l'état imparfait de leur nature brute.

[7] ..... les grâces ni la gaieté de nos oiseaux des champs.....

[8] ..... ni prendre de doux ébats entre eux sur la terre ou dans l'air.

et y produire du mouvement, les oiseaux de marais sont ceux qui ont eu le moins de part à ses dons ; leurs sens sont obtus, leur instinct est réduit aux sensations les plus grossières, et leur naturel se borne à chercher à l'entour des marécages leur pâture sur la vase ou dans la terre fangeuse ; comme si ces espèces, attachées au premier limon, n'avaient pu prendre part au progrès plus heureux et plus grand qu'ont fait successivement toutes les autres productions de la nature, dont les développements se sont étendus et embellis par les soins de l'homme ; tandis que ces habitants des marais sont restés dans l'état imparfait de leur nature brute.

En effet, aucun d'eux n'a les grâces ni la gaieté de nos oiseaux des champs ; ils ne savent point, comme ceux-ci, s'amuser, se réjouir ensemble, ni prendre de doux ébats entre eux sur la terre ou dans l'air ; leur vol n'est qu'une fuite, une traite rapide d'un froid marécage à un autre.

L'IBIS.

(BUFFON.)

De toutes les superstitions qui aient jamais infecté la raison et dégradé, avili l'espèce humaine, le culte des animaux serait sans doute la plus honteuse, si l'on n'en considérait pas l'origine et les premiers motifs : comment l'homme en effet a-t-il pu s'abaisser jusqu'à l'adoration des bêtes ? Y a-t-il une preuve plus évidente de notre état de misère dans ces premiers âges,

---

(CORRECTIONS DE BUFFON.)

[1] ..... me paraît être une preuve de l'état de faiblesse et du petit nombre des hommes.....

[2] ..... âges.....

[3] Les espèces d'animaux immondes ou nuisibles étaient alors plus nombreuses et peut-être plus puissantes et plus grandes ; elles entouraient l'homme solitaire, isolé ou dénué des arts nécessaires pour exercer sa force avec succès.

enfantées par la nouvelle nature, plus grandes alors, plus puissantes, plus nombreuses, entouraient, menaçaient l'homme dénué, qu'aucun art n'aidait encore à les contraindre et auquel aucune encore n'avait appris à se soumettre. Ces mêmes animaux, devenus depuis ses esclaves, étaient alors ses maîtres ou du moins ses rivaux redoutables [4]; la superstition en fit ses dieux. Mais de toutes les contrées où le culte [5] des animaux a dû avoir lieu, celle où il s'en est conservé le plus de traces est l'Égypte, et ce fait, d'accord avec les monuments [6], nous assure [7] que ce pays fut un de ceux où l'homme se porta le plus tôt [8] et du moins où il fut le plus longtemps à lutter contre les espèces ennemies [9].....

LES PLUVIERS.

(BUXON.)

De tous les animaux qui se plaisent rassemblés [1], les oiseaux sont ceux en qui cet instinct social paraît dominer davantage [2], qui forment de plus grands attroupements, qui vivent plus réunis, entre lesquels semble mieux établie cette communauté de goûts, de projets, de plaisirs [3] sur laquelle se fondent l'amour [4] mutuel et la liaison générale [5], ceux enfin qui, avec le

---

(CORRECTIONS DE BUFFON.)

[4] Et dès lors la superstition.....

[5] ..... où ce culte, plus vil qu'aucun autre, a fait partie des religions absurdes, l'Égypte paraît être celle.....

[6] ..... ce fait, attesté par tous les monuments.....

[7] ..... prouve.

[8] ..... où l'homme fut le plus longtemps.....

[9] ..... nuisibles.

---

[1] De tous les animaux qui aiment à se rassembler et se plaisent à demeurer en troupes, les oiseaux.....

[2] Non-seulement leurs attroupements sont plus nombreux et leur réunion plus constante que celle des quadrupèdes, mais il semble que ce n'est qu'aux oiseaux seuls qu'appartient cette communauté...

où les espèces nuisibles, trop puissantes et trop nombreuses, entouraient l'homme solitaire, isolé, dénué d'armes et des arts nécessaires à l'exercice de ses forces ? Ces mêmes animaux, devenus depuis ses esclaves, étaient alors ses maîtres, ou du moins des rivaux redoutables ; la crainte et l'intérêt firent donc naître des sentiments abjects et des pensées absurdes, et bientôt la superstition, recueillant les uns et les autres, fit également des dieux de tout être utile ou nuisible.

L'Égypte est l'une des contrées où ce culte des animaux s'est établi le plus anciennement et s'est conservé, observé le plus scrupuleusement pendant un grand nombre de siècles ; et ce respect religieux, qui nous est attesté par tous les monuments, semble nous indiquer que, dans cette terre, les hommes ont lutté très-longtemps contre les espèces malfaisantes.

LES PLUVIERS.

(BUFFON.)

L'instinct social n'est pas donné à toutes les espèces d'oiseaux ; mais, dans celles où il se manifeste, il est plus grand, plus décidé que dans les autres animaux; non-seulement leurs attroupements sont plus nombreux et leur réunion plus constante que celle des quadrupèdes, mais il semble que ce n'est qu'aux oiseaux seuls qu'appartient cette communauté de goûts, de projets, de plaisirs et cette union des volontés qui fait le lien de l'attachement mutuel, et le motif de la liaison générale : cette supériorité d'instinct social dans les oiseaux suppose d'abord une nombreuse multiplication, et vient ensuite de ce

---

(CORRECTIONS DE BUFFON.)

³ ..... de plaisirs, et cette union de volontés qui fait le lien de . .
⁴ ..... l'attachement.
⁵ ..... générale : cette supériorité d'instinct social dans les oiseaux vient de ce qu'ils ont plus de moyens. . . . .

9.

plus de moyens et de facilités de se rapprocher, de se rejoindre, de demeurer, de voyager ensemble[6], paraissent connaître
le plus de ces grandes lois de société qui[7] supposent dans
l'espèce un plan dirigé et des vues réunies[8], et produisent,
entre les individus, la connaissance, l'affection[9] et les douces
habitudes.

En effet, si nous considérons[10] le peu de sociétés établies
entre les quadrupèdes, ou réunis à l'écart dans l'état sauvage, ou rassemblés avec indifférence sous la verge de l'homme
et attroupés en esclaves, nous ne pourrons les comparer aux
grandes sociétés des oiseaux, formées par goût, continuées
par amour[11], établies sous les auspices de la haute[12] liberté.

LA FRÉGATE.

(BEXON.)

Le plus vite des navires qui cinglent sur les mers[1] a donné
son nom au plus rapide des oiseaux qui planent sur leurs flots[2].
La frégate est[3] de tous ces navigateurs ailés celui dont le vol
est le plus fier, le plus puissant et le plus étendu : balancée
sur des ailes d'une prodigieuse longueur, sans presque leur
donner de mouvement sensible, elle[4] semble nager paisible-

(CORRECTIONS DE BUFFON.)

[6] ..... ensemble, ce qui les met à portée de connaître mieux les
grandes.....

[7] ..... qui, dans toute espèce, supposent un plan.....

[8] ..... concertées.

[9] ..... l'affection, la confiance et les douces habitudes de l'union,
de la paix et de tous les biens qu'elles procurent.

[10] En effet, si nous considérons les sociétés libres ou forcées des
animaux quadrupèdes, soit qu'ils se réunissent furtivement et à l'é-
cart dans l'état sauvage, soit qu'ils se trouvent rassemblés avec indifférence ou à regret sous la verge de l'homme, et attroupés en
domestiques ou en esclaves.

[11] ..... affection.....

[12] ..... pleine.....

qu'ils ont plus de moyens et de facilités de se rapprocher, de se rejoindre, de demeurer et voyager ensemble, ce qui les met à portée de s'entendre et de se communiquer assez d'intelligence pour connaître les premières lois de la société, qui, dans toute espèce d'êtres, ne peut s'établir que sur un plan dirigé par des vues concertées. C'est cette intelligence qui produit entre les individus l'affection, la confiance et les douces habitudes de l'union, de la paix et de tous les biens qu'elle procure. En effet, si nous considérons les sociétés libres ou forcées des animaux quadrupèdes, soit qu'ils se réunissent furtivement et à l'écart dans l'état sauvage, soit qu'ils se trouvent rassemblés avec indifférence ou regret sous l'empire de l'homme, et attroupés en domestiques ou en esclaves, nous ne pourrons les comparer aux grandes sociétés des oiseaux, formées par pur instinct, entretenues par goût, par affection sous les auspices de la pleine liberté.

LA FRÉGATE.
(BUFFON.)

Le meilleur voilier, le plus vite de nos vaisseaux, la frégate, a donné son nom à l'oiseau qui vole le plus rapidement et le plus constamment sur les mers ; la frégate est, en effet, de tous ces navigateurs ailés, celui dont le vol est le plus fier, le plus puissant et le plus étendu : balancé sur des ailes d'une prodigieuse longueur, se soutenant sans mouvement sensible, cet oiseau semble nager paisiblement dans l'air tranquille pour attendre l'instant de fondre sur sa proie avec la rapidité d'un

---

(CORRECTIONS DE BUFFON.)

[1] Le meilleur voilier de nos vaisseaux, la frégate, a donné son nom.....

[2] ..... sur les mers.

[3] L'oiseau frégate est en effet de tous ces navigateurs ailés.....

[4] ..... se soutenant sans mouvement sensible, la frégate semble...

ment dans l'air[5], fond sur sa proie avec la rapidité d'un trait,
ou, légère comme les vents[6], s'élève jusqu'aux nues, et va
chercher le calme en s'élançant au-dessus des orages.

L'ANHINGA.
(BEXON.)

Si la régularité des formes, la justesse des proportions, l'accord et l'ensemble des parties[1] donnent aux animaux ce qui
fait à nos yeux la grâce et la beauté, si leur rang[2] est marqué
auprès de nous à proportion qu'ils savent plaire; pour qu'ils
soient chers à la nature, il lui suffit qu'ils puissent vivre : elle
nourrit également au désert la jolie et svelte[3] gazelle et le difforme chameau[4] ou la gigantesque girafe; elle lance à la fois
dans les airs l'aigle superbe et le hideux vautour, cache[5] sous
l'herbe mille générations d'insectes sous les formes les plus
bizarres, et en dérobe encore dans l'abime des eaux de plus
étranges; elle admet les composés les plus disparates en apparence pourvu que par une secrète correspondance de parties,
ils puissent subsister et se reproduire : c'est ainsi que, sous la
forme de feuilles, elle fait vivre les *mantes*, que sous une coque
sphérique, pareille à celle d'un fruit, elle emprisonne les oursins, qu'elle filtre la vie et la ramifie, pour ainsi dire, dans les
branches de l'étoile et de la méduse[6], qu'elle aplatit en marteau la tête de la zygène et arrondit en boule épineuse le corps
entier de l'orbis[7].

(CORRECTIONS DE BUFFON.)

[5] ..... quand, à l'instant, elle fond sur sa proie avec la rapidité
d'un trait, et lorsque les airs sont agités par la tempête, légère... .

[6] ..... le vent.

---

[1] ..... de toutes les parties.....

[2] ..... si leur rang près de nous n'est marqué que par ces caractères, si nous ne les distinguons qu'autant qu'ils nous plaisent, la
nature ignore ces distinctions, et il suffit pour qu'elle les chérisse
qu'ils puissent exister et se multiplier.

trait, et lorsque les airs sont agités par la tempête, légère comme le vent, la frégate s'élève jusqu'aux nues, et va chercher le calme en s'élançant au-dessus des orages.

L'ANHINGA.
(BUFFON.)

Si la régularité des formes, l'accord des proportions et les rapports de l'ensemble de toutes les parties donnent aux animaux ce qui fait à nos yeux la grâce et la beauté; si leur rang près de nous n'est marqué que par ces caractères; si nous ne les distinguons qu'autant qu'ils nous plaisent, la nature ignore ces distinctions, et il suffit pour qu'ils lui soient chers qu'elle leur ait donné l'existence et la faculté de se multiplier; elle nourrit également au désert l'élégante gazelle et le difforme chameau, le joli chevrotain et la gigantesque girafe; elle lance à la fois dans les airs l'aigle superbe et le hideux vautour; elle cache sous terre et dans l'eau mille générations d'insectes de formes bizarres et disproportionnées; enfin elle admet les composés les plus disparates, pourvu que par les rapports résultants de leur organisation ils puissent subsister et se reproduire; c'est ainsi que sous la forme d'une feuille, elle fait vivre les *mantes*, que, sous une coque sphérique, pareille à celle d'un fruit, elle emprisonne les oursins, qu'elle filtre la vie et la ramifie, pour ainsi dire, dans les branches de l'étoile de mer, qu'elle aplatit en marteau la tête de la zygène et arrondit en globe épineux le corps entier du poisson-lune.

(CORRECTIONS DE BUFFON.)

5 ..... au désert l'élégante gazelle.....

4 ..... le joli chevrotain et.....

5 ..... elle cache, sous terre et dans l'eau, mille générations d'insectes de formes bizarres; enfin elle admet les composés les plus disparates, pourvu que, par les rapports résultant de leur organisation, ils puissent.....

6 ..... de l'étoile de mer, qu'elle aplatit.....

7 . ... du poisson-lune.

LE COURLIS.

(BEXON.)

Dans l'histoire des animaux, les noms composés de sons imitatifs qui rendent les voix, les chants, les cris, sont toujours reconnaissables; ce sont[1], pour ainsi dire, les noms de la nature : aussi sont-ce ceux que l'homme a imposés les premiers; les langues sauvages sont pleines[2] de ces noms donnés par instinct; et le goût, qui n'est qu'un instinct plus exquis, les conserve plus ou moins aux langues polies[3], dont la plus belle, comme la plus ancienne, la grecque, est la plus riche de ces mots d'harmonie qui la rendent si pittoresque, qui parlent sans cesse à l'imagination et peignent en nommant. Tel est celui d'*élorios* dans lequel nous reconnaissons le courlis, que la courte phrase d'Aristote n'aurait pas suffi pour distinguer, et que caractérise indubitablement ce nom imitatif de son cri, que notre nom de *courlis* veut imiter aussi....

LE PÉLICAN.

(BEXON.)

Le pélican est[1] remarquable par sa grande taille et par le grand sac qu'il porte sous le bec, autant que son nom est célèbre dans les emblèmes religieux; il y représente la charité, et, suivant les fictions pieuses, il la porte pour ses petits jusqu'à se percer la poitrine pour les nourrir de son sang; mais

---

(CORRECTIONS DE BUFFON.)

[1] Les noms composés des sons imitatifs de la voix, du chant, des cris des animaux, sont, pour ainsi dire, les noms de la nature, et ceux que l'homme.....

[2] ..... nous offrent mille exemples de ces noms.....

[3] .....les a conservés plus ou moins dans les langues polies; dans la grecque surtout, plus pittoresque qu'aucune autre, puisqu'elle peint même en nommant. Tel est le mot d'*élorios*, par lequel on peut reconnaître le courlis; la courte description d'Aristote n'aurait pas suffi,

LE COURLIS.
(BUFFON.)

Les noms composés des sons imitatifs de la voix, du chant, des cris des animaux, sont pour ainsi dire, les noms de la nature ; ce sont aussi ceux que l'homme a imposés les premiers ; les langues sauvages nous offrent mille exemples de ces noms donnés par instinct, et le goût, qui n'est qu'un instinct plus exquis, les a conservés plus ou moins dans les idiomes des peuples policés, et surtout dans la langue grecque, plus pittoresque qu'aucune autre, puisqu'elle peint même en dénommant. La courte description qu'Aristote fait du courlis n'aurait pas suffi sans son nom *élorios*, pour le reconnaître et le distinguer des autres oiseaux. Les noms français *courlis*, *curlis*, *turlis*, sont des mots imitatifs de sa voix.

LE PÉLICAN.
(BUFFON.)

Le pélican est plus remarquable, plus intéressant pour un naturaliste par la hauteur de sa taille et par le grand sac qu'il porte sous le bec, que par la célébrité fabuleuse de son nom, consacré dans les emblèmes religieux des peuples ignorants; on a représenté sous sa figure la tendresse paternelle se déchirant le sein pour nourrir de son sang sa famille languis-

---

(CORRECTIONS DE BUFFON.)

sans ce nom, pour le distinguer des autres oiseaux. Les noms français *courlis*, *curlis*, *turlis*, sont aussi des sons imitatifs du cri de cet oiseau.

---

¹ ..... plus remarquable, plus intéressant pour un naturaliste par la hauteur de sa taille et par le grand sac qu'il porte sous le bec que par la célébrité fabuleuse de son nom, consacré dans les emblèmes religieux des peuples ignorants. On a représenté la charité sous sa figure, et la tendresse paternelle se déchirant le sein pour nourrir de son sang sa famille languissante; mais cette fable .....

cette fable, que les Égyptiens racontaient déjà du vautour [2], convient mal à un oiseau pêcheur, qui vit plus qu'aucun autre dans l'abondance, et auquel la nature a donné de plus [3] qu'à tous un sac dans lequel il porte et met en réserve le produit [4] de sa pêche, toujours très-considérable.

LES HIRONDELLES DE MER.
(DEUX.)

Malgré des différences essentielles dans la forme du bec et des pieds, c'est avec raison qu'on a donné le nom d'hirondelles de mer [1] à une petite famille d'oiseaux pêcheurs [2], à longues ailes et à queue fourchue, qui, par leur vol constant à la surface des eaux, représentent assez bien sur la plaine liquide les allures de l'hirondelle de terre dans nos champs et autour de nos demeures. Non moins agiles et aussi vagabondes, les hirondelles de mer [3], dont quelques-unes vivent sur nos lacs et nos rivières, d'une aile rapide rasent les flots, longent les côtes et enlèvent en volant ou en se posant légèrement sur l'eau, les petits poissons qui font leur proie, sans les poursuivre à la nage, quoique leurs pieds soient garnis de membranes ; mais, à la vérité, ces membranes sont moins pleines et plus retirées entre les doigts que dans les vrais oiseaux nageurs : comme si la na-

---

(CORRECTIONS DE BUFFON.)

[2] ..... ne devait pas s'appliquer au pélican qui vit dans...

[3] ..... qu'aux autres oiseaux pêcheurs un grand sac....

[4] ..... toujours très-considérable de sa pêche.

---

[1] Dans le grand nombre de noms transportés pour la plupart sans raison des animaux de la terre à ceux de la mer, il s'en trouve quelques-uns d'assez heureusement appliqués, comme celui d'hirondelle, qu'on a donné.....

[2] ..... pêcheurs qui ressemblent aux hirondelles par leurs longues ailes et leur queue fourchue et qui par leur vol.....

[3] ..... les hirondelles de mer rasent les eaux d'une aile rapide et

sante ; mais cette fable, que les Égyptiens racontaient déjà du vautour, ne devait pas s'appliquer au pélican qui vit dans l'abondance, et auquel la nature a donné de plus qu'aux autres oiseaux pêcheurs une grande poche dans laquelle il porte et met en réserve l'ample provision du produit de sa pêche.

LES HIRONDELLES DE MER.
(BUFFON.)

Dans le grand nombre de noms transportés pour la plupart sans raison des animaux de la terre à ceux de la mer, il s'en trouve quelques-uns d'assez heureusement appliqués, comme celui d'hirondelle qu'on a donné à une petite famille d'oiseaux pêcheurs, qui ressemblent à nos hirondelles par leurs longues ailes et leur queue fourchue, et qui par leur vol constant à la surface des eaux représentent assez bien sur la plaine liquide les allures des hirondelles de terre dans nos campagnes et autour de nos habitations : non moins agiles et aussi vagabondes, les hirondelles de mer rasent les eaux d'une aile rapide et enlèvent en volant les petits poissons qui sont à la surface de l'eau, comme nos hirondelles y saisissent les insectes ; ces rapports de forme et d'habitudes naturelles leur ont fait donner, avec quelque fondement, le nom d'*hirondelles*, malgré les différences essentielles de la forme du bec et de la conformation des pieds, qui, dans les hirondelles de mer, sont garnis de petites membranes retirées entre les doigts, et ne leur servent pas

---

(CORRECTIONS DE BUFFON.)

enlèvent, en volant, les petits poissons qui sont à la surface de l'eau. comme nos hirondelles y saisissent les insectes ; ces rapports de forme et d'habitudes naturelles leur ont fait donner, avec quelque fondement, le nom d'hirondelles de mer, malgré les différences essentielles de la forme du bec et de celle des pieds; car les hirondelles de mer les ont garnis de petites membranes retirées entre les doigts et ne s'en servent pas pour nager; il semble que la nature n'ait confié ces oiseaux qu'à la puissance de leurs ailes.....

ture confiait plutôt ceux-ci à la puissance de leurs ailes, qui sont extrêmement longues et échancrées comme celles de l'hirondelle de terre [4] ou du martinet, et dont l'hirondelle de mer fait le même usage pour planer, cingler, plonger, caracoler [5] en l'air, élancer, rabaisser son vol, le couper, le croiser de mille manières, suivant que le caprice, la gaieté ou la proie fugitive dirigent ou entraînent l'oiseau [6].

LE BEC-EN-CISEAUX.

(BESON.)

Le genre de vie et les habitudes naturelles ne sont point dans les animaux un produit de liberté, ni un résultat de choix [1], mais [2] les effets nécessaires de la conformation, de l'organisation et des [3] facultés physiques. Fixés [4] chacun à la manière de vivre que cette nécessité leur [5] prescrit, nul ne cherche [6], nul ne peut chercher à s'en écarter; et c'est cette nécessité même qui peuple et anime tous les districts de la nature. L'aigle ne quitte point ses rochers [7], non plus que le héron ses rivages; l'un fond du haut des airs sur l'agneau qu'il enlève et [8] déchire [9] du droit des serres cruelles; l'autre, le pied dans la fange, attend, à l'ordre

---

[4] ..... de nos hirondelles, et dont ils font le même usage.....

[5] ..... plonger dans l'air, en élevant, rabaissant, coupant et croisant leur vol de mille et mille manières.....

[6] ..... la gaieté ou l'aspect de la proie fugitive dirigent leurs mouvements.

---

[1] Le genre de vie, les habitudes et les mœurs ne sont pas aussi libres, qu'on pourrait l'imaginer, dans les animaux; leur conduite n'est pas le produit d'une pure liberté de volonté, ni même un résultat de choix.....

[2] ..... mais c'est un effet nécessaire et résultant de la conformation...

[3] ..... et de l'exercice de leurs facultés.....

[4] ..... déterminés et fixés.....

[5] ..... leur impose et prescrit ..

pour nager, car il semble que la nature n'ait confié ces oiseaux
qu'à la puissance de leurs ailes, qui sont extrêmement longues
et échancrées comme celles de nos hirondelles; ils en font le
même usage pour planer, cingler, plonger dans l'air en élevant, rabaissant, coupant, croisant leur vol de mille et mille
manières, suivant que le caprice, la gaieté, ou l'aspect de la
proie fugitive dirigent leurs mouvements.

LE BEC-EN-CISEAUX.

(BUFFON.)

Le genre de vie, les habitudes et les mœurs dans les animaux ne sont pas aussi libres qu'on pourrait l'imaginer; leur
conduite n'est pas le produit d'une pure liberté de volonté ni
même un résultat de choix, mais un effet nécessaire qui
dérive de la conformation, de l'organisation et de l'exercice de
leurs facultés physiques : déterminés et fixés chacun à la manière de vivre que cette nécessité leur impose et prescrit, nul
ne cherche à l'enfreindre, ne peut s'en écarter ; c'est par cette
nécessité, tout aussi variée que leurs formes, que se sont trouvés peuplés tous les districts de la nature: l'aigle ne quitte
point ses rochers, ni le héron ses rivages; l'un fond du haut
des airs sur l'agneau qu'il enlève ou déchire par le seul droit
que lui donne la force de ses armes, et par l'usage qu'il fait
de ses serres cruelles; l'autre, le pied dans la fange, attend, à
l'ordre du besoin, le passage de la proie fugitive ; le pic n'aban-

---

(CORRECTIONS DE BUFFON.)

[6] ..... nul ne cherche à l'enfreindre ni même à s'en écarter, et c'est
par cette nécessité, tout aussi variée que leurs formes, que se sont
trouvés peuplés tous les districts.....

[7] L'aigle ne peut quitter ses rochers ni le héron.....

[8] ..... ou.

[9] ..... par le seul droit que lui donne la force de ses armes et
par l'usage qu'il fait de ses serres.....

du besoin, le passage de la proie fugitive, qui souvent trompe
sa patience souffrante [10]; le pic ne peut sortir du fond des bois
ni abandonner le tronc des arbres à l'entour desquels il lui est
ordonné de vivre; la barge doit rester dans ses marais [11] et y
chercher sa nourriture; l'alouette, gîtée dans les guérets, est
fidèle à suivre les sillons; et, pour ne pas sortir ici du genre
des oiseaux, ne voit-on pas ceux qui vivent de graines chercher les pays habités, suivre le progrès des cultures et ne se
plaire dans les champs que sur la trace du laboureur, tandis
que ceux dont la subsistance est préparée dans les baies sauvages et les petits fruits des bois, constants à nous fuir, ne
quittent point les retraites écartées au plus sombre des forêts
ou au plus escarpé des montagnes, où ils vivent loin de nous
et seuls avec la nature [12]. C'est ainsi que sous l'ombre épaisse
des sapins, et au milieu des myrtilles, elle retient la gelinotte
et le tétras, qu'elle défend au merle solitaire de descendre de
son rocher et qu'elle ne donne au loriot, pour répondre à ses
cris, que les échos des bois; en même temps elle envoie l'outarde sur les terres élevées et les friches arides; elle cache le
râle au fond le plus frais et le plus herbu de la prairie, elle
remplit nos vergers du petit peuple léger des vives et gaies fauvettes; et, comme pour nous prouver que ce que nous croyons
nous être le plus approprié dans son empire n'en reste pas
moins sous son domaine, elle nous charge de loger sous nos toits

---

(CORRECTIONS DE BUFFON.)

[10] Le pic n'abandonne jamais la tige des arbres à l'entour de laquelle il lui est ordonné de ramper.....

[11] ..... marais, la fauvette dans ses bocages, — l'alouette dans
les sillons; et ne voyons-nous pas tous les oiseaux granivores chercher les pays habités et suivre nos cultures, tandis que ceux qui préfèrent à nos grains les fruits sauvages et les baies, constants à nous
fuir, ne quittent pas les bois et les lieux escarpés des montagnes...

[12] ..... la nature qui d'avance leur a dicté ses lois; elles retien-
nent la gelinotte sous l'ombre épaisse des sapins, le merle solitaire

donne jamais la tige des arbres, à l'entour de laquelle il lui
est ordonné de ramper ; la barge doit rester dans ses marais,
l'alouette dans ses sillons, la fauvette dans ses bocages ; et ne
voyons-nous pas tous les oiseaux granivores chercher les pays
habités et suivre nos cultures? tandis que ceux qui préfèrent
à nos grains les fruits sauvages et les baies, constants à nous
fuir, ne quittent pas les bois et les lieux escarpés des montagnes, où ils vivent loin de nous et seuls avec la nature qui
d'avance leur a dicté ses lois et donné les moyens de les exécuter ; elle retient la gelinotte sous l'ombre épaisse des sapins,
le merle solitaire sur son rocher, le loriot dans les forêts dont
il fait retentir les échos, tandis que l'outarde va chercher les
friches arides et le râle les humides prairies : ces lois de la
nature sont des décrets éternels, immuables, aussi constants
que la forme des êtres ; ce sont ses grandes et vraies propriétés qu'elle n'abandonne ni ne cède jamais, même dans les
choses que nous croyons nous être appropriées, car, de quelque
manière que nous les ayons acquises, elles n'en restent pas
moins sous son empire ; et n'est-ce pas pour le démontrer
qu'elle nous a chargés de loger des hôtes importuns et nuisibles,
les rats dans nos maisons, l'hirondelle sous nos fenêtres, le

---

(CORRECTIONS DE BUFFON.)

sur son rocher, le loriot dans les forêts dont il fait retentir les échos,
tandis que, par les mêmes lois, l'outarde va chercher les friches
arides et le râle les humides prairies; ces lois sont des décrets éternels, immuables, aussi constants que la forme des êtres, qui dans
chaque espèce est toujours la même; ce sont les grandes et vraies
propriétés de la nature qu'elle n'abandonne ni ne cède jamais, même
dans les choses que nous croyons nous être appropriées; de quelque
manière que nous les ayons usurpées, elles n'en restent pas moins
sous son empire; et n'est-ce pas pour nous le démontrer qu'elle nous
a chargés de loger des hôtes importuns ou nuisibles, les rats dans
nos maisons, l'hirondelle sous nos fenêtres, le moineau sur nos toits,
et lorsqu'elle amène la cigogne au haut de nos vieilles tours en
ruine.....

l'hirondelle, de souffrir le moineau, hôte importun de nos demeures et sur les créneaux en ruine de nos vieilles tours, où s'est déjà cachée la triste famille des oiseaux de nuit, elle amène la cigogne comme [13] pour se hâter de reprendre sur nous des possessions [14] qu'elle a pu céder, mais qu'elle a chargé la main sûre des siècles de lui rendre?

L'OISEAU DU TROPIQUE OU LE PAILLE-EN-QUEUE.

(BEXON.)

Nous avons vu des oiseaux se porter du nord au midi [1] de l'hémisphère, et d'un vol libre et vague peupler tous les climats; nous en verrons d'autres confinés aux deux pôles [2], comme les derniers enfants de la nature mourante dans ces régions glacées [3]; celui-ci semble attaché à suivre [4] le char du soleil sous la zone brûlante que bordent les tropiques : volant sans cesse sous ce ciel enflammé, sans s'écarter des deux limites extrêmes de la route du grand astre, il annonce aux navigateurs leur prochain passage sous ces lignes célestes; aussi tous lui ont-ils [5] donné le nom d'*oiseau du tropique* [6], et ils ne doutent pas à sa vue de toucher de près à l'entrée de la Torride [7], soit qu'ils y [8] arrivent par le côté du nord ou par celui du sud [9], et qu'ils se trouvent dans les mers de l'Inde, de l'Afrique ou de l'Amérique, que cet oiseau fréquente également.

(CORRECTIONS DE BUFFON.)

[13] ..... ne semble-t-elle pas se hâter de reprendre......

[14] ..... des possessions usurpées pour un temps, mais qu'elle a chargé.....

---

[1] ..... au midi et parcourir d'un vol libre tous les climats de la terre et des mers, nous en verrons.....

moineau sur nos toits ; et lorsqu'elle amène la cigogne au haut de nos vieilles tours en ruine, où s'est déjà cachée la triste famille des oiseaux de nuit, ne semble-t-elle pas se hâter de reprendre sur nous des possessions usurpées pour un temps, mais qu'elle a chargé la main sûre des siècles de lui rendre?

L'OISEAU DU TROPIQUE OU LE PAILLE-EN-QUEUE.
(BUFFON.)

Nous avons vu des oiseaux se porter du nord au midi, et parcourir d'un vol libre tous les climats de la terre et des mers; nous en verrons d'autres confinés aux régions polaires comme les derniers enfants de la nature mourante sous cette sphère de glace; celui-ci semble, au contraire, être attaché au char du soleil sous la zone brûlante que bornent les tropiques; volant sans cesse sous ce ciel enflammé, sans s'écarter des deux limites extrêmes de la route du grand astre; il annonce aux navigateurs leur prochain passage sous ces lignes célestes ; aussi tous lui ont donné le nom d'*oiseau du tropique*, parce que son apparition indique l'entrée de la zone torride, soit qu'on arrive par le côté du nord ou par celui du sud, dans toutes les mers du monde que cet oiseau fréquente également.

(CORRECTIONS DE BUFFON.)

2 ..... aux régions polaires.
3 ..... sous cette sphère de glace.....
4 ..... attaché au char du soleil.....
5 ..... lui ont donné.....
6 ..... parce que son apparition indique.
7 ..... de la zone torride.....
8 ..... soit qu'on arrive.....
9 ..... du sud dans toutes les mers du monde que cet oiseau.....

LE NODDI.

(BUFFON.)

L'homme si fier de son domaine, et qui en effet commande en maître sur [1] presque toute la terre, est à peine connu dans une autre grande partie du vaste empire de la nature [2]. Les mers, ces barrières du monde qu'il a osé franchir, et sur lesquelles, non content d'ensanglanter la terre, il va porter ses fureurs, les mers sont cet écueil de son audace, où il trouve des ennemis au-dessus de ses forces, des obstacles plus puissants que son art, et des périls plus grands que son courage [3], où tous les éléments qui semblent ailleurs lui obéir, l'air, l'eau, le feu, la terre même, sont conjurés contre lui, et où la nature veut régner seule : aussi ne paraît-il qu'en fugitif et sans laisser de trace sur la plaine sillonnée des flots : s'il en trouble les habitants, si même [4] une partie d'entre eux, tombée dans les filets ou sous les harpons, devient victime d'une main qu'elle ne connaît pas, le plus grand nombre, à couvert au fond de ses abîmes, voit bientôt les frimas, les vents et les orages balayer de la surface des mers ces hôtes importuns et destructeurs qui [5] en troublaient la liberté et la vaste solitude.

L'AVOCETTE.

(BUFFON.)

Quoique l'avocette ait les pieds palmés [1], elle a les jambes très-hautes, au contraire de presque tous les oiseaux palmi-

---

[1] ..... sur la terre qu'il habite, est à peine.....

[2] ..... de la nature. Il trouve sur les mers des ennemis.. ..

[3] ..... courage; ces barrières du monde qu'il a osé franchir sont les écueils où se brise son audace, où tous les éléments, conjurés contre lui, conspirent à sa ruine, et où la nature, en un mot, veut régner seule. Aussi n'y paraît-il qu'en fugitif plutôt qu'en maître; s'il en trouble.....

LE NODDI.

(BUFFON.)

L'homme si fier de son domaine, et qui en effet commande en maître sur la terre qu'il habite, est à peine connu dans une autre grande partie du vaste empire de la nature; il trouve sur les mers des ennemis au-dessus de ses forces, des obstacles plus puissants que son art, et des périls plus grands que son courage : ces barrières du monde qu'il a osé franchir sont les écueils où se brise son audace, où tous les éléments conjurés contre lui conspirent à sa perte, où la nature, en un mot, veut régner seule sur un domaine qu'il s'efforce vainement d'usurper; aussi n'y paraît-il qu'en fugitif plutôt qu'en maître. S'il en trouble les habitants, si même quelques-uns d'entre eux, tombés dans ses filets ou sous les harpons, deviennent les victimes d'une main qu'ils ne connaissent pas, le plus grand nombre, à couvert au fond de ces abîmes, voit bientôt les frimas, les vents et les orages balayer de la surface des mers ces hôtes importuns et destructeurs, qui ne peuvent que par instants troubler leur repos et leur liberté.

L'AVOCETTE.

(BUFFON.)

Les oiseaux à pieds palmés ont presque tous les jambes courtes; l'avocette les a très-longues, et cette disproportion, qui

---

(CORRECTIONS DE BUFFON.)

⁴ ..... si même quelques-uns d'entre eux.....

⁵ ..... ne peuvent que par instants troubler leur repos et leur liberté.

---

¹ Les oiseaux à pieds palmés ont, presque tous, les jambes courtes; l'avocette les a très-longues, et cette disproportion qui suffirait, presque seule, pour distinguer cet oiseau des autres palmipèdes, est accompagnée d'un caractère encore plus frappant par sa singularité, c'est le renversement du bec; sa courbure.....

10

pèdes et nageurs; mais cette disproportion de ses jambes est encore moins frappante que le renversement de son bec, dont la courbure rebroussée en haut[2] trace un[3] arc relevé dont le centre est au-dessus de la tête; sa substance[4] est tendre et presque membraneuse à la pointe, mince[5], faible, comprimé horizontalement, incapable d'aucune défense et[6] presque également d'aucun effort. Ce bec de l'avocette paraît être une de ces erreurs, ou, si l'on veut, de ces essais de la nature au delà desquels elle n'a pu passer sans détruire elle-même son ouvrage, car[7], supposant à ce bec un degré de courbure de plus[8], il devient comme impossible à l'oiseau de saisir ni d'atteindre aucune sorte de nourriture, et l'organe donné pour la subsistance[9] produit en effet la destruction. L'on doit donc regarder le bec de l'avocette comme l'extrême des modèles qu'a pu tracer, ou du moins conserver la nature[10], et comme le trait le plus écarté, et pour ainsi dire le plus saillant hors de la masse des formes sous lesquelles elle a dessiné la physionomie des oiseaux.

LE PHÉNICOPTÈRE OU LE FLAMMANT.

(DIXON.)

Dans la langue d'un peuple spirituel et sensible[1], les mots caractérisés par l'objet, sont l'abrégé de son image. Le nom de

---

(CORRECTIONS DE BUFFON.)

[2] ..... tournée.

[3] ..... présente.

[4] ..... il est d'une substance.....

[5] ..... il est mince.....

[6] ..... défense et d'aucun effort; c'est encore une de ces erreurs.....

[7] ..... car, en supposant.

[8] ..... de plus, l'oiseau ne pourrait atteindre ni saisir aucune sorte.....

[9] ..... ne serait qu'un obstacle qui produirait la destruction.

suffirait presque seule pour distinguer cet oiseau des autres palmipèdes, est accompagnée d'un caractère encore plus frappant par sa singularité; c'est le renversement du bec: sa courbure tournée en haut présente un arc de cercle relevé, dont le centre est au-dessus de la tête; ce bec est d'une substance tendre et presque membraneuse à sa pointe; il est mince, faible, grêle, comprimé horizontalement, incapable d'aucune défense et d'aucun effort. C'est encore une de ces erreurs, ou, si l'on veut, de ces essais de la nature, au delà desquels elle n'a pu passer sans détruire elle-même son ouvrage; car, en supposant à ce bec un degré de courbure de plus, l'oiseau ne pourrait atteindre ni saisir aucune sorte de nourriture, et l'organe donné pour la subsistance et la vie ne serait qu'un obstacle qui produirait le dépérissement et la mort. L'on doit donc regarder le bec de l'avocette comme l'extrême des modèles qu'a pu tracer ou du moins conserver la nature ; et c'est en même temps, et par la même raison, le trait le plus éloigné du dessin des formes sous lesquelles se présente le bec dans tous les autres oiseaux.

LE PHÉNICOPTÈRE OU LE FLAMMANT.

(BUFFON.)

Dans la langue de ce peuple spirituel et sensible, les Grecs, presque tous les mots peignaient l'objet ou caractérisaient la chose, et présentaient l'image ou la description abrégée de tout

---

(CORRECTIONS DE BUFFON.)

[10] ..... c'est en même temps, et par la même raison, le trait le plus éloigné du dessin des formes sous lesquelles se présente le bec dans tous les autres oiseaux.

[1] ..... tels qu'étaient les Grecs, les mots présentaient l'image ou la description abrégée de la chose. Le nom de phénicoptère.....

phénicoptère, de l'oiseau à *l'aile de flamme*[2], a cette justesse et cette beauté qui prêtaient la grâce avec l'énergie au langage de ces Grecs ingénieux, et que nous donnent[3] si rarement nos langues modernes[4], formées pour la plus grande partie dans des siècles ignorants, sous des mœurs barbares, et par des imaginations peu vives, dans des climats moins heureux; ainsi[5] le nom de cet oiseau[6], traduit par nous, ne peignit plus[7], et perdit enfin la vérité dans l'équivoque : nos plus anciens naturalistes[8] prononcèrent *flambant* ou *flammant;* peu à peu l'étymologie oubliée permit d'écrire *flamant* ou *flamand*, et, d'un oiseau de pourpre[9] ou de flamme, on fit un oiseau de Flandre[10], où il n'a jamais paru; c'était assez sans doute pour nous obliger de conserver au *phénicoptère* son nom ancien, plus riche, plus approprié, que les Romains eux-mêmes[11] adoptèrent, et que nos versions, en voulant le rendre, n'avaient[12] fait que défigurer.

LE CANARD.

(BEXON.)

C'est de la part de l'homme une double conquête que de s'être assujetti des animaux à la fois habitants de l'air et habitants de l'eau. Libres sur ces deux vastes éléments, également prompts à prendre les routes de l'air, à sillonner les flots, ou à plonger sous l'onde, les oiseaux d'eau semblaient devoir toujours nous échapper, et ne pouvoir jamais contracter

---

[2] ..... est un exemple de cette justesse et de cette beauté qui font la grâce.....

[3] ..... trouvons si rarement dans nos.....

[4] ..... qui souvent même la défigurent en la traduisant.....

[5] ..... aussi.

[6] ..... le nom de *phénicoptère*, traduit.....

[7] ..... ne peignit plus l'oiseau.....

être idéal ou réel. Le nom de *phénicoptère*, oiseau à *l'aile de flamme*, est un exemple de ces rapports sentis qui font la grâce et l'énergie du langage de ces Grecs ingénieux, rapports que nous trouvons si rarement dans nos langues modernes, lesquels ont souvent même défiguré leur mère en la traduisant. Le nom de phénicoptère, traduit par nous, ne peignit plus l'oiseau, et bientôt, ne représentant plus rien, perdit ensuite sa vérité dans l'équivoque. Nos plus anciens naturalistes français prononçaient *flambant* ou *flammant* : peu à peu l'étymologie oubliée permit d'écrire *flamant* ou *flamand*, et d'un oiseau couleur de feu ou de flamme, on fit un oiseau de Flandre ; on lui supposa même des rapports avec les habitants de cette contrée où il n'a jamais paru. Nous avons cru devoir rappeler ici son ancien nom, qu'on aurait dû lui conserver comme le plus riche et si bien approprié, que les Latins crurent devoir l'adopter.

LE CANARD.

(BUFFON.)

L'homme a fait une double conquête, lorsqu'il s'est assujetti des animaux habitants à la fois et des airs et de l'eau. Libres sur ces deux vastes éléments, également prompts à prendre les routes de l'atmosphère, à sillonner celles de la mer, ou à plonger sous les flots, les oiseaux d'eau semblaient devoir lui échapper à jamais, ne pouvoir contracter de société ni d'ha-

---

(CORRECTIONS DE BUFFON.)

[8] ..... naturalistes français.....

[9] . .... et d'un oiseau couleur de feu ou de flamme.....

[10] ..... et on lui supposa des rapports avec les habitants de cette contrée, où il n'a jamais paru. Nous avons donc cru devoir lui conserver son ancien nom.....

[11] ..... que les Romains adoptèrent.

[12] .... n'ont.

avec nous de société, ni d'habitude, devoir rester éternellement étrangers à notre séjour.

En effet, ils n'y tiennent que par un seul besoin, celui de leur multiplication, et, durant un temps assez court, celui de la ponte et de la nichée; mais c'est par ce besoin même, c'est précisément dans ce temps, le plus cher à tout ce qui respire, que nous avons su les approcher de nous, les captiver et enfin les attacher à nos demeures. Des œufs enlevés du milieu des roseaux et des joncs, et donnés à couver à une mère étrangère qui adopte cette famille furtive, ont produit sous nos yeux une race, à la vérité encore toute sauvage, farouche, fugitive, et sans cesse inquiète de retrouver et de rejoindre son séjour de liberté, mais qui, adoucie peu à peu, et goûtant enfin l'asile domestique, a consenti à vivre près de nous, à rester dans nos murs, à gîter sous nos toits, à produire sous nos yeux. Et, ce qui doit être remarqué, ce n'est qu'alors, c'est-à-dire lorsque nous avons pu engager une espèce à produire et à se multiplier en domesticité, que nous pouvons nous flatter d'en avoir fait la conquête; autrement nous n'avons assujetti que des individus, et la race entière, ou l'espèce, ne nous en reste pas moins étrangère; mais lorsque, malgré le dégoût de la chaîne domestique, nous sommes parvenus à voir naître entre quelques individus ces sentiments que la nature a partout fondés sur un libre choix, lorsque l'amour a commencé à unir ces couples captifs, alors leur esclavage, devenu pour eux aussi doux que la douce liberté, leur a fait oublier et leurs franchises naturelles et leurs priviléges sauvages; et ces lieux des premiers plaisirs, des premières amours, ces lieux si chers à tout ce qui est sensible, sont devenus leur demeure de prédilection et leur habitation de choix. L'éducation de la famille, en approfondissant ce sentiment, l'a gravé plus profondément encore sur les petits qui se sont trouvés naturellement citoyens d'un séjour adopté par leur père : ils n'ont bitude avec nous, rester enfin éternellement éloignés de nos habitations, et même du séjour de la terre.

Ils n'y tiennent, en effet, que par le seul besoin d'y déposer le produit de leurs amours; mais c'est par ce besoin même et par ce sentiment si cher à tout ce qui respire, que nous avons su les captiver sans contrainte, les approcher de nous, et, par l'affection à leur famille, les attacher à nos demeures.

Des œufs, enlevés sur les eaux du milieu des roseaux et des joncs et donnés à couver à une mère étrangère qui les adopte, ont d'abord produit dans nos basses-cours des individus sauvages, farouches, fugitifs et sans cesse inquiets de trouver leur séjour de liberté; mais, après avoir goûté les plaisirs de l'amour dans l'asile domestique, ces mêmes oiseaux, et mieux encore leurs descendants, sont devenus plus doux, plus traitables, et ont produit sous nos yeux des races privées; car nous devons observer, comme chose générale, que ce n'est qu'après avoir réussi à traiter et conduire une espèce de manière à la faire multiplier en domesticité que nous pouvons nous flatter de l'avoir subjuguée; autrement nous n'assujettissons que des individus, et l'espèce, conservant son indépendance, ne nous appartient pas. Mais, lorsque, malgré le dégoût de la chaîne domestique, nous voyons naître entre les mâles et les femelles ces sentiments que la nature a partout fondés sur un libre choix, lorsque l'amour a commencé à unir ces couples captifs, alors leur esclavage, devenu pour eux aussi doux que la douce liberté, leur fait oublier peu à peu leurs droits de franchise naturelle, et les prérogatives de leur état sauvage; et ces lieux des premiers plaisirs, des premières amours, ces lieux si chers à tout être sensible, deviennent leurs demeures de prédilection et leur habitation de choix; l'éducation de la famille rend encore cette affection plus profonde et la communique en même temps aux petits, qui, s'étant trouvés citoyens par naissance d'un séjour adopté par leur parents, ne cherchent point

pas cherché à en changer, ils n'ont pas même conçu qu'ils pussent être formés pour un autre que celui où ils avaient vu le jour, tant est aimée la patrie! tant est chère la terre natale, même à qui y naît en esclave!

à en changer; car, ne pouvant avoir que peu ou point d'idée d'un état différent ni d'un autre séjour, ils s'attachent au lieu où ils sont nés comme à leur patrie, et l'on sait que la terre natale est chère à ceux même qui l'habitent en esclaves.

TROISIÈME PARTIE

DES COLLABORATEURS DE BUFFON

au jardin du Roi a Paris le 24 aoust 1760

Je vous dois, Monsieur, bien des
remercimens pour le dessein de
Capricorne que l'on m'a remis de
votre part. cet insecte n'est pas au
Cabinet d'histoire naturelle: je le crois
inconnu. je voudrois savoir de quel
pays venoit la balle de coton dans
laquelle vous l'avez trouvé: je vous
serai bien obligé, si vous avez la bonté
de me le marquer. j'ai l'honneur d'être
avec une parfaite consideration, Monsieur,
votre tres humble et tres obeissant
serviteur Daubenton garde et demonstrateur
du cabinet d'histoire naturelle.

DES COLLABORATEURS DE BUFFON

CHAPITRE PREMIER

DAUBENTON

Daubenton (Louis-Jean-Marie) était né à Montbard, le 29 mai 1716. Il fit ses premières études au collége de Dijon. Dès qu'il se trouva en âge convenable, ses parents l'envoyèrent à Paris pour y étudier la théologie. Entraîné par un goût différent, il y étudia la médecine. En 1739, il se rendit à Reims, y prit ses degrés en 1741, et de là, revint dans sa ville natale sans autre ambition que d'y exercer son art.

11

Buffon venait d'être nommé intendant du Jardin du Roi en 1739. On a vu quel vaste plan il s'était proposé : celui d'embrasser et de peindre la nature entière.

Mais dès qu'il voulut pénétrer la structure intérieure de l'homme et des animaux, il sentit le besoin d'une science à laquelle il ne s'était point préparé, de l'anatomie.

Buffon était l'homme du monde le moins propre à faire un anatomiste; il avait la vue courte; mais c'était aussi l'homme du monde le plus habile à se faire aider. Il se souvint d'un de ses jeunes compatriotes, qui s'était distingué par des études sérieuses, et précisément en anatomie. C'était Daubenton. Il l'appela auprès de lui (1742), et le nomma (1745) garde-démonstrateur du Cabinet du Roi.

Buffon trouva en Daubenton ce qui lui manquait : une main et des yeux, et la main la plus adroite, les yeux les plus sûrs. Tout ce qu'il y a d'anatomie, dans les quinze premiers volumes de Buffon, est de Daubenton; et dans ce travail si essentiel, mais si long, si fatigant, si minutieux, tout a été si bien vu, que presque tout ce qu'il avait vu a été retrouvé et trouvé exact par ses successeurs.

Le mérite propre de Daubenton est d'avoir contribué, plus que tout autre avant Cuvier, à la rénovation de l'anatomie comparée. Aristote avait jeté les

premiers fondements de cette science dans l'anti-
quité; mais, dans les temps modernes, il a fallu tout
recommencer, tout revoir; et, pour rattraper Aristote, il a fallu arriver jusqu'à Cuvier.

L'anatomie comparée moderne compte trois époques nettement marquées : celle de Perrault et Duverney, celle de Daubenton et celle de Cuvier.

Louis XIV avait établi à Versailles une ménagerie.
En 1699, année même du renouvellement de l'Académie des sciences, il fut décidé que tous les animaux
qui mourraient à Versailles seraient mis à la disposition des anatomistes de la Compagnie pour être dis-
séqués et décrits. Ce travail revint à Perrault et à
Duverney : à Perrault pour les descriptions, et à Duverney pour les dissections.

Duverney [1] était le plus grand anatomiste de son
temps, du moins en France ; il avait mis l'anatomie à
la mode, à ce que dit Fontenelle : c'est bien fort,
mais que ne peut le talent? et il paraît que, comme
professeur, il en avait un admirable. Claude Perrault [2]
avait une capacité qui embrassait beaucoup de choses,
et les plus diverses : profond anatomiste, savant médecin, architecte de génie ; on lui doit la colonnade

[1] Duverney (Joseph-Guichard), né à Feurs, en Forez, en 1648, mort
à Paris en 1730. Membre de l'Académie des sciences (1676), professeur au Jardin royal (1679).

[2] Perrault (Claude), né à Paris en 1613, mort en 1688. Nommé
membre de l'Académie des sciences en 1666.

du Louvre, ce qui n'a pas empêché les deux vers de Boileau :

> Vous êtes, je l'avoue, ignorant médecin,
> Mais non pas habile architecte;

et cela parce que Boileau s'était brouillé avec Charles Perrault[1] à l'occasion de la fameuse querelle sur les anciens et les modernes.

Ce qui caractérise les Mémoires[2] de Perrault et de Duverney, c'est l'esprit d'exactitude et de précision, esprit qui n'avait point encore paru dans les études de ce genre et qui dès lors était celui de l'Académie, où, dit Perrault, « l'amour de la certitude prévaut sur toute autre chose; » mais, du reste, nulle méthode, nul plan; ce sont des anatomies *individuelles*, et qui se succèdent selon qu'en décide le hasard des animaux qui périssent.

Les Mémoires de Perrault et de Duverney sont le premier pas assuré qu'ait fait l'anatomie comparée moderne. Daubenton lui en fit faire un second. Non, à la vérité, qu'il ait mis plus de *méthode* dans la série de ses descriptions; il suivait Buffon, et Buffon n'en avait pas. Buffon commence par les animaux qu'il connaît le mieux, et les seuls alors qu'il connaisse : le *cheval*, l'*âne*, le *bœuf*, la *chèvre*, etc.; il n'a eu

---

[1] Perrault (Charles), frère du précédent. Né à Paris en 1628, mort en 1703. Membre de l'Académie française en 1671. Auteur du *Parallèle des anciens et des modernes*, des *Contes de fées*, etc., etc.

[2] *Mémoires pour servir à l'histoire naturelle des animaux.*

longtemps d'autre *méthode* que celle de ses *connaissances*[1].

A défaut d'un plan général qu'il n'a pu se donner,
Daubenton s'en fait un particulier, et qui est complet, pour ses descriptions; il les fait toutes comparables entre elles, c'est-à-dire que chaque point de
chacune se retrouve dans toutes : chaque vertèbre,
chaque os du crâne, chaque os des membres, etc.,
chaque partie des intestins, du cœur, du foie, etc.;
rien n'est omis, en sorte que la comparaison est
non-seulement générale et complète, mais encore
particulière, détaillée, intime, de partie à partie.

Et Daubenton ne se borne pas à ce premier soin
de comparer, d'opposer chaque chose à la chose cor-
respondante et de n'en omettre aucune; il en a un
autre, celui de nommer chaque chose semblable
d'un même nom : par exemple, si vous lisez la
description du pied du cheval dans un anatomiste
vétérinaire, vous y trouvez les mots d'*os du canon,
d'os du paturon, d'os de la couronne, d'os du petit
pied ;* et vous vous croyez dans un pays perdu. Point
du tout, ces mots désignent tout simplement ce qu'on
appelle, en anatomie humaine, les os du *métatarse*[2] et
les trois *phalanges.*

<hr>

[1] Voyez, sur cela, mon *Histoire des travaux et des idées de
Buffon*, p. 2 et suiv. (seconde édition).
[2] Ou du *métacarpe,* selon qu'il s'agit du pied de derrière ou de
celui de devant.

Daubenton, l'homme qui a comparé le plus de détails en anatomie, est, de tous les anatomistes, celui qui a le moins généralisé ; il ne s'est permis, dans toute sa vie, qu'une seule généralisation.

Après quinze années d'observations exactes, durant lesquelles il avait vu passer sous ses yeux près de deux cents quadrupèdes, qui tous avaient sept vertèbres au cou, il osa poser cette règle : « Les vertèbres « cervicales sont toujours au nombre de sept dans « les quadrupèdes. »

Mais à peine avait-il posé la règle, qu'une exception s'offrit ; l'*aï* lui parut avoir neuf vertèbres cervicales. Je dis *parut*, car, en réalité, il n'en a que sept. John Bell, frère de l'illustre Charles Bell, l'auteur des belles découvertes faites en Angleterre sur les racines des nerfs, a reconnu que les deux vertèbres de trop, comptées à tort dans l'*aï* pour cervicales, ne sont que deux vertèbres dorsales, dont les appendices costaux, très-réduits, restent quelquefois perdus dans les chairs. On regrette que Daubenton soit mort avant d'avoir été rassuré sur sa généralisation. Averti à temps, cela l'eût peut-être engagé à quelques autres, toutes aussi visibles, au reste, que celle-là, dans ses descriptions rapprochées. Camper disait, avec esprit, que *Daubenton ne savait pas de combien de découvertes il était l'auteur.*

La grande *histoire des quadrupèdes* étant terminée, Buffon permit au libraire Panckoucke d'en faire une petite édition, d'où toute la partie anatomique fut retranchée. Cette exclusion blessa Daubenton. Il refusa son concours à l'*histoire des oiseaux*; et cette *histoire* y perdit son point d'appui le plus solide. Aussi, quelque bien écrite qu'elle soit dans toute son étendue, quelle que soit même la variété d'un style dû à trois auteurs différents, n'a-t-elle jamais pris dans la science le rang qu'y occupe, et ne cessera jamais d'y occuper, l'*histoire des quadrupèdes* : c'est que, en effet, elle ne donne que la superficie de l'être et n'en donne pas la structure.

Devenu maître de son temps, Daubenton multiplia ses propres travaux. En 1762, il lut un Mémoire à l'Académie *sur des os et des dents remarquables par leur grandeur*. C'est le titre du Mémoire. Tout le monde sait que les grands os trouvés dans la terre ont longtemps passé pour des os de géants. Daubenton fit voir que ces prétendus os de géants ne sont que des os de grands quadrupèdes : d'*éléphants*, de *rhinocéros*, d'*hippopotames*, etc. Il ne distinguait pas encore, il est vrai, ces espèces perdues d'avec les espèces vivantes; il ne distinguait pas encore ces espèces-là de celles qui en ont été plus tard séparées, comme le *mastodonte*, comme le *dinotherium*, etc. ;

il commençait; mais ce qui prouve à quel point allait, en ce genre, sa sagacité, c'est qu'il reconnut dans un os conservé au garde-meuble de la couronne comme une curiosité singulière, comme l'*os de la jambe d'un géant*, un *radius* de girafe, bien qu'il n'eût jamais vu de girafe. M. Cuvier appelle cela un tour de force en anatomie.

En 1764, il lut un autre Mémoire, et non moins important, sur la *situation du trou occipital dans l'homme et les animaux*. Personne n'avait remarqué encore que la cause principale qui détermine l'attitude *verticale* de l'homme et *horizontale* des animaux tient à la situation du *trou occipital*, ou, ce qui revient au même, car l'une de ces choses se donne par l'autre, à la manière dont se fait l'articulation du tronc avec la tête. Dans l'homme, le *trou occipital* est placé au milieu de la base du crâne; il est placé tout à fait en arrière du crâne dans les quadrupèdes; il occupe une position moyenne entre ces deux-là dans l'orang-outang.

Il suit de là que l'homme seul peut se tenir debout, parce qu'il a seul alors la tête en équilibre sur le tronc; dans les quadrupèdes elle pencherait trop en avant; elle y pencherait trop encore dans l'orang-outang. L'homme seul est donc fait pour la station verticale; le quadrupède est fait pour l'attitude horizontale, et l'orang-outang pour une attitude mi-partie de ces deux-là : il ne peut marcher sur ses deux pieds qu'aidé d'un bâton ; et, dès qu'il veut marcher un peu vite ou courir, il retombe aussitôt sur quatre.

« On n'avait, dit M. Cuvier, que des idées vagues « sur les différences de l'homme et de l'orang- « outang : quelques-uns regardaient celui-ci comme « un homme sauvage ; d'autres allaient jusqu'à pré- « tendre que c'est l'homme qui a dégénéré, et que « sa nature est d'aller à quatre pattes. Daubenton « prouva, par une observation ingénieuse et décisive « sur l'articulation de la tête, que l'homme ne « pourrait marcher autrement que sur deux pieds, « ni l'orang-outang autrement que sur quatre [1]. »

Je passe sur plusieurs Mémoires de Daubenton, d'un intérêt moins général ; je les indique, d'ailleurs, dans une note [2] ; et je viens à ses expériences sur l'amélioration des laines de nos troupeaux.

« Jusqu'à présent, dit Daubenton, on n'a pu faire « des draps fins qu'avec la laine achetée chez les Es- « pagnols ; mais cette nation, qui a déjà établi assez « de manufactures pour employer toutes ses soies, ne « manquera pas de garder toutes ses laines, dès que

---

[1] *Éloge historique de Daubenton.*

[2] *Sur des espèces de chauves-souris* qu'il avait découvertes en France ; *Sur une nouvelle musaraigne ; Sur l'animal qui donne le musc ; Sur des organes singuliers de la voix de quelques oiseaux étrangers ; Sur la structure et l'accroissement du palmier,* etc. Il y a plusieurs articles de lui dans la première et dans la seconde *Encyclopédie.* Il y a encore de lui un *Tableau méthodique des minéraux,* etc. « Ce *Tableau,* dit l'auteur, a été exposé en manuscrit dès « l'année 1779, dans la salle du Collége royal, pendant mes leçons : « on en a tiré beaucoup de copies... »

11.

« ses fabriques de draps pourront les consommer en
« entier : alors il ne se ferait plus de draps fins en
« France, et nous serions obligés de les tirer de
« l'Espagne.

« MM. Trudaine, ayant prévu ce grand inconvé-
« nient pour le commerce, me firent l'honneur de
« venir me consulter en 1766, afin de savoir s'il
« serait possible d'améliorer les laines de France au
« point de suppléer aux laines étrangères dans nos
« manufactures de draps fins. Les observations que
« j'avais faites depuis longtemps sur les races mé-
« tisses des animaux domestiques me firent penser
« que, par un bon choix des béliers et des brebis
« pour leurs alliances, on pourrait rendre les laines
« plus fines ou plus longues. D'après cette considé-
« ration, MM. Trudaine me proposèrent de faire les
« expériences nécessaires pour cet objet. Je m'en
« chargeai avec espérance de succès[1]..... »

Cet espoir ne fut pas trompé. Le succès fut obtenu.
Par une suite d'expériences bien conduites, c'est-à-
dire par le soin constant d'unir ensemble, à chaque
nouvelle génération, les deux individus, tant mâles
que femelles, à laine plus longue, plus abondante,
plus pure, et à taille plus haute, Daubenton parvint
à accroître successivement, et très-notablement, la

---

[1] *Instruction pour les bergers et les propriétaires de trou-*
peaux, etc., p. 356 et suiv. (an X).

longueur, l'abondance, la pureté des laines et la taille de l'animal.

Il fit venir, pour ses expériences, les béliers de France qui ont la laine la plus longue, les béliers du Roussillon, et les unit à des brebis de la Bourgogne à laine de longueur ordinaire.

Or les premiers béliers avaient une laine longue de 6 pouces, et les premières brebis une laine longue de 5 pouces. Au bout de sept ou huit générations, on eut des béliers à laines longues de 22 pouces.

Les premiers béliers avaient une toison de 2 livres; on finit par avoir des toisons de 12 livres.

Tout animal, à l'état sauvage, a deux sortes de poils : le poil *laineux* et le poil *soyeux*[1]. Le commerce appelle *laine pure* le poil *laineux* dégagé de tout *poil soyeux*[2]. Au bout de trois générations, la laine des premiers béliers se trouva pure de tout *poil soyeux*.

Enfin, pour ce qui concerne la taille de l'animal. On avait commencé avec des béliers hauts de 20 pouces, et l'on finit par avoir des béliers hauts de 32 pouces.

De si utiles services rendus à la science, et par la science à la société même, avaient appelé sur

---

[1] Voyez, sur ces deux poils, mon livre intitulé : *De l'instinct et de l'intelligence des animaux*, p. 163 et suiv. (troisième édition).

[2] Ou *jarre*. *Jarre* est, dans le commerce, le nom du *poil soyeux*.

Daubenton l'attention sérieuse du Gouvernement. En 1778, une des chaires de médecine du Collége de France fut convertie, exprès pour lui, en une chaire d'histoire naturelle. En 1783, il fut nommé professeur à l'École vétérinaire d'Alfort; enfin, en 1793, et sous un gouvernement nouveau, le Jardin du Roi ayant été transformé en Muséum d'histoire naturelle, il y fut chargé de l'enseignement de la minéralogie.

Deux ans plus tard, en 1795, il fit quelques leçons à l'École normale. Ces leçons-ci nous ont été conservées. Tout y est exact, judicieux, solide; rien n'y a de l'éclat ni de la portée. Daubenton professait comme il écrivait.

Dans ces leçons de Daubenton, Buffon est à peine cité; et, ce qui étonne, c'est qu'il y est critiqué. Il y est critiqué pour avoir appelé le lion le *roi des animaux :* « Le lion n'est pas le roi des animaux, » s'écrie Daubenton ; « il n'y a pas de roi dans la na- « ture[1] ! »

D'accord, dans le sens ordinaire du mot *roi;* mais faudra-t-il toujours :

Huer la métaphore et la métonymie ?

« L'éloquent auteur dont il s'agit, » continue Daubenton,..... « fait le chat infidèle, faux, pervers,

___

[1] *Séances des écoles normales*, t. I, p. 291. — On était en 1795 ; et ceci valut au professeur de bruyants applaudissements.

« voleur, souple et flatteur comme les fripons. Voilà
« une grande opposition à la noblesse et à la magna-
« nimité du lion, et aussi de bons moyens pour faire
« briller les charmes du style[1] !..... »

Quel mal à ceci? Et, pour le reste, qui donc
pourrait s'y méprendre? Qui ne démêle aisément les
nuances humaines que Buffon ajoute à ses peintures
des animaux pour ranimer ou attacher son lecteur, et
d'ailleurs quelle métaphore plus juste que celle qui
appelle un chat *un fripon?* Buffon parle un moment
comme parlait Boileau :

J'appelle un chat un chat et Rollet un fripon.

Daubenton conserva jusqu'à la fin de sa vie l'habitude du travail et de la ponctualité à remplir ses
devoirs.

« Un de ses collègues, » dit M. Cuvier, « lui ayant
« offert de le soulager dans son enseignement : *Mon*
« *ami, lui répondit-il, je ne puis être mieux remplacé*
« *que par vous ; lorsque l'âge me forcera à renoncer*
« *à mes fonctions, soyez certain que je vous en char-*
« *gerai*[2]. »

Il avait alors quatre-vingt-trois ans.

C'est vers ce temps qu'il fut nommé membre du

---

[1] *Séances des écoles normales*, t. I, p. 2°2.
[2] *Éloge historique de Daubenton.*

Senat. Ponctuel en tout, il voulut se rendre aux séances de ce Corps, malgré la rigueur du froid au moment où elles s'ouvraient, et fut frappé d'apoplexie à la première où il assista. Il mourut, le 31 décembre 1799, âgé de quatre-vingt-quatre ans.

Hé quoi! tu ne veux point de mon billet en prose,
Mais en langue des Dieux, ami, c'est autre chose :
Partant Je soussigné déclare expressément,
Qui plus est, poétiquement,
Que toi, Cher Marquis de Florian,
Tu m'as prêté très noblement
Vingt cinq louis que très exactement
Je dois te rendre à ton commandement :
Fait à Semur, le vingt de novembre de l'an
Quatre-vingt-un par dela mil-sept-cent

G. De Montbeillard

Hyppothéqués en attendan
Sur le sacré vallon & le mont attenan

Reçue le contenu
en beaux Louis D'or gros et menûe
D'une que m'en a fait remere camaratte
aujourd'huy ce lay [illegible]
15 xbre: 1781   florian

CHAPITRE II

GUENEAU DE MONTBEILLARD

Philibert Gueneau de Montbeillard naquit en 1720 à Semur en Auxois. Il y mourut le 28 novembre 1785. Buffon et lui étaient donc pleinement contemporains ; leur amitié fut intime ; il y avait entre eux affinité de talent, conformité de pensée, et cette nuance de supériorité dans l'un, et de facilité dans l'autre, qui fait les amitiés durables et comme les adhésions naturelles.

Un médecin de Dijon [1], Jean Berryat, avait commencé en 1752, sous le titre de *Collection académique*, la publication d'un recueil destiné à rassembler, en les abrégeant, les travaux les plus importants des diverses Sociétés savantes. Berryat publia les deux premiers volumes de cette *Collection*, et mourut en

[1] Ou d'Auxerre.

1754. Gueneau de Montbeillard lui succéda en 1755[1], et, dès le Discours mis en tête du troisième volume (le premier de la partie étrangère), on s'aperçut du changement de main.

Ce Discours fut très-remarqué. A la suite de l'article *Étendue* de l'Encyclopédie, article qui est de Gueneau de Montbeillard, je trouve ces mots :

« Cet article est de M. Gueneau, éditeur de la *Col-* « *lection académique*, ouvrage sur l'importance et « l'utilité duquel il ne reste rien à ajouter après le « Discours plein de vues saines et d'idées profondes « que l'éditeur a mis à la tête des trois premiers vo- « lumes qui viennent de paraître.

Je suppose que ces paroles sont de Diderot, d'abord parce que lui seul, ou à peu près, avait le droit de les placer là, et ensuite parce que Diderot est très-pompeusement cité dans le Discours de Gueneau[2].

---

[1] Les collaborateurs de Gueneau, dont je trouve les noms en tête du quatrième volume de la *Collection*, sont MM. Larcher, le chevalier de Buffon, frère consanguin du grand Buffon ; Daubenton, subdélégué de Montbard, frère du collaborateur de Buffon; Nadault, correspondant de l'Académie royale des sciences ; Barberet, docteur en médecine de la Faculté de Montpellier ; Daubenton le jeune ; Savary, médecin de la Faculté de Paris.

[2] « Voyez, dit Gueneau, l'idée du *phénomène central* » (idée sans doute un peu obscure, même pour Gueneau qui la vante), « exposée « d'une manière aussi ingénieuse que philosophique dans l'ouvrage « profond, intitulé : *Pensées sur l'interprétation de la nature.* » (*Collection académique*, t. III, p. 24.)

Gueneau préludait par ces deux excellents écrits, le Discours et l'Article, aux grands efforts qu'il devait s'imposer plus tard pour oser paraître à côté de Buffon, comme Buffon avait préludé lui-même à sa grandeur future par les deux belles *Préfaces*, ajoutées, l'une à sa traduction de la *Statique des végétaux* de Hales, et l'autre à sa traduction du *Traité des fluxions* de Newton.

Le Discours de Gueneau, sorte de *Préface* d'une nouvelle espèce d'*Encyclopédie*, est un tableau raisonné des principes de la philosophie moderne, appliqués aux sciences physiques. L'auteur y parle successivement de Bacon et de Descartes, de Galilée et de Newton, de Leibnitz, en termes très-élevés, très-nobles, mais un peu vagues; il faudrait aujourd'hui, sur ces grands esprits, quelque chose de plus précis.

On assure que l'article sur l'*étendue* fut composé dans une seule nuit. J'ose croire, pour l'honneur même de l'article, qu'il n'en fut rien.

« Nous concevons, dit Gueneau, « l'*étendue*
« abstraite ou l'espace comme un tout immense,
« inaltérable, inactif, qui ne peut ni augmenter, ni
« diminuer, ni changer, et dont toutes les parties
« sont supposées coexister à la fois dans une éternelle
« immobilité; au contraire, toutes les parties du
« temps semblent s'anéantir et se reproduire sans
« cesse : nous nous le représentons comme une

« chaîne infinie, dont il ne peut exister à la fois
« qu'un seul point indivisible, lequel se lie avec celui
« qui n'est déjà plus et celui qui n'est pas encore.
« Cependant, quoique les parties de l'*étendue* abs-
« traite ou de l'espace soient supposées perma-
« nentes, on peut y concevoir de la succession,
« lorsqu'elles sont parcourues par un corps en
« mouvement ; et, quoique les parties du temps
« semblent fuir sans cesse et s'écouler sans interrup-
« tion, l'espace parcouru par un corps, fixe, pour
« ainsi dire, la trace du temps et donne une sorte de
« consistance à cette abstraction légère et fugitive.
« Le mouvement est donc le nœud qui lie les idées
« si différentes du temps et de l'espace, comme il est
« le seul moyen par lequel nous puissions acquérir
« ces deux idées et le seul phénomène qui puisse
« donner quelque réalité à celle du temps. »

Il y a sûrement là, dans ce démêlement d'idées,
quelque chose de fin, d'adroit, et comme le germe
heureux d'un talent riche et facile.

Au *Discours préliminaire* de la *Collection académique* dont je viens de parler, Gueneau en ajouta,
sous le simple titre d'*Avertissements*, deux autres
très-dignes de celui-ci, et mis en tête, l'un du quatrième et l'autre du cinquième volume. Celui de
ce dernier volume est une Notice, pleine d'intérêt,
sur Swammerdam, cet homme de génie qui, d'un
côté, nous découvrait la merveille des métamor-

phoses des insectes, et, de l'autre, s'élevait jusqu'à la conception la plus nette de ce qui constitue les *idées vraies* dans nos sciences.

« Dans les sciences naturelles, il n'y a de bons rai-
« sonnements que ceux qui sont appuyés sur des
« observations bien faites et qui conduisent à de nou-
« velles observations, lesquelles confirment et éclair-
« cissent les premières : il faut d'abord instruire les
« sens par un nombre suffisant de faits bien vus ; la
« raison doit ensuite réduire ces faits particuliers à
« des résultats plus ou moins généraux, et en former
« des idées qui seront vraies et complètes lorsqu'elles
« pourront être réalisées par l'expérience ; car je
« n'appelle idées vraies et complètes que celles que
« l'on peut réaliser ainsi ; et, dans ce sens, ce que
« nous pouvons est la mesure de ce que nous sa-
« vons..... »

Gueneau avait un esprit très-vif, mais aussi très-mobile. Il se lassa du monotone travail d'éditeur d'une *Collection* ; il céda la direction de la *Collection académique* à un autre (le médecin Paul) en 17'8, et se trouva ainsi, un moment, libre de toute occupation obligée. Or, à ce moment même, de 1767 à 1770, Buffon terminait l'*Histoire des quadrupèdes* et commençait celle des *oiseaux*. C'est alors qu'il se tourna vers Gueneau, qu'il savait lui être tendrement attaché, dont il goûtait tout : l'esprit, le talent, le caractère et qui d'ailleurs tenait une grande place parmi ces hommes de lettres et d'esprit[1] que réunissaient alors Semur, Dijon, Montbard, lieux que Buffon ne perdit jamais de vue, et d'où la louange semblait lui venir plus suave et plus intime :

> Ille terrarum mihi præter omnes
> Angulus ridet.....

L'adjonction de Gueneau à Buffon pour l'*Histoire des oiseaux* date, en réalité du premier volume de cette histoire, publié en 1770. Mais Buffon n'avertit point d'abord le public ; et le public, toujours charmé, continua d'admirer Buffon en lisant Gueneau.

Ce ne fut qu'au troisième volume, publié en 1775, que le voile fut enfin levé, et que Gueneau parut.

« J'en étais au seizième volume de mon ouvrage « sur l'histoire naturelle, dit Buffon, lorsqu'une « maladie grave et longue a interrompu, pendant « près de deux ans, le cours de mes travaux. « Cette abréviation de ma vie, déjà fort avancée, « en produit une dans mes ouvrages. J'aurais pu « donner, dans les deux ans que j'ai perdus, deux

---

[1] Voyez, sur les hommes distingués, particulièrement sur les hommes distingués par l'esprit et par les lettres, de la Bourgogne, l'ouvrage, déjà cité, de M. Foisset : *Le président de Brosses. — Histoire des lettres et des parlements au dix-huitième siècle* (1842).

« ou trois volumes de l'histoire des oiseaux, sans
« renoncer pour cela au projet de l'histoire des
« minéraux, dont je m'occupe depuis plusieurs an-
« nées. Mais, me trouvant aujourd'hui dans la né-
« cessité d'opter entre ces deux objets, j'ai préféré
« le dernier comme m'étant plus familier, quoique
« plus difficile, et comme étant plus analogue à mon
« goût par les belles découvertes et les grandes vues
« dont il est susceptible. Et, pour ne pas priver le
« public de ce qu'il est en droit d'attendre au sujet
« des oiseaux, j'ai engagé l'un de mes meilleurs
« amis, M. Gueneau de Montbeillard, que je regarde
« comme l'homme du monde dont la façon de voir,
« de juger et d'écrire a plus de rapport avec la
« mienne; je l'ai engagé, dis-je, à se charger de la
« plus grande partie des oiseaux; je lui ai remis tous
« mes papiers à ce sujet : nomenclature, extraits,
« observations, correspondance; je ne me suis ré-
« servé que quelques matières générales et un petit
« nombre d'articles particuliers, déjà faits en entier
« ou fort avancés. Il a fait de ces matériaux informes
« un prompt et bon usage, qui justifie bien le témoi-
« gnage que je viens de rendre à ses talents; car,
« ayant voulu se faire juger du public sans se faire
« connaître, il a imprimé, sous mon nom, tous
« les chapitres de sa composition depuis l'autruche
« jusqu'à la caille, sans que le public ait paru s'aper-
« cevoir du changement de main ; et parmi les mor-

« ceaux de sa façon, il en est, tel que celui du *paon*,
« qui ont été vivement applaudis et par le public et
« par les juges les plus sévères[1]. »

L'objet le plus constant des lettres de Buffon à
Gueneau est d'exciter le zèle de Gueneau, de lui
demander sans cesse du travail, du travail, de nouvelles histoires d'oiseaux, de nouveaux matériaux
pour le grand ouvrage.

Il lui écrit, le 20 janvier 1767 :

« J'aurais été enchanté de recevoir un beau coq
« pour mes étrennes ; mais, en quelque temps qu'il
« vienne, il sera bien reçu.....; »

Le 17 avril 1769 :

« Le dindon et les autres gallines doivent, comme
« vous le savez, suivre votre beau et très-bon coq.
« J'ai fait à peu près tous les oiseaux de proie, à
« l'exception des faucons et des hiboux ; ce n'est donc
« que sur ces deux genres d'oiseaux que je vous sup-
« plie de me faire copier les observations et notices
« que vous trouverez en parcourant les livres; »

Le 2 avril 1771 :

« Depuis ma maladie, je n'ai encore pris la plume
« que pour signer, et je trouve bien doux le premier
« usage que j'en fais pour vous, mon très-cher
« monsieur, qui tenez à mon cœur plus que per-

---

[1] *OEuvres de Buffon*, t. VI, p. 1.

« sonne; j'ai reçu les cailles, mais je n'ai pu les
« lire encore; on commence à imprimer les perdrix,
« et, si je reçois les alouettes avant quinze jours,
« elles pourront entrer dans le volume et peut-être
« le terminer. Bonsoir, cher bon ami, je compte sur
« vous comme sur moi-même..... »

Le 1ᵉʳ mai 1771 :

« Le second volume des oiseaux finit par la caille,
« les pigeons, les ramiers et les tourterelles, et il
« sera plus gros que le premier. Après les alouettes,
« il faudrait travailler aux becfigues qui forment
« un genre assez considérable.....; »

Le 10 juin 1771 :

« Notre impression avance, et il faudrait que
« cela (l'histoire des perdrix et des cailles) ne tarde
« pas plus de quinze jours, si cela est possible,
« sinon je ralentirai le mouvement des presses.... »

Le 13 juin 1673, il lui annonce l'*Avertissement*
que l'on vient de lire :

« Nous sommes tous deux sous presse, et l'on doit
« vous envoyer aujourd'hui ou demain vos pre-
« mières feuilles d'épreuves. Je voudrais bien m'oc-
« cuper du discours, ou plutôt de l'avant-propos que
« je dois mettre en tête de votre volume; mais ce
« pays-ci est trop peuplé pour pouvoir disposer de
« son temps, et je prévois même que je ne pourrai
« faire qu'une partie des choses que j'avais pro-
« jetées..... »

Le 26 juillet suivant, il lui envoie cet *Avertissement* :

« Lisez, mon cher ami, le petit Avertissement que
« je dois mettre à la tête du volume des oiseaux,
« que l'on imprime actuellement ; je souhaite que
« vous soyez content, et je vous le communique pour
« y ajouter, changer ou retrancher ce qui pourrait
« vous convenir ou ne vous pas convenir..... »

Enfin, le 4 août 1777, et dans un moment de
gaieté, car il vient de recevoir un assez bon nombre
d'histoires ou d'articles, il lui écrit :

« Cher bon ami, dont je me fais honneur d'être
« en même temps le bon voisin, j'ai lu les ortolans
« avec plus de plaisir que je ne les aurais mangés.
« Cependant je les ai envoyés tout de suite à la
« broche de l'imprimerie royale, et, si les bruants
« et les bouvreuils sont déjà un peu avancés, vous
« aurez du temps pour les autres, car ceux de ma
« composition qui suivent immédiatement le bou-
« vreuil feront cent pages d'impression, en y com-
« prenant les cotingas qui sont de la vôtre, et qui
« me paraissent entièrement achevés... »

Ce que Buffon attendait surtout de Gueneau, c'était
d'abord du travail, et puis des louanges. Ses lettres
ne roulent donc guère que sur ces deux points.

Il lui écrit le 11 septembre 1778 :

« Mon très-cher bon ami, je suis pénétré de recon-

« naissance de tout ce que vous avez la bonté de
« faire pour moi. Vos premiers vers étaient d'un
« cœur sublime, et les derniers sont d'un esprit
« charmant. Je ne crois pas que vous ayez jamais
« gâté personne, et vous ne voudriez pas commen-
« cer par votre meilleur ami; je reçois donc vos
« éloges sans m'en enorgueillir; je les reçois comme
« les sentiments précieux de votre estime, qui fait
« la partie la plus essentielle de mon bonheur..... »

Je ne connais pas les *vers charmants*. Quant aux
vers sublimes, ce pourrait bien être ceux où Gueneau
appelle le *jour qui vit naître* Buffon la *huitième
époque de la nature*[1].

Buffon lui écrit le 7 janvier 1780 :

« Vous trouvez donc, mon très-cher ami, que je
« n'ai pas mal pétri ma terre végétale.....; ce que
« vous me dites me fait le plus grand plaisir, et je
« vous remercie mille fois de l'attention avec la-
« quelle vous avez la bonté de me lire..... »

J'ai dit, ou plutôt c'est Buffon lui-même qui nous
l'a dit, que, lorsqu'il se fit remplacer par Gueneau,
le public ne s'aperçut pas du changement. Comment

[1] O jour heureux qui vis naître Buffon !
Tu seras à jamais, chez la race future,
Pour les amis du vrai, du beau, de la raison.
Une époque de la nature.

expliquer cela ? Comment ! un écrivain se substitue à un autre, et à quel autre ! à l'un des plus goûtés, des plus admirés, à l'un de ceux qui tiennent le plus complétement captive l'attention publique, et il ne se trouve personne qui s'en aperçoive !

En examinant la chose de près, on voit combien Gueneau mit d'art, de tact, de prudence habile, de défiance de soi bien raisonnée, de confiance en soi bien entendue, pour masquer la rupture et prévenir ou sauver toute dissonnance.

Remarquons d'abord quel est le moment où il prend la plume. C'est le moment où Buffon, lassé des monotones descriptions de cette interminable famille des oiseaux de proie, ne donne plus à son style que le mouvement nécessaire pour se soutenir, et n'aspire plus qu'à retrouver ailleurs, c'est-à-dire dans l'*histoire des minéraux* et les *époques de la nature*, le champ des « belles découvertes et des grandes vues [1]. »

Buffon vient d'écrire l'histoire du *chat-huant*, de la *chouette*, de la *chevêche*, etc. ; Gueneau continue par l'histoire de l'*autruche*, du *touyou*, du *casoar*, du *dronte*, etc. L'histoire de ces oiseaux vulgaires ne pouvait prêter à de grands effets de style. Celle de l'*autruche* aurait pu sans doute comporter un ton plus élevé, et cependant Gueneau ne se le permet pas ; il

[1] Voyez, ci-devant, p. 201.

n'était pas encore sûr de lui-même, il n'avait pas assez préparé ses forces.

Remarquons ensuite avec quel soin Gueneau s'est imprégné de toutes les idées de Buffon, de toutes ses doctrines, de tous ses préjugés même.

Buffon veut qu'il y ait des espèces *isolées*, séparées, sans *espèces voisines*, comme l'*éléphant*, comme le *lion*; c'est une erreur, mais enfin c'est ce que veut Buffon, et Gueneau nous dit de l'autruche : « Qu'elle « est, dans les oiseaux, comme l'éléphant dans les « quadrupèdes, une espèce entièrement isolée et dis- « tinguée de toutes les autres espèces. »

Buffon rappelle à tout moment ses *molécules orga- niques*, et Gueneau nous dit, à propos du *dronte :* « Que cet oiseau est composé d'une matière brute, « inactive, où les molécules vivantes ont été trop « épargnées. »

Buffon ne laisse passer aucune occasion de lâcher quelque mot contre les *méthodes*, et Gueneau les dé- finit spirituellement, dans l'histoire du coq : « Des « espèces de filets scientifiques, dont, malgré toutes « nos précautions, il s'échappe toujours quelques « êtres. »

Gueneau va plus loin. Il nous dit du *coq :* « Un bon « coq est celui qui a du feu dans les yeux, de la fierté « dans la démarche, de la liberté dans ses mouve- « ments, et toutes les proportions qui annoncent la « force ; » et Gueneau tout seul s'arrêterait là. Gue-

neau, qui veut qu'on le prenne pour Buffon, ajoute :
« Un coq ainsi fait n'imprimerait pas la terreur à
« un lion, comme on l'a dit et écrit tant de fois, mais
« il inspirerait de l'amour à un grand nombre de
« poules. »

Enfin, après quelques autres histoires encore,
telles que celles du *dindon*, de la *pintade*, du *coq de
bruyère*, etc., Gueneau arrive au *paon ;* et c'est alors
que, pour la première fois, il ose prendre l'essor, et
donner à son style tout ce qu'il peut avoir d'éclat.

« Si l'empire appartenait à la beauté et non à la
« force, le paon serait, sans contredit, le roi des oi-
« seaux ; il n'en est point sur qui la nature ait versé
« ses trésors avec plus de profusion : la taille grande,
« le port imposant, la démarche fière, la figure noble,
« les proportions du corps élégantes et sveltes, tout ce
« qui annonce un être de distinction lui a été donné :
« une aigrette mobile et légère, peinte des plus riches
« couleurs, orne sa tête et l'élève sans la charger ;
« son incomparable plumage semble réunir tout ce
« qui flatte nos yeux dans le coloris tendre et frais
« des plus belles fleurs, tout ce qui les éblouit dans
« les reflets pétillants des pierreries, tout ce qui les
« étonne dans l'éclat majestueux de l'arc-en-ciel.
« Non-seulement la nature a réuni sur le plumage du
« paon toutes les couleurs du ciel et de la terre pour
« en faire le chef-d'œuvre de sa magnificence, elle les
« a encore mêlées, assorties, nuancées, fondues de

« son inimitable pinceau, et en a fait un tableau uni-
« que, où elles tirent de leurs mélanges avec des
« nuances plus sombres, et de leurs oppositions entre
« elles, un nouveau lustre et des effets de lumière si
« sublimes, que notre art ne peut ni les imiter ni les
« décrire. »

Après le *portrait* du *paon*, car c'est ainsi que
Buffon appelait ces parties brillantes de ses descriptions : « Chaque espèce, dit-il, doit avoir son por-
« trait[1] ; » après le portrait du paon, ce qui a été le
plus admiré dans Gueneau, ce sont les pages où il
peint le chant du *rossignol*; ce sont aussi celles où il
peint le vol de l'*hirondelle*.

Je ne citerai de ces belles pages que quelques
phrases, et je choisis celles où l'on peut croire que
l'écrivain s'est imposé le plus de difficultés à vaincre :

« Il n'est point d'homme bien organisé à qui ce
« nom (le nom du *rossignol*) ne rappelle quelqu'une
« de ces belles nuits de printemps où, le ciel étant
« serein, l'air calme, toute la nature en silence, et,
« pour ainsi dire, attentive, il a écouté avec ravis-
« sement le ramage de ce chantre des forêts..... Le
« rossignol charme toujours et ne se répète jamais,
« du moins jamais servilement; s'il redit quelque
« passage, ce passage est animé d'un accent nouveau,
« embelli par de nouveaux agréments; il réussit dans

---

[1] *OEuvres de Buffon*, t. IV, p. 16.

« tous les genres; il rend toutes les expressions; il
« saisit tous les caractères, et, de plus, il sait en
« augmenter l'effet par les contrastes. Ce coryphée
« du printemps se prépare-t-il à chanter l'hymne de
« la nature, il commence par un prélude timide, par
« des tons faibles, presque indécis, comme s'il vou-
« lait essayer son instrument et intéresser ceux qui
« l'écoutent; mais ensuite, prenant de l'assurance,
« il s'anime par degrés, il s'échauffe, et bientôt il
« déploie dans leur plénitude toutes les ressources
« de son incomparable organe : coups de gosier
« éclatants, batteries vives et légères, fusées de chant
« où la netteté est égale à la volubilité, murmure in-
« térieur et sourd, qui n'est point appréciable à
« l'oreille, mais très-propre à augmenter l'éclat des
« tons appréciables, roulades précipitées, brillantes
« et rapides, articulées avec force, et même avec une
« dureté de bon goût; accents plaintifs cadencés
« avec mollesse; sons filés sans art, mais enflés avec
« âme; sons enchanteurs et pénétrants..... »

Venons à l'*hirondelle* :

« Tantôt elle rase légèrement la surface de la
« terre et des eaux, pour saisir ceux (les insectes)
« que la pluie ou la fraîcheur y rassemble; tantôt
« elle échappe elle-même à l'impétuosité de l'oiseau
« de proie par la flexibilité preste de ses mouve-
« ments; toujours maîtresse de son vol dans sa plus
« grande vitesse, elle en change à tout instant la

« direction; elle semble décrire au milieu des airs
« un dédale mobile et fugitif, dont les routes se
« croisent, s'entrelacent, se fuient, se rapprochent,
« se heurtent, se roulent, montent, descendent, se
« perdent et reparaissent pour se croiser, se re-
« brouiller encore en mille manières, et dont le
« plan, trop compliqué pour être représenté aux yeux
« par l'art du dessin, peut à peine être indiqué à
« l'imagination par le pinceau de la parole. »

Je sais que de très-bons juges reprochent à ces
brillants tableaux quelque peu de recherche et d'affectation. Mais aussi que de beautés, et de beautés
différentes de celles de Buffon!

Voici comment, dans un projet d'article que je
trouve dans nos manuscrits, Bexon, devenu par la
communauté de travail le juge le plus compétent,
annonce le quatrième volume de l'*Histoire des oiseaux*, œuvre de Montbeillard pour la plus grande
partie :

« Cette suite, longtemps attendue et vivement
« désirée du magnifique ouvrage de M. de Buffon,
« n'est pas moins digne que le reste de son illustre
« auteur. Ce nouveau volume de l'histoire des oi-
« seaux contient celle de tous ces petits oiseaux qui
« vivent de graines, classe dans laquelle, tant pour
« la facilité de l'éducation que pour la docilité, la
« douce familiarité et les talents du chant, nous
« avons choisi ces hôtes agréables de nos demeures,

« ces petits animaux, et pour ainsi dire ces petits
« amis qui égayent nos foyers et y transportent au
« milieu des hivers les concerts du printemps, qui
« nous rendent en empressements, en chants de
« reconnaissance et de gaieté, les petits soins que
« nous prenons d'adoucir leur esclavage : le char-
« donneret, la linotte, le tarin, le bouvreuil, etc.,
« composent cette aimable famille..... »

« Les articles, reprend Bexon, que M. Gueneau
« de Montbeillard a donnés à ce volume sont dignes
« d'être mis à côté de ceux de M. de Buffon, et cet
« éloge est au-dessus de tout autre. M. de Montbeillard
« écrit avec goût, avec grâce ; sa touche est ingé-
« nieuse, élégante ; il sait sentir et peindre ; on lira
« avec le plus grand plaisir les articles du chardon-
« neret, de la linotte, du pinson, du bouvreuil : dans
« celui-ci, les mœurs douces, l'agréable familiarité,
« le naturel docile, affectionné, même sensible, de
« cet aimable oiseau, sont parfaitement représen-
« tés..... C'est avec le même agrément que M. de
« Montbeillard peint les mœurs du tarin..... »

Pour justifier ces éloges, Bexon cite deux morceaux de Montbeillard, tirés l'un de l'histoire du
bouvreuil, et l'autre de celle du tarin. Après avoir
parlé du bouvreuil dans son état sauvage et de son
chant, Montbeillard continue :

« Tel est le chant du bouvreuil de la nature, c'est-
« à-dire du bouvreuil sauvage abandonné à lui-même,

« et n'ayant eu d'autre modèle que ses père et mère,
« aussi sauvages que lui; mais, lorsque l'homme
« daigne se charger de son éducation, lorsqu'il veut
« bien lui donner des leçons de goût, lui faire en-
« tendre avec méthode des sons plus beaux, plus
« moelleux, mieux filés, l'oiseau docile, soit mâle,
« soit femelle, non-seulement les imite avec justesse,
« mais quelquefois les perfectionne et surpasse son
« maître, sans oublier son ramage naturel. Il ap-
« prend aussi à parler sans beaucoup de peine et à
« donner à ses petites phrases un accent pénétrant,
« une expression intéressante qui ferait presque
« soupçonner en lui une âme sensible, et qui peut
« bien nous tromper dans le disciple, puisqu'elle
« nous trompe si souvent dans l'instituteur..... »

Montbeillard peint ainsi les mœurs du tarin :

« Le tarin apprend à faire aller la galère comme
« le chardonneret; il n'a pas moins de docilité que
« lui, et, quoique moins agissant, il est plus vif à
« certains égards et vif par gaieté : toujours éveillé
« le premier dans la volière, il est aussi le premier à
« gazouiller et à mettre les autres en train; mais,
« comme il ne cherche point à nuire, il est sans dé-
« fiance et donne dans tous les piéges, gluaux, tré-
« buchets, filets, etc.; on l'apprivoise plus facile-
« ment qu'aucun autre oiseau pris dans l'âge adulte;
« il ne faut pour cela que lui présenter habituelle-
« ment dans la main une nourriture mieux choisie

« que celle qu'il a à sa disposition, et bientôt il sera
« aussi apprivoisé que le serin le plus familier : on
« peut même l'accoutumer à venir se poser sur la
« main au bruit d'une sonnette; il ne s'agit que de
« la faire sonner dans les commencements chaque
« fois qu'on lui donne à manger; car la mécanique
« subtile de l'association des perceptions a aussi lieu
« chez les animaux..... »

Cet art délicat de parler, avec distinction, des
petites choses, cet art exquis de relever de petits détails par des traits de plus de portée : « L'âme
« sensible du bouvreuil qui peut bien tromper dans
« le disciple, puisqu'elle trompe si souvent dans
« l'instituteur..... » — cette mécanique subtile de
« l'association des perceptions qui a aussi lieu chez
« le tarin; » tout cela rappelle et permet presque de
citer le mot fameux de Buffon, qu'il est des cas « où
« l'art de dire de petites choses devient peut-être
« plus difficile que l'art d'en dire de grandes. »

Au fond, quoique parvenu à imiter, jusqu'à un
certain point, le style de Buffon, Gueneau n'en
avait pas moins des goûts de travail et même de style
très-différents des goûts les plus décidés de ce grand
homme. Gueneau excelle à peindre les détails, et se
sentait porté vers les études fines et délicates. Buffon
n'approcha jamais d'un détail; il lui fallait de grands
objets et de grands ensembles.

« L'examen des petits objets, disait-il, ne permet rien au génie. »

Et Gueneau disait que :

« Le plus petit animal était un grand problème à résoudre. »

Il quitta vers 1779, c'est-à-dire avec le sixième volume de l'*Histoire des oiseaux*, l'étude des oiseaux pour celle des *insectes*, ces *petits animaux* qui sont, en effet, de si *grands problèmes*. Il consentit même à se charger plus tard de l'article *Insectologie*, pour l'*Encyclopédie méthodique*; mais une maladie grave lui permit à peine de rassembler des matériaux qu'il ne put mettre en œuvre. Il n'y a de lui dans l'*Encyclopédie méthodique* que le mot *Insecte*[1].

---

[1] Il est un écrit de Gueneau, très-différent de tous les autres, et sur lequel je crois devoir m'arrêter un moment. Je veux parler du Mémoire* où il rend compte de l'*inoculation* qu'il vient de pratiquer lui-même sur son propre fils. Ce fut le 7 mai 1766 qu'il fit cette opération avec *la main tremblante d'un père***. Elle fut suivie d'un succès complet. Les avantages de l'*inoculation* étaient encore très-contestés. Le chevalier de Chastellux, le premier Français qui se soit fait inoculer, avait paru faire, ou, pour mieux en parler, avait fait un acte d'un vrai courage ***. Mais ici il ne s'agissait plus seule-

* *Mémoire sur l'inoculation* (*Mémoires de l'Académie de Dijon*, 1761.)

** Expressions de Gueneau.

*** Le chevalier de Chastellux avait à peine vingt et un ans lorsqu'il se fit inoculer. Dans la réponse à son discours de réception à l'Académie française, Buffon lui rappelle ainsi ce trait de sa vie : « Je fus le premier « témoin de votre heureux succès : avec quelle satisfaction je vous vis arriver de la campagne, portant les impressions qui ne me parurent que « des stigmates de votre courage. Souvenez-vous de cet instant ! L'hilarité « peinte sur votre visage en couleurs plus vives que celles du mal, vous « me dites : *Je suis sauvé, et mon exemple en sauvera bien d'autres.* »

On voit, par la lettre suivante, adressée à madame de Montbeillard, avec quel charme il s'occupait de ce nouveau travail.

« Voilà encore, mon cher mouton, mon départ
« retardé : j'espère qu'il ne le sera pas au delà de
« samedi, mais je ne vois guère de moyen de partir
« avant ce jour-là; les insectes sortent de dessous
« terre à la lettre; car dans le moment où je croyais
« avoir fini, M. Daubenton m'a mené dans un ma-
« gasin souterrain où il me tenait en réserve 1,300
« ou 1,400 de ces petites bêtes qu'il a fallu, qu'il
« faudra éplucher; or, je ne puis quitter ce pays-ci
« sans avoir tout vu ce qui est à voir. Plains-moi,
« mon enfant, car je ne me sens point du tout à

ment de soi, il s'agissait de son fils. On sent de quelle inquiétude cruelle dut être saisi le cœur de Gueneau. « J'atteste, s'écrie-t-il, que
« je ne me suis déterminé à inoculer mon fils que parce que ce parti
« m'a paru moins téméraire que celui de le laisser exposé à tous les
« dangers de la petite vérole naturelle. Le sort de cet enfant est dans
« mes mains, me disais-je à moi-même ; j'en dois disposer, non se-
« lon mon goût ou ma faiblesse, mais selon son intérêt et l'équité,
« et selon une équité d'un ordre bien supérieur, puisque les devoirs
« n'en sont jamais remplis entre un père et son fils que lorsqu'ils se
« sont fait l'un à l'autre tout le bien qu'ils pouvaient se faire.....
« Plusieurs m'ont retenu le bras, et m'ont dit : Qu'allez-vous faire?
« En inoculant votre fils, vous vous chargez de l'événement!... Ce
« raisonnement d'une politique froide et inhumaine m'a toujours
« déchiré le cœur sans jamais influer sur ma résolution. Je sentais
« trop..... que toutes les inspirations de la prudence s'unissaient aux
« cris de l'amour paternel pour me porter à examiner les faits, à pe-
« ser les probabilités, et à suivre courageusement le parti qui me
« paraîtrait le meilleur pour l'enfant, dût-il être le plus pénible pour
« le père. »

« mon aise dans ce pays-ci, quoi que j'y aie plus de
« ce qu'on nomme agrément que je ne pouvais en
« espérer, et j'ai autant d'empressement d'arriver
« à toi que tu en as de me voir arriver. Madame
« de Mallet sera du voyage; sa malle, comme tu le
« sais, est partie avec la mienne.

« J'embrasse mon frère bien tendrement et vou-
« drais faire fondre dans cet embrassement son in-
« commode pituite. J'embrasse aussi sœurs, ne-
« veux et nièces, grands et petits, et nos amis et
« tous ceux qui se souviennent de moi.

« Écris-moi toujours en réponse à celle-ci; ne me
« parle que des santés, sans nommer personne : si
« je suis parti, elle deviendra ce qu'elle pourra; si je
« suis encore ici, j'aurai de tes nouvelles, et cela
« m'est nécessaire.

« Tu peux vendre 2 ou 300 de blé au prix
« courant : tu ferais tout cela mieux que moi si
« tu voulais. On te fait mille compliments, amitiés.
« Je te serre contre mon cœur, mon pauvre mou-
« ton; mes moments les plus doux ici sont ceux
« où on me dit du bien de toi, et on m'en dit beau-
« coup. »

Gueneau avait une âme douce et aimante. Il eut
des amis. Il conserva jusqu'à la fin de sa vie l'habitude singulière de commencer presque toutes ses
journées par un madrigal ou une chanson. Ce fonds

de gaieté naturelle était un premier bonheur. Il en
eut un plus grand : une compagne dévouée, instruite,
savante même, et au point de posséder plusieurs
langues, l'aida, à ce qu'on assure, jusque dans ses
travaux les plus arides, et, très-probablement, beaucoup mieux encore dans quelques unes de ces pages
délicates et fines, auxquelles restera attachée la meilleure part de sa renommée.

Monsieur,

vous trouvés mon ouvrage trop long ; cela m'afflige ; qui dit long dit ennuieux : mais en même temps vous le jugés utile, cela me rassure. il est beaucoup de longs ouvrages, j'en vois peu qu'on appelle utiles. Cependant, Monsieur, est-ce être si long que de renfermer mille ans de révolutions en trois Discours de quatrevingt pages, et dans un médiocre volume. Six siècles de L'histoire d'un état, grand du moins par ses Maîtres ? Je n'oserai donc plus en donner la Suite, que je promettais ; je n'oserai pas en donner L'histoire naturelle, que j'avais travaillée avec tant de Soin et de gout : je deviendrais excessivement long. Cependant je pourrais être utile. Lequel de ces deux motifs, L'un d'encou= ragement L'autre de crainte, devra L'emporter ? Vous même me décidés, Monsieur, continués moi, de grace, le même Suffrage : jamais je ne craindrai d'être trop long, si je puis m'assurer toujours d'avoir le bonheur d'être utile. Je suis avec le plus grand respect, Monsieur

votre très humble et très obéissant Serviteur, L'abbé Bexon

Versailles 17 Mars 1777.

CHAPITRE III

BEXON.

Bexon (Gabriel-Léopold-Charles-Amé), né à Remiremont (Lorraine) en 1748, fut d'abord chanoine, et puis grand chantre de la Sainte-Chapelle. Buffon lui fait son compliment sur ce dernier titre :

« Je suis enchanté, monsieur le prieur, de ce petit
« titre, en attendant un plus grand; car, quoique
« sans ambition, vous avez le mérite qu'il faut pour
« en obtenir les fruits, et tous ceux qui vous con-
« naîtront ne pourront manquer de s'intéresser à
« votre avancement. Je vois que le petit surcroît de
« fortune, loin de diminuer votre activité pour le
« travail, semble au contraire l'augmenter[1]..... »

A ce *petit surcroît de fortune*, Buffon voulait, sans

[1] Voyez, pour les lettres de Buffon à Bexon, mon livre intitulé : *Histoire des travaux et des idées de Buffon*, p. 507 et suivantes. — Lettre VIII.

doute, aider aussi un peu. Dans la lettre V, il lui dit :

« Vous travaillez tant et si bien, mon très-cher
« abbé, que je dois par tous les moyens vous en
« marquer ma reconnaissance; je vous prie donc
« d'accepter six cents livres que Lucas vous portera
« dans douze ou quinze jours, et vous m'en enverrez
« un reçu motivé comme les précédents pour votre
« travail sur l'histoire naturelle jusqu'au 1er juillet
« prochain; je serais charmé que cette petite aug-
« mentation pût vous faire jouir plus longtemps de
« la présence de votre chère maman et de votre très-
« aimable sœur. »

Avec un jeune homme naïf et inexpérimenté, la
vanité de Buffon se met à l'aise :

« Vous ne me marquez pas si le préambule des
« perroquets vous a fait plaisir [1]..... Je crois que
« vous serez content des corrections que j'ai faites
« sur le bec-en-ciseaux [2]..... Toutes les personnes
« qui ont entendu lire la belle ode de M. Le Brun
« s'accordent à l'admirer [3]..... »

C'est, bien entendu, l'ode que Le Brun a faite
pour lui.

François de Neufchâteau, dans une lettre à Scipion Bexon, frère de notre abbé, lui dit :

[1] Lettre VI.
[2] Lettre XIV.
[3] Lettre III.

« Vous avez raison de vous plaindre du silence
« vraiment étonnant que gardent tous les nouveaux
« éditeurs de l'*Histoire naturelle* de Buffon sur la
« part qui devait revenir dans le succès de cet ou-
« vrage à la mémoire de votre digne frère. Il n'est
« pas permis d'ignorer l'aveu que Buffon lui-même
« a fait de la coopération de l'abbé Bexon aux trois
« derniers volumes de l'*Histoire des oiseaux*, dans
« l'Avertissement placé à la tête du septième volume
« in-4°, publié en 1780; mais cet Avertissement,
« tardif et restreint, ne donne qu'une faible idée
« des travaux, des recherches et du talent dont votre
« frère a fait le sacrifice à l'histoire de la nature ;
« ce sacrifice avait commencé, à ma connaissance,
« dès 1777 [1]. »

Dès 1777, dit François de Neufchâteau, et rien
n'est plus vrai. La première lettre de Buffon à l'abbé
Bexon est du 27 juillet 1777 ; et elle commence
ainsi :

« Je suis très-satisfait, monsieur, et même plus
« que content, car on ne peut se plaindre que du
« trop de travail qu'a dû vous coûter la composition
« des articles que vous m'avez envoyés..... »

Je vais plus loin. Je trouve, dans les lettres de
Buffon, des traces de la collaboration de Bexon dès

---

[1] Voyez *Le Conservateur* ou *Recueil de morceaux inédits*, etc.
(an VIII, p. vii).

le temps de l'article sur les *fauvettes*, lequel appartient au cinquième volume; et je trouve dans nos manuscrits des fragments non-seulement des *fauvettes*, mais des *bec-figues*, des *rouges-gorges*, des *gorges-bleues*, des *bergeronnettes*, des *lavandières*, du *traquet*, du *tarier*, du *pouillot*, du *troglodyte*, qui tous appartiennent à ce même cinquième volume; j'y en trouve même des *gobe-mouches*, des *moucherolles*, des *tyrans*, qui appartiennent au quatrième.

Ce n'est donc pas seulement aux trois derniers volumes de l'*Histoire des oiseaux* que Bexon a pris part, comme le dit l'*Avertissement* de Buffon; il a pris part aux six derniers volumes, aux deux tiers de cette *Histoire*, à six volumes sur neuf.

Il a pris part à l'*Histoire des minéraux*; et nos manuscrits le prouvent. On aurait pu, d'ailleurs, le conclure des seules lettres de Buffon.

« Je reçois, dit Buffon, les quatre cahiers du *fer*, « et je remercie mon très-cher abbé des courtes re- « marques qu'il a cru devoir y joindre, et que je « n'ai pas encore eu le temps d'examiner, mais que « je crois bonnes comme tout ce qui vient de lui.... « Je suis persuadé que vos recherches sur les belles « pierres les rendront encore plus brillantes [1]. »

Une fois associé à Buffon, Bexon n'eut plus de

---

[1] Lettre XX.

temps à lui. Le peu d'écrits qu'il a laissés sont tous
d'une date antérieure à cette adjonction : une *Orai-
son funèbre d'Anne-Charlotte de Lorraine, abbesse
de Remiremont*, 1773 ; un *Catéchisme d'agriculture
ou Bibliothèque des gens de la campagne*, 1773 ; un
Système de la fertilisation, publié aussi en 1773 ;
une *Histoire de Lorraine*, publiée en 1777. Il avait,
de plus, entrepris une *Histoire naturelle de la Lorraine*, dont quelques fragments ont été recueillis et
publiés dans le tome II du *Conservateur* de l'an VIII
par François de Neufchâteau ; etc.

De ces écrits, Buffon en a cité deux : le *Système
de la fertilisation* et l'*Histoire naturelle de la Lorraine*. Il dit à propos du premier :

« Il vient de paraître un petit ouvrage rempli de
« grandes vues, de M. l'abbé Scipion Bexon, qui a
« pour titre *Système de la fertilisation* [1]. Il propose

---

[1] Mais le *Système de la fertilisation* est-il de l'abbé Bexon ? J'en
ai quelque temps douté, et par deux raisons : d'abord parce que
Scipion est le prénom de son frère (la *lettre* de François de Neufchâteau, que je viens de citer, est adressée : *Au citoyen Bexon, ex-
président du tribunal criminel de la Seine*, 12 fructidor an VII), et
n'était pas le sien ; et, en second lieu, parce que j'ai sous les yeux
une édition du *Système*, publiée en l'an V, et qui porte sur le titre :
par le citoyen Bexon.

Malgré ces deux raisons, le *Système de la fertilisation* est sûrement de l'abbé Bexon. D'une part, la *Biographie universelle* nous
apprend qu'il avait mis, *sur son premier ouvrage*, le nom de *Scipion
Bexon*. D'autre part, Buffon, qui ne pouvait pas ne pas être au fait,
lui attribue le *Système* jusqu'à deux reprises différentes : la première
dans les termes que nous venons de voir, et la seconde dans les
termes suivants : « Ceci est extrait du *Système de la fertilisation*,

« mes miroirs comme un moyen facile pour réduire
« en chaux toutes les matières calcaires ; mais il leur
« attribue plus de puissance qu'ils n'en ont réelle-
« ment, et ce n'est qu'en les multipliant qu'on pour-

« par M. l'abbé Bexon, ouvrage que j'ai déjà cité comme offrant dans
« sa brièveté les vues les plus étendues et les plus profondes (*Œu-
« vres de Buffon*, t. X, p. 108). » Enfin dans deux essais de dédicace
que je trouve dans nos manuscrits, l'un à Buffon, l'autre au prince
Charles de Lorraine, notre abbé s'en déclare formellement l'auteur.

Il dit à Buffon (juillet 1772) :

« Monsieur,

« Vous m'avez honoré de votre affection, vous m'avez immortalisé
« de votre suffrage, vous avez pour moi une bonté de père ; une
« chose reste à faire, c'est de rendre digne de vous votre ouvrage,
« et vous seul encore le pouvez. Ce faible essai, ce livre simple,
« champêtre, ce *catéchisme d'agriculture* que vous avez daigné
« protéger, peut devenir un objet cher à la patrie, important à l'É-
« tat, glorieux à la nation et consolant pour l'humanité. Permettez
« que je vous expose un projet qui développe ces idées : et vous qui,
« avec le peu d'hommes qui vous ressemblent, faites la gloire d'un
« siècle et l'honneur d'une nation, soutenez des desseins conçus
« sous vos auspices, favorisez des vues inspirées par votre génie... »

Ces *vues inspirées par le génie de Buffon* ne peuvent guère se
rapporter qu'au *Système de la fertilisation*. La dédicace au prince
Charles de Lorraine lève, d'ailleurs, jusqu'au dernier doute.

« Monseigneur,

« Daignez accepter l'hommage de ces deux ouvrages que j'ai
« l'honneur d'offrir à Votre Altesse Royale. L'un contient peut-être
« une découverte dans *l'idée de faire servir le feu de la lumière à la*
« *calcination des corps bruts relativement à la fertilisation uni-*
« *verselle ;* l'autre, simple, champêtre, sans autre prétention que
« d'être utile, est destiné à l'instruction, à l'encouragement, à la
« consolation du peuple cultivateur, la partie du peuple la plus im-
« portante et la plus respectable, et à lui donner cette portion de

« rait en obtenir les grands effets qu'il s'en pro-
« met [1]. »

Et, à propos du second, il appelle Bexon : « un de
nos plus habiles naturalistes, » comme il appelait
tout à l'heure Gueneau de Montbeillard : « un des
meilleurs écrivains de ce siècle ; » dans les deux cas,
c'était justice.

Le *Catéchisme d'agriculture* de l'abbé Bexon est
un petit livre de morale, pour le moins autant que
d'agriculture. C'est un *dialogue* entre un père et son
fils, mais où par un renversement très-judicieux,
c'est l'enfant qui fait la question et le père qui fait
la réponse.

Il n'a paru de son *Histoire de Lorraine* que le pre-

« sentiments et de lumières propre à ses travaux, utile à ses mœurs
« nécessaire à son bonheur ; tous deux sont également dévoués au
« bien public et médités par l'amour de l'humanité. Par les droits
« du génie, l'offrande du premier vous était due : à des titres non
« moins sublimes, celle du second vous est consacrée. Cher Prince,
« idole des cœurs Lorrains, vous que, dans leur attendrissement, si
« souvent ils nomment leur père, vous verrez avec bonté ce qu'in-
« spire l'amour de la patrie. »
Comment donc expliquer maintenant l'édition de l'an V et les
mots *par le citoyen Bexon?* C'est tout simplement que Scipion Bexon,
frère de l'abbé, aura cru utile de reproduire sous son propre nom,
en l'an V, le *Système de la fertilisation*, et qu'il n'aura pas cru pouvoir le faire sans en adapter le titre et le ton aux circonstances :
« Depuis plusieurs années je l'avais proposé ; mais le moment de le
« voir réussir n'était pas encore venu : alors un système d'oppression
« avait le plus grand succès ; un système d'agriculture ne pouvait en
« espérer... » (P. 6).
[1] *Œuvres complètes de Buffon*, t. IX, p. 247.

mier volume. Ce volume est dédié à la reine Marie-Antoinette, princesse alors si heureuse et bientôt si infortunée. On croit que c'est à cette dédicace qu'il dut le titre de chanoine, et puis de grand-chantre de la Sainte-Chapelle.

En comparant ces divers écrits avec ce que Bexon a produit plus tard sous l'inspiration de Buffon, on voit combien son esprit avait alors besoin de se développer, de s'étendre, combien ses vues se sont plus tard agrandies, et tout ce que peut avoir d'influence, sur une nature heureuse et de soi-même fertile, le contact immédiat du génie.

Malgré sa petite mine, sa petite taille, sa petite bosse, à force de mérite, Bexon était devenu un personnage, un personnage avec qui l'on comptait, un personnage à qui l'on faisait sa cour. J'en ai pour preuve les lettres de deux hommes qui avaient alors une ambition énorme, l'un de remplacer Buffon, comme intendant du Jardin du Roi, l'autre de le continuer comme écrivain et comme naturaliste : le comte de la Billarderie d'Angeviller et Lacépède.

Le comte de la Billarderie écrit à Bexon, le 18 mars 1782 :

« Je vais aujourd'hui, mon cher abbé, dîner chez
« M. de Buffon; je me suis chargé de vous faire dire
« qu'il dîne chez lui, et je vous offre d'être votre fia-
« cre. Je désire infiniment que vous acceptiez ma

« proposition ; j'y gagnerai quelques moments que
« je passerai de plus avec vous, et vous savez que
« j'en connais le prix. Je vous embrasse, mon cher
« abbé, de tout mon cœur. »

A cette complaisance, à cette amabilité, Bexon répondait de son mieux, et il est curieux de voir comment il s'égare dans le style épistolaire :

« Eussé-je le choix d'être porté sur le char de la
« gloire, je préférerais de monter dans celui de l'a-
« mitié : Il faut arriver au bonheur, et ici je le trouve
« en route. A deux heures donc j'attendrai d'être
« conduit par l'honneur chez le génie. »

Lacépède se rend aussi le plus aimable qu'il peut pour Bexon. Il lui écrit le 2 février 1783 :

« En attendant, Monsieur, que mon retour à Paris
« me mette à même de jouir d'une manière plus par-
« ticulière de votre conversation et de votre amitié,
« permettez-moi de chercher à me dédommager de
« mon absence de la capitale en me renouvelant
« dans votre souvenir...... Mes désirs à ce sujet me
« sont inspirés par les sentiments les plus forts, et
« particulièrement par le plaisir et le profit que je
« retire chaque jour avec le public de vos lumières et
« de tous vos grands talents. ... »

Voici des compliments plus désintéressés. Je les tire d'une lettre du chevalier de Buffon.

« ...... Vous voyez souvent notre grand philoso-
« phe, » dit le chevalier de Buffon à Bexon ; « il est

« en même temps excellent frère et bon ami ; je l'ai
« tant de fois éprouvé, que je lui dois cet hommage
« pour ma satisfaction et pour l'honneur de la phi-
« losophie : tandis que vous causez tous les jours
« avec lui, je l'attends et je suis jaloux de vous, mon
« cher abbé, car je le suis même de mes amis......
« Ma jalousie à votre égard n'est qu'un regret de ne
« pouvoir partager qu'intuitivement les moments
« agréables que vous employez si bien avec et pour
« notre grand philosophe. Dites-lui mille tendresses
« de ma part ainsi qu'à son cher fils. J'habite un lieu
« solitaire où les plaisirs sont rares, la société cir-
« conscrite et le corps privé de toute occasion de
« mouvement ; mais mon âme est et sera toujours ac-
« tive, lorsqu'il s'en présentera de vous prouver, mon
« cher abbé, tous les sentiments de tendre attache-
« ment que vous m'avez inspirés...... »

Bexon mourut le 15 février 1784, à peine âgé de
trente-six ans.

CHAPITRE IV

DE QUELQUES COLLABORATEURS ACCESSOIRES.

Aux noms des trois principaux collaborateurs de Buffon, c'est justice d'ajouter ici le nom de quelques autres.

Lorsque l'accroissement des collections rendit la surveillance des galeries trop pesante pour Daubenton, Buffon lui adjoignit un de ses parents, qu'il chargea plus tard de surveiller l'exécution des dessins et des gravures pour l'*Histoire des oiseaux* :

« L'on reconnaîtra partout, dit-il,.... les attentions
« éclairées de M. Daubenton le jeune, qui seul a con-
« duit cette grande entreprise ; je dis grande par le
« détail immense qu'elle entraîne, et par les soins
« continuels qu'elle suppose : plus de quatre-vingts
« artistes et ouvriers ont été employés continuelle-
« ment depuis cinq ans à cet ouvrage..... »

Un naturaliste d'Abbeville, Emmanuel Baillon,

avait envoyé à Buffon quelques observations très-bien faites sur divers oiseaux d'eau. Buffon ne le lâcha plus qu'il n'en eût tiré des observations semblables sur tous les oiseaux de mer qui habitent les côtes de la Picardie.

Je vois, par quelques lettres de Buffon au médecin Arthur, correspondant du cabinet du roi, à Cayenne, avec quel art il savait animer le zèle de ceux qui pouvaient le servir dans ses grands desseins.

Il lui écrit le 4 juin 1742 :

« J'ai reçu la caisse de curiosités que vous avez « bien voulu m'adresser... M. de Jussieu[1] s'est chargé « de vous écrire en détail sur ce qu'elle conte- « nait..... J'ai renouvelé mes observations au sujet « de vos appointements, et l'on m'a accordé une aug- « mentation de trois cents livres..... M. le comte de « Maurepas protége immédiatement notre cabinet « d'histoire naturelle, qui est actuellement arrangé « dans un très-bel ordre ; vous lui ferez bien votre « cour, si vous voulez bien, monsieur, m'adresser « toutes les curiosités que vous pourrez ramasser... »

Comme M. de Maurepas est amené là à propos ! c'est lui qui *protége immédiatement le cabinet d'histoire naturelle*, et c'est aussi lui qui dispose des appointements et des pensions.

---

[1] Voyez, dans le tome II de mes *Éloges historiques*, l'article sur Bernard de Jussieu, p. 90 et suiv.

Dans une autre lettre, 10 février 1747, on voit mieux encore la curiosité vive de Buffon et l'attention exacte qu'il met à s'informer de tout.

« Ce sont surtout des animaux que nous désirons
« beaucoup :..... s'il y a quelques pierres figurées
« et d'autres pétrifications à Cayenne, je souhaiterais
« fort en avoir, aussi bien que des échantillons de
« pierres à bâtir et autres de ce pays. Vous me feriez
« grand plaisir aussi de me dire si les montagnes de
« la Guyane sont fort considérables, et si le lac Pa-
« rime, qu'on appelait le lac d'Or, est connu, si
« quelqu'un y a été nouvellement, et si, en effet, il
« est d'une étendue si considérable, et s'il ne reçoit
« aucun fleuve. Faites-moi aussi l'amitié de me
« marquer quelles sont les espèces de poissons les
« plus communes sur vos côtes et dans les rivières
« de cette partie des Indes. Je vous demande grâce
« pour toutes ces questions, et je suis persuadé
« que vous voudrez bien y répondre ce que vous en
« savez. Il y a encore un fait sur lequel je voudrais
« bien être éclairci, c'est de savoir s'il n'y a point
« de coquilles pétrifiées dans les Cordillères au Pérou;
« M. de La Condamine prétend en avoir cherché inu-
« tilement; si, par hasard, vous trouvez quelqu'un
« qui puisse nous instruire sur cela, je vous en serai
« infiniment obligé. »

La dernière de ces questions, celle de savoir s'il y

a, ou non, des coquilles sur les Cordillères (tout le monde sait aujourd'hui qu'il y en a), et plus généralement sur les hautes montagnes, est une de celles qui ont le plus occupé et tourmenté Buffon, et d'autant plus qu'il a voulu tour à tour, sur ce point, le pour et le contre.

Dans son premier système sur la formation des montagnes (*Théorie de la terre*[1]), il fallait qu'il y eût des coquilles jusque sur les plus hautes, car les montagnes se formaient alors dans les mers[2] :

> Et les mers des Chinois sont encore étonnées,
> D'avoir, par leurs courants, formé les Pyrénées.
>
> VOLTAIRE.

Mais, dans son second système (*Époques de la nature*), il fallait qu'il n'y en eût pas, car alors ce n'était plus par l'eau, c'était par le feu, c'était à l'*époque* du globe encore incandescent que les montagnes s'étaient formées[3], et par conséquent bien avant

---

[1] La date de la publication de la *Théorie de la terre* est 1749, et la date de cette lettre-ci est 1747.

[2] « Examinons de près la possibilité ou l'impossibilité de la for-« mation d'une montagne dans le fond de la mer par le mouvement « et par le sédiment des eaux... » (*Théorie de la terre.*)

[3] « Comparons les effets de la consolidation du globe de la terre « en fusion à ce que nous voyons arriver à une masse de métal ou « de verre fondu lorsqu'elle commence à se refroidir : il se forme à « la surface de ces masses..., des ondes, des aspérités..., des bour-« soufflures, lesquelles peuvent nous représenter ici les premières « inégalités qui se sont trouvées à la surface de la terre... Nous aurons « dès lors une idée du grand nombre de montagnes qui se sont for-« mées dès ce premier temps... » (*Époques de la nature.*)

qu'il y eût des mers et des êtres vivants sur le globe.

On a fait tant de systèmes[1] sur les montagnes depuis Buffon, qu'on peut bien lui pardonner d'en avoir fait, à lui tout seul, deux opposés et contraires, et, malgré leur opposition, aussi peu fondés l'un que l'autre.

J'ai dit, dans l'INTRODUCTION, tout ce que André Thouin, resté parmi nous comme l'un des derniers et des plus intimes témoins de la grande vie de Buffon, avait fait pour concourir, sous la direction de celui-ci, au développement du Jardin du Roi.

Dans les plus mauvais jours de la Terreur, André Thouin reçut de Bernardin de Saint-Pierre, qui, après avoir été, pendant une année, intendant du Jardin du Roi, venait de se retirer à Essonne[2], la lettre suivante, où, sous la plume de Bernardin, se peignent très-bien les émotions de cette époque.

---

[1] Voyez, sur les systèmes relatifs à la formation des montagnes, mon *Éloge historique de Léopold de Buch*, dans le premier volume de mes *Éloges*.

[2] A la mort de Buffon, l'intendance du Jardin du Roi passa au marquis de la Billarderie, frère du comte d'Angeviller (voyez l'INTRODUCTION). En 1792, M. de la Billarderie ayant émigré, Bernardin de Saint-Pierre fut nommé intendant par Louis XVI, qui lui dit : « J'ai lu vos « ouvrages ; ils sont d'un honnête homme, et j'ai cru nommer en vous « un digne successeur de Buffon. »

Dès l'année suivante, l'intendance fut supprimée pour faire place à l'administration collective des Professeurs, et le titre de Jardin du Roi transformé en celui de Muséum d'histoire naturelle.

BERNARDIN DE SAINT-PIERRE AUX CITOYENS THOUIN, AU MUSÉUM
D'HISTOIRE NATURELLE, AU JARDIN NATIONAL, A PARIS.

« Voici une lettre qui m'est adressée comme à
« l'intendant du Jardin national et qui peut être
« utile à la Ménagerie ou au Muséum. Je vous prie
« donc de la remettre au citoyen Daubenton ou à
« quelque membre du comité afin qu'on y fasse ré-
« ponse si on le juge convenable. Je profite de cette
« occasion pour assurer toute la famille des Thouin
« de toute mon amitié; certainement je dois mettre
« au premier rang la bienfaisante citoyenne qui m'a
« restauré d'un verre d'eau et de sucre, au sortir de
« mes sermons de morale. Je prie la citoyenne Gui-
« bert, la mère de toute la famille, de lui en réitérer
« ma reconnaissance et de me rappeler à l'amitié de
« son mari et de ses frères et sœurs.

« Je jouis du repos avec ma femme et mon enfant,
« plaignant les troubles de votre capitale et cher-
« chant dans ma solitude les moyens de calmer, non
« les agitations d'un grand peuple, ce qui passe ma
« puissance, mais de prévenir celles que les pré-
« jugés élèvent, dès le berceau, dans nos âmes.

« Ma santé, ainsi que celle de tous ceux qui m'ap-
« partiennent, est aussi bonne que je puisse le dé-
« sirer. Mon voyage à pied de Paris à Essonne, au

« milieu de la chaleur, ne m'a point incommodé.

« Si quelque nouvelle peut me distraire agréable-
« blement, c'est celle qui m'apprendra que vous
« jouissez tous d'une bonne santé, que les subsis-
« tances arrivent dans la capitale et que la concorde
« en rapproche tous les partis.

« Salut et fraternité,

« DE SAINT-PIERRE.

« A Essonne, ce 7 prairial l'an III de la République une et indivisible. »

Je compte enfin comme collaborateurs de Buffon,
et certainement encore avec toute justice, tous ces
naturalistes, tous ces voyageurs, devenus plus tard
des hommes illustres, et qu'il put attacher, soit au
Jardin, soit au Cabinet du Roi, grâce aux places de
Correspondants qu'il fit créer en 1773 : les Son-
nerat, les Dombey, les Mongez, les Baillon, les Mi-
chaux, etc., etc., hommes dévoués, excellents, pleins
d'ardeur, qui, se répandant sur tous les points du
globe, rapportaient de partout des matériaux à Buffon, et portaient partout son nom et sa gloire.

PIÈCES JUSTIFICATIVES

PIÈCES JUSTIFICATIVES

Page vi..... *Au milieu de ses papiers de famille, on en trouve un qui porte ce titre :*

Extrait d'un arrêt de la Cour des aides, donné sur lettres patentes le 17 décembre 1613, au sujet de la famille de MM. Le Clerc, originaires de Clamecy en Nivernois, aujourd'hui entre les mains de M. Le Clerc d'Arcoles, à Paris, faubourg Saint-Honoré.

« L'un d'eux (dit ce document), nommé Robert Le Clerc, sieur de la Forest, près Clamecy, fut anobli par le roi Philippe de Valois en 1349, et comme Philippe le Bel fut le premier de nos rois qui s'attribua, en 1313, le droit d'anoblir ceux qui ne l'étaient pas d'origine, MM. Le Clerc doivent donc être regardés comme les premières familles bourgeoises qui aient été honorées des priviléges de la noblesse ; puisque depuis 1313 (époque du premier anoblissement) jusqu'en 1349, année où le fut Robert Le Clerc, sieur de la Forest, il ne s'était peut-être pas fait, pendant cet espace de trente-six ans, cinq ou six anoblissements dans le royaume.

« Robert, qui fut anobli, eut pour fils maître Guillaume Le Clerc, sieur de la Forest, général des finances, lequel fut père de maître Jean Le Clerc, sieur de la Forest, pourvu, sur la fin du règne de Charles VI, en 1419, de la charge de chancelier de France.

« Enfin, Antoine Le Clerc, sieur de la Forest, descendu en ligne directe de MM. Le Clerc ci-dessus, mais d'une branche qui dans la suite exerça pendant plusieurs générations la profession d'avocat (profession qui dérogeait alors à la noblesse), fut obligé de se faire réhabiliter par des lettres patentes qui lui furent accordées par le roi Louis XIII pendant sa minorité.

« Tout cela se voit dans un arrêt de la Cour des aides de Paris du 17 décembre 1613, rendu en faveur dudit Antoine Le Clerc, sieur de la Forest, maître des requêtes de l'hôtel de la reine Marguerite, tante de Louis XIII.

« Deux faits sont donc prouvés par cet arrêt : le premier, que ledit Antoine Le Clerc, sieur de la Forest, sortait en ligne directe de Robert Le Clerc, sieur de la Forest, anobli par le roi Philippe de Valois en 1349 ; et le second, que ledit Antoine Le Clerc fut obligé d'obtenir des lettres de réhabilitation, enregistrées à la Cour des aides le 17 décembre 1613, parce que son père, son aïeul et son bisaïeul avaient exercé la profession d'avocat au bailliage d'Auxerre. »

Page VIII..... *Il laissait une veuve qui quelques années plus tard fit don.....*

« Le 21 novembre 1714, Jeanne Paisselier, veuve de no-

ble Georges Blaizot, seigneur de Saint-Estienne et de Marigny, conseiller, maître auditeur en la cour souveraine
des comptes de Savoie, et directeur des fermes du roi de
Sicile, faisait don « à Georges Le Clerc, âgé d'environ sept
« ans, arrière-neveu et filleul dudict seigneur, fils du sieur
« Benjamin-François Le Clerc, advocat à la cour, demeu-
« rant à Montbard, et de demoiselle Anne-Christine Mar-
« lin, son espouse, nièce dudict seigneur, » de plusieurs
contrats de rente qu'elle avoit reçus de défunt son
mari..... « qui montoient cy-devant à la somme de
« 91,200 livres et ne reviennent, en conséquence de la der-
« nière réduction ordonnée par la déclaration de Sa Ma-
« jesté, qu'à celle de 78,000 livres. »

(Extrait de la *Revue archéologique*, 12ᵉ année, article
Montbard et Buffon, par M. Nadault de Buffon, 1855.)

Page xxxvii..... *En 1741, il rend un compte détaillé
à M. Lantin, doyen du parlement, des soins qu'il prend
pour faire graver une médaille.....*

« J'ai toujours différé, monsieur, de répondre à la lettre
que vous m'avez fait l'honneur de m'écrire au sujet de la
médaille de l'Académie de Dijon, parce que j'attendais une
réponse de M. le comte de Caylus, à qui je m'étais adressé
pour connaître les meilleurs ouvriers et pour savoir comment il fallait faire l'inscription et la gravure; il vient de
me répondre que M. de Boze, de l'Académie des inscriptions, décidera de l'exergue de la légende, etc., que Bouchardon dessinera et que Marteau gravera; il ajoute que,
comme l'Académie de Dijon ne lui paraît pas décidée, il lui
faut un mémoire instructif auquel il répondra, soit pour

les prix des coins, soit pour le marché du balancier. Si vous me permettez de vous faire mes observations à ce sujet, je vous dirai qu'il serait fort inutile de faire faire cette médaille à Genève, parce qu'elle serait très-certainement sujette à être arrêtée et confisquée. Il ne convient point aussi de mettre le portrait du fondateur; cela ne s'est jamais fait pour une médaille qui doit servir de prix; c'est tout au plus si on met son nom dans l'exergue. A l'égard du prix, on assure qu'il ne montera pas aussi haut que vous le craignez. M. de Boze ne prendra rien pour l'inscription; Bouchardon ne prendra point d'argent, et on en sera quitte pour lui envoyer une feuillette de vin de Bourgogne. Quand l'inscription sera décidée, vous saurez tout aussitôt les prix des coins et du balancier. Cela dépend du dessin, selon qu'il est plus ou moins chargé. Quand vous m'aurez, monsieur, marqué vos intentions, j'écrirai à M. Caylus, qui a bien voulu se charger de cette affaire, et qui assurément est plus en état que personne de la bien faire.

« J'ai l'honneur d'être, avec un respectueux attachement, monsieur, votre très-humble et très-obéissant serviteur.

« BUFFON.

« De Montbard, le 26 septembre 1741. »

(*Lettres inédites de Buffon, J. J. Rousseau, Voltaire, Piron*, etc., *publiées par C. X. Girault*. Paris. Dijon. MDCCCXIX)

Page xxxvii..... « *En* 1752 , *il écrit à son ami le président Ruffey :*

« Nous faisons ici tous les jours de belles expériences sur

le tonnerre. C'est moi qui les ai fait connaître et exécuter
le premier.

« Si vous avez le dessein de les répéter, vous n'avez qu'à
faire élever dans votre jardin une perche de vingt ou trente
pieds de hauteur; sceller avec du plâtre un cul de bouteille
cassée au-dessus de la perche, en sorte que le creux soit
en haut; poser sur ce creux une verge de fer, longue d'un
pied ou deux et très-pointue, et la maintenir par un con-
tre-poids, comme l'on tient en équilibre un marmouset
d'ivoire sur un petit guéridon; ensuite attacher à la verge
de fer un long fil d'archal, dont vous conduirez l'extrémité
dans votre galerie d'assemblée. Vous ferez avec ce fil de
fer, lorsqu'il y aura de l'orage, toutes les épreuves que
l'on fait au moyen des machines électriques. J'oubliais de
vous dire que, pour empêcher le creux de la bouteille de
se remplir d'eau (ce qui détruirait l'effet), il faut mettre
par-dessus un entonnoir de fer-blanc. — Les nuées sont
souvent électriques sans tonnerre, et le moment où il y a
le plus d'électricité, c'est lorsque l'éclair brille. — L'abbé
Nollet meurt de chagrin de tout cela.

« Il n'y a rien à craindre, et au contraire, à mettre la
barre de fer au-dessus de la maison. J'en ai une ici au-dessus de mon logement; mais j'aurais préféré la mettre dans
le jardin s'il n'eût été public. — Pourvu que la pointe
de la verge surpasse de deux ou trois pieds la hauteur
des bâtiments qui environnent votre jardin, elle ne manquera jamais de réussir. Je crois seulement avoir oublié
une circonstance, c'est qu'il faut mettre au-dessus de la
perche une boîte de six pouces carrés remplie de résine
(dans laquelle résine, au lieu de plâtre, vous infixerez le

cul de la bouteille cassée), et ne pas oublier l'entonnoir renversé pour couvrir le cul de la bouteille et la boîte. Il faut en effet que le fil de fer que vous attacherez au-dessus de l'entonnoir à la verge de fer et que vous amènerez dans votre galerie ne touche à rien et soit soutenu par des cordons de soie. Si, au lieu d'une pointe de fer, vous mettez une pointe d'argent, vous verrez que le feu électrique des nuages rendra cette pointe d'un beau jaune doré. — Voilà, comme vous voyez, une singulière façon de faire du vermeil; mais, sans plaisanterie, cette expérience est jolie et prouve que le feu du tonnerre n'est pas tout à fait du soufre, car le soufre rend l'argent noir. Il y aurait aussi une belle expérience à tenter, mais je n'ai pas le temps : ce serait de savoir si l'électricité ne serait pas le phlogistique des chimistes. Pour cela, il faudrait faire fondre du plomb dans un vaisseau de verre, le remuer jusqu'à ce qu'il fût calciné en poussière jaune, et ensuite l'électriser continuellement pour voir si on ne viendrait pas à le revivifier en métal par le moyen de l'électricité; j'en doute, mais cependant cela vaut la peine d'être tenté. »

Page LI..... *Buffon prenait d'ailleurs en très-grand sérieux ses talents et son importance de maître de forges.....*

A M. de Montbelliard, capitaine au régiment royal d'artillerie, inspecteur des armes à Charleville.

« J'ai lu, monsieur, avec grand plaisir, votre mémoire sur le fer fabriqué avec de vieilles ferrailles, et je l'ai trouvé en tous points dans les vrais principes.

« De ce qu'il se lève des écailles qui se détachent de la surface du fer, je pense, comme vous, monsieur, qu'on ne doit pas en conclure qu'il se fasse de pareilles exfoliations dans l'intérieur comme sur l'extérieur : c'est, comme vous le dites très-bien, le contact de l'air qui détache et trempe ces écailles, et, quand même ces exfoliations se feraient en plus grande quantité, elles ne nuiraient point à la parfaite réunion des pièces que l'on soude ensemble, puisque ces écailles sont du fer pur. Je l'ai vu et n'en ai jamais douté; vos expériences le confirment, et il suffirait d'approcher un aimant de ces écailles pour convaincre ceux qui voudraient le nier. Au reste, ce que vous dites dans votre mémoire des fers à nerfs et à grains est aussi très-bien vu et conforme aux expériences que j'ai faites et suivies moi-même sur la composition et décomposition du fer, matière que personne n'entend, et qui cependant est de la plus grande importance.

« J'ai l'honneur d'être, avec toute l'estime et tous les sentiments que vous pouvez désirer de moi, monsieur, votre très-humble et très-obéissant serviteur.

« BUFFON.

« A Montbard, le 15 novembre 1767. »

Page LII..... *Le rencontrant un jour à Marly, madame de Pompadour lui disait : Vous êtes un joli garçon, monsieur de Buffon, on ne vous voit jamais.....*

Il ne s'adressa jamais pour lui-même à madame de Pompadour. Une seule fois il réclama son intervention; ce fut en faveur de Daubenton.

Page LV..... Il achetait des terrains, des hôtels, des collections, faisait abattre, planter, bâtir, payait de ses deniers, et, sur ses notes, l'État remboursait.....

Les papiers de Buffon nous en ont laissé des preuves.

Voici une *Suscription* écrite par lui : « Cette boete contient les mémoires et quittances des ouvriers qui ont travaillé pour le Jardin du roi depuis 1749 jusqu'en 1787, et qui n'ont pas été produits pendant le ministère de monsieur d'Argenson ; tous les mémoires et quittances peuvent être regardés comme inutiles, à moins qu'on ne recherche mes héritiers sur la dépense dont ils sont les pièces justificatives.

« Au Jardin du roi ce premier juin mille sept cent soixante-deux.

« DE BUFFON. »

Extrait d'un registre écrit en entier de la main de Buffon.

« Il m'est dû par le roi une somme de soixante et quinze mille sept cent soixante-dix livres, sept sols, que j'ai avancée pour la culture du jardin et l'entretien du cabinet du roi pendant l'année 1786, et dont j'ai remis l'état, ainsi que les pièces justificatives de dépenses, à M. le baron de Breteuil, qui m'en a fait expédier une ordonnance de cette somme au mois de mars 1787 pour en être payé au trésor royal, cy. 75,770 liv. 7 s.

« Reçu en mai et juin 1787.

« Il m'est dû par le roi une somme de quarante et un mille quatre cent trente livres, dix-huit sols, neuf deniers, que j'ai avancée pour l'entretien du jardin et cabinet du roi pendant l'année 1786, et dont j'ai remis l'état, ainsi que les pièces justificatives, à M. de la Chapelle le 12 mai 1787, cy. . . . . 41,430 liv. 18 s. 9 d.

« M. de la Chapelle, par sa lettre du 17, me marque qu'il a envoyé cette ordonnance en finance.

« Reçu à compte, le 17 juill. 1787, la somme de 21,430 l. 18 s. 9 d.

« Reste 20,000 liv.

« Il m'est dû par le roi une somme de quatre-vingt-douze mille trois cent quatre-vingts livres, que j'ai avancée pour les nouvelles constructions et acquisitions pendant les six premiers mois de l'année 1787, dont j'ai envoyé l'état des dépenses, ainsi que les pièces justificatives, à M. de la Chapelle le 3 août pour obtenir une ordonnance de remboursement, cy. . . . . 92,380 liv. »

Page LIX. *Dans une lettre adressée à la nièce de Montbelliard, confidente habituelle de ses faiblesses.....*

Quelques passages des lettres nombreuses de Buffon à madame Daubenton-Boucheron justifieront ce mot. Il lui écrit du Jardin du Roi le 30 novembre 1772 (son fils, âgé de huit ans, était resté à Montbard) : « J'ai reçu, ma très-chère belle amie, avec le plus grand plaisir, votre charmante petite lettre où j'ai trouvé des nouvelles de tout ce que mon cœur aime, vous et mon fils..... » Dans la lettre suivante : « Si vous pouvez mener de Semur M. Dallet, vous me ferez plaisir; il restera près de mon fils jusqu'à mon retour..... Je m'amuse avec 'vos petits lévriers ; vous aurez le mari et la femme..... Je vous remercie de ce que vous avez dit à M. .....; son témoignage peut faire du bien à la réputation de mes forges. C'est vous, bonne amie, qui savez faire les choses à propos, et l'à-propos pour vos amis est de tous les jours, de tous les moments où il est question d'eux, parce qu'ils sont dans votre cœur, et ce cœur est aussi honnête et aussi sensible que l'esprit qui l'anime est vif et délicat. Ceci sans compliment et en toute vérité. »

A son retour à Paris le 4 novembre 1773, Buffon, qui avait mis son fils au collége, écrit : « .....J'ai trouvé mon fils très-bien portant et mieux qu'il n'était à tous égards ; il m'a demandé de vos nouvelles, et c'est beaucoup pour sa petite tête qui ne pense encore à rien [1].

« J'ai vu aussi le fils de Mussy, dont j'ai été fort content. J'ai déjà parlé au docteur (Daubenton) ; mais ce n'est pas dans une première conversation qu'on peut tirer de lui quelque chose de positif..... »

[1]   Buffon fils à madame Daubenton.

« Madame et chère bonne amie,

« Je me trouve très-bien au collége ; je suis à cet instant auprès de mon papa ; je dîne chez lui. Je vous prie de m'envoyer le plus promptement que vous pourrez des nouvelles de Vinchepils, qui signifie en français, jeu du vent ou lévrier, et du pauvre petit chevreuil. S'il est mort, cachetez, je vous prie, votre lettre de noir.

« Adieu, ma chère bonne amie ; bien mes respects à tous mes bons amis et mes bonnes amies ; adieu encore une fois. Je vous souhaite une bonne santé, et vous demande permission de vous embrasser.

« Ce dimanche 1772. »

« Je tâcherai d'échauffer le docteur, dit-il dans une autre lettre; mais vous le connaissez, il ne prend rien à cœur. »

A quelques jours de là, il écrit encore :

« Il paraît que MM. Daubenton seraient bien aises de vous voir dans ce pays-ci; mais vous savez, ma bonne amie, qu'ils ne sont ni l'un ni l'autre bien ardents sur rien. Je verrai les femmes, et je verrai de leur inspirer de vous appeler ou du moins de vous désirer. »

Le grave vieillard ne trouve qu'indulgence pour les fantaisies de la jeune femme.

« Partez, chère bonne amie, et partez tout de suite pour le joli Beaune (lieu natal de madame Daubenton); quittez le vilain Montbard pour aller à la charmante noce où mon cœur vous accompagnera et jouira par moitié de toute la satisfaction que vous y trouverez..... »

Il lui avait écrit précédemment :

« Ma santé est encore moins bonne ici dans le beau Paris qu'au vilain Montbard; ainsi je retournerai le plus tôt possible, et j'espère, bonne et toute aimable amie, que je n'aurai pas le guignon d'arriver après votre départ pour la noce; mais, quand même elle me ferait ce tort qui n'est pas petit, j'y prendrai et prends dès à présent le plus grand intérêt, car votre satisfaction, ma chère enfant, fait une grande partie de mon bonheur. »

Au moment du départ pour le joli Beaune, il écrit :

« Dites-moi aussi, jour par jour, bonne amie, votre marche et les lieux que vous habitez; je donnerais toute ma science pour savoir seulement où vous êtes, et tous mes papiers pour un billet de vous où serait tout ce qui ne s'écrit pas. Adieu, belle amie; je ne puis vous rien dire au delà de ce que vous connaissez de mes sentiments; ils seront aussi durables que les charmantes qualités qui vous les ont acquis. »

16 décembre 1773.

« Quinze à vingt lieues dont vous vous êtes rapprochée en revenant à Montbard, chère bonne amie, me font déjà un si grand effet de plaisir, que je ne puis mesurer celui que je ressentirais si vous vous déterminiez à faire cinquante lieues de plus. Je vous ai adressé, en attendant, une petite boîte qui vous arrivera mardi 4 par le carrosse, dans laquelle vous trouverez du rouge et la boîte pour le mettre, avec quelques petits pots de pommade de ..... : âme candide, personne nette et fraîche n'a pas besoin de parfums; mais le petit nez si fin les aime; j'espère qu'il les agréera, et j'y joins pour votre cœur l'hommage, le don de tout le mien. Aujourd'hui fin d'année, demain commencement de l'an, et pour toutes les fins, tous les commencements des jours et des ans qui s'épuiseront plutôt que mes sentiments pour vous, la plus digne et la plus aimable des amies. »

31 décembre 1773.

En effet, neuf années plus tard, Buffon écrivait encore à madame Daubenton.

« On fait au premier jour de l'an un nouveau contrat

avec la vie ; mais, avec un ancien ami, il n'est pas besoin de faire un pacte nouveau : tous les jours sont égaux quand les sentiments sont toujours les mêmes. Aimer constamment est une rare vertu ; apprenez de bonne heure cette morale à jolie Betzy ; vous m'avez fait grand plaisir de me donner de ses nouvelles ; je la baise et vous embrasse bien sincèrement. La fête d'hier s'est passée sans tumulte et sans accident, grâce aux grandes précautions qu'avait prises M. le lieutenant de police. La reine est embellie de sa couche : un Dauphin produit gloire et santé ; sa première couche avait un peu flétri sa beauté ; celle-ci paraît l'avoir augmentée.

« J'écrirai dans quelques jours à mon frère ; faites-lui mes amitiés, ainsi qu'à M. et madame Nadault.

« Paris, au Jardin du Roi, 22 janvier 1752.

« P. S. J'oubliais de vous dire que les observations sur les cygnes me sont arrivées trop tard. Je n'ai pas répondu dans ce temps à votre cher oncle, parce que j'espérais pouvoir les employer ; mais malheureusement les bonnes feuilles de cet article du cygne étaient entièrement tirées. Au reste, les observations s'accordent assez bien avec celles que j'ai recueillies d'ailleurs. J'écrirai au premier jour au cher oncle pour le remercier d'une lettre charmante qu'il a eu la bonté d'écrire à mon fils Adieu, très-chère amie ; dites quelque chose pour moi à votre chère tante, qui est aussi ma bonne amie. »

Madame Daubenton-Boucheron devint veuve et reçut cette dernière lettre :

« Soyez un peu plus tranquille, ma chère bonne amie;
vous aurez la petite recette des crus que je ne croyais
pas qu'on pût donner à une femme, et que dans cette
même idée ma sœur m'avait demandée pour son fils.
Soyez bien sûre que je n'ai cessé de m'occuper de vos
intérêts, et que j'ai déjà des espérances d'obtenir quelque chose, tant sur la place de maire que sur la recette du grenier. Ainsi prenez courage, mon enfant;
rappelez auprès de vous votre gentille Betzy; vous la
soignerez mieux même pour sa santé. Tâchez d'éloigner, s'il est possible, la nomination de son curateur;
il est essentiel, dans la circonstance présente, de ne le
pas nommer de sitôt. Adieu, chère amie; vous serez
peut-être plus heureuse que vous ne l'avez jamais été.

« Au Jardin du Roi, 20 mars 1785. »

Page LXI. *Déjà pour Buffon la vieillesse arrivait,
mais elle arrivait pleine d'autorité...*

Dans sa Bourgogne, il se voyait honoré selon ses vœux.
Le 1er août 1776, il écrit au président de l'Académie de
Dijon :

« L'Académie, monsieur, ne me doit aucun remercî-
ment, tandis que je lui dois tout attachement et respect. Je
chercherai donc toutes les occasions de lui témoigner ces
sentiments, et je suis très-aise qu'elle ait reçu avec bonté
le buste et les creusets que j'ai pris la liberté de lui offrir. Je ne puis aussi, monsieur, que vous marquer ma
reconnaissance en particulier de l'estime et de l'amitié

que vous voulez bien m'accorder, et vous supplie d'être
persuadé du retour de la mienne et du très-sincère attachement avec lequel j'ai l'honneur d'être, monsieur, votre
très-humble et très-obéissant serviteur,

« BUFFON. »

« Le 5 août 1775 (dit M. Girault, dans son recueil de
« *Lettres inédites*, déjà cité), M. de Buffon présida la
« séance de l'Académie où fut faite l'inauguration du
« salon de ses séances publiques. En 1776, il envoya à
« l'Académie son buste en terre, ouvrage du célèbre Pa-
« jou, avec les creusets nécessaires pour le reproduire et le
« multiplier.

« Lorsque l'Académie fut supprimée par le décret du
« 8 août 1793, ce buste fut déposé à la bibliothèque de
« la ville, où il est encore. »

Page LXXV. .... *Sa fierté ne lui permettant de vendre
que ses doigts.*

Tout le monde sait que Jean-Jacques gagnait sa vie
à copier de la musique.

Page LXXIX. *Cette affaire n'eut pas d'autre suite fâcheuse que d'en entendre parler.....*

Dans les manuscrits de Buffon, se trouvent :
Une copie des objections de la Sorbonne contre Buffon;
Et un projet de réponse ébauché par Bexon.

Ces deux pièces m'ont paru avoir assez d'intérêt pour
être reproduites.

15

PROPOSITIONS EXTRAITES DES ÉPOQUES DE LA NATURE.

I

Tome IX, page 493[1]. Il faut rapporter à cette première époque ce que j'ai écrit de l'état du ciel dans mes mémoires sur la température des planètes : *toutes au commencement étoient brillantes et lumineuses ;* chacune formoit un petit soleil.

Page 496. Le globe terrestre, *lumineux et chaud* comme le soleil, n'a perdu que peu à peu sa lumière et son feu.

II

Page 499. — On peut croire que la population de la mer en animaux n'est pas plus ancienne que celle de la terre en végétaux.

Page 528. Dans ce même temps, où les terres élevées

---

[1] De mon édition de Buffon, édition que j'ai toujours citée dans ce volume.

TEXTE DE L'ÉCRITURE ET OBJECTIONS.

Moïse dit :

« In principio creavit Deus cœlum et terram. Terra au-
« tem erat inanis et vacua, et tenebræ erant super faciem
« abyssi... »

Ainsi le premier état de la terre ne fut pas d'être lumineux.

II

℣ 12. « Protulit terra herbam virentem... lignum fa-
« ciens fructum, etc., et factum est vespere et mane *Dies*
« *tertius*. »

℣ 22. « Creavit Deus cete et omnem animatm viventem
« quam produxerunt aquæ... et factum est *Dies quintus*. »

On doit donc croire la population de la terre en végétaux,

---

au-dessus des eaux se couvroient de grands arbres et de végétaux, la mer générale se peuploit partout de poissons.

III

Page 590. Heureuses les contrées où tous les éléments de la température se trouvent balancés, et assez avantageusement combinés pour n'opérer que de bons effets! *Mais en est-il aucune qui, dès son origine, ait eu ce privilége? aucune où la puissance de l'homme n'ait pas secondé celle de la nature?*

IV

Page 579. Les premiers hommes, témoins des mouvements convulsifs de la terre encore récents et très-fréquents, n'ayant que les montagues pour asiles contre les inondations, chassés souvent de ces mêmes asiles par le feu des volcans, tremblants sur une terre qui trembloit sous leurs pieds, *nus d'esprit et de corps, exposés aux injures de tous les éléments, victimes de la fureur des animaux féroces, dont ils ne pouvoient éviter de devenir la proie;...* tous également pressés par la nécessité, n'ont-ils pas très-promptement cherché à se réunir, d'abord pour se défendre par le nombre, ensuite pour s'aider et travailler de concert à se faire un domicile et des armes?

qui a eu lieu au troisième jour, plus ancienne que celle des poissons, qui n'est que du cinquième jour.

Que seroit-ce si, par jour, on entendoit des époques?

III

Genèse, c. ii, ẏ 8 et 9.

« Plantaverat Dominus Deus paradisum voluptatis *à prin-*
« *cipio...* Produxit Dominus Deus de humo omne lignum
« pulchrum visu, et ad vescendum suave. »

IV

1° Il n'y a qu'un seul premier homme.

2° G., c. ii, ẏ 15. « Tulit Dominus hominem et posuit
« *in paradiso. voluptatis.* » Ainsi son premier état fut un
état de bonheur.

3° G., c. ii, ẏ 25. « Erat uterque nudus, Adam scilicet et
« uxor ejus : et non erubescebant. » Ce n'étoit donc pas une
nudité honteuse ou affligeante, telle que la décrit M. de
Buffon.

4° G., c. i, ẏ 28. « Benedixit Deus (homini) et ait...
« dominabimini piscibus maris, volatilibus cœli, et uni-
« versis animantibus quæ moventur super terram... »

Et c. ii, ẏ 19. « Formatis de humo cunctis animan-
« tibus terræ, et volatilibus cœli, adduxit (Dominus) ea ad
« Adam... Appellavitque Adam nominibus suis cuncta ani-
« mantia. »

PROPOSITIONS EXTRAITES DES ÉPOQUES DE LA NATURE.

V

Page 580. Néanmoins ces hommes, profondément affectés des calamités de leur premier état, et ayant encore sous les yeux les ravages des inondations, les incendies des volcans... l'idée qu'ils doivent périr par un déluge universel ou par un *embrasement général*, le respect pour certaines montagnes sur lesquelles ils s'étoient sauvés des inondations... tous ces sentiments, fondés sur la terreur, se sont dès lors emparés à jamais du cœur et de l'esprit de l'homme.

5° Ainsi l'homme, dans le premier état, eut l'empire absolu sur les animaux qui lui obéissoient, et dont il ne pouvoit devenir la proie; et en leur donnant à chacun le nom qui leur convenoit, il montra qu'il n'étoit pas *nu de corps et d'esprit :* outre que par cette nudité de corps et d'esprit M. de Buffon contredit l'état d'innocence et de grâce, qui a été le premier état de l'homme.

V

6° Suivant saint Pierre, en sa seconde Épître, c. III, ŷ 7, « *Cœli,* qui nunc sunt *et terra,* eodem Verbo repositi sunt « igni reservati, in diem judicii et perditionis impio- « rum... » Donc l'idée que le monde doit périr par un *embrasement général* ne doit pas être mise au nombre des idées superstitieuses.

Ailleurs M. de Buffon annonce la destruction de la nature organisée par le froid, ce qui ne s'accorde pas avec la destruction par le feu telle que l'annonce l'apôtre saint Pierre.

VI

Sur l'époque à laquelle la terre a été habitée par les premiers hommes, M. de Buffon (page 476) avait reconnu qu'on devait soutenir *même rigoureusement,* que depuis le dernier terme, depuis la fin des ouvrages de Dieu, c'est-à-dire depuis la création de l'homme, il ne s'est écoulé que six à huit mille ans, parce que les différentes généalogies du genre humain, depuis Adam, n'en indiquent pas davantage... que nous devons cette foi, cette marque de soumission, à la plus ancienne, à la plus sacrée des traditions.

PROPOSITIONS EXTRAITES DES ÉPOQUES DE LA NATURE.

M. de Buffon recule bien au delà l'origine des premiers hommes, soit dans la sixième, soit dans la septième époque.

Suivant lui (page 567), l'époque de la séparation des deux grands continents paroît être bien plus ancienne que la date des déluges..., même celle de celui de l'Arménie et de l'Égypte conservée chez les Égyptiens et les Hébreux.

Page 569. C'est à la date d'environ *dix mille ans*, à compter de ce jour en arrière que je placerois la séparation de l'Europe et de l'Amérique.

Page 570. « On peut attribuer la division entre l'Europe « et l'Amérique à l'affaissement des terres qui formoient « autrefois l'Atlantide. . L'histoire de l'île atlantide ne « peut s'appliquer qu'à une très-grande terre qui s'étendoit « fort au loin, à l'occident de l'Espagne... Cette terre atlan- « tide était très-peuplée, gouvernée par des rois puissants « qui commandoient à plusieurs milliers de combattants. »

Il faudra donc ajouter aux dix mille ans qui se sont écoulés depuis la séparation des continents le temps néces- saire pour former un grand peuple, gouverné par des rois puissants ; ce qui fait remonter l'origine des hommes à plu- sieurs milliers d'années au-delà de l'époque consignée dans l'Écriture.

Même contradiction avec l'Écriture dans ce qui est dit dans la septième époque d'un premier peuple savant, bien plus ancien que tous ceux dont nous avons quelque connois- sance ; du temps qu'il s'est maintenu dans la splendeur (page 583), des progrès *qu'il avoit faits dans les sciences, et par conséquent dans tous les arts qu'exige leur étude ;*

15.

PROPOSITIONS EXTRAITES DES ÉPOQUES DE LA NATURE.

VII

Page 568. « Le déluge de l'Arménie et de l'Égypte, dont la tradition s'est conservée chez les Égyptiens et les Hébreux, quoique plus ancien d'environ cinq siècles que celui d'Ogygès, est encore bien récent en comparaison des événements dont nous venons de parler (la séparation des continents), puisqu'on ne compte qu'environ quatre mille cent années depuis ce premier déluge... On doit donc regarder ces trois déluges, quelque mémorables qu'ils soient, comme des inondations passagères qui n'ont point changé la surface de la terre... »

de la manière dont il a été détruit par des incursions d'hommes féroces, *dont les terres étoient trop refroidies*, etc... Que de siècles n'a-t-il pas fallu pour produire toutes ces différentes révolutions, d'après les calculs les plus modérés, ceux que donne lui-même M. de Buffon, qui pour la seule période lunisolaire demande trois mille ans d'observations? Ce nombre de siècles est bien au-delà de la chronologie la plus longue de l'Écriture.

VII

M. de Buffon, ne comptant que quatre mille cent ans depuis le déluge, recule la création beaucoup au-delà de l'époque consignée dans l'Écriture.

D'après le calcul des Septante, qui est le plus long, le déluge est arrivé l'an du monde 2142. Ainsi il y a eu tout au plus deux mille ans depuis la création jusqu'au déluge. Dans l'hypothèse de M. de Buffon, il faut y ajouter plusieurs milliers d'années : car, depuis le déluge en remontant à la création, il admet d'abord six mille ans jusqu'à la séparation des continents, auxquels il faudra encore ajouter le temps nécessaire pour former ce peuple puissant de l'Atlantide dont la submersion a opéré la séparation des continents.

2° Le déluge dont parle l'Écriture est restreint par M. de Buffon à l'Arménie et l'Égypte, tandis que l'Écriture nous le décrit universel. « Multiplicatæ sunt aquæ... vehementer « inundaverunt... omnia replucrunt in superficie terræ... « aquæ prevaluerunt nimis super terram... operti sunt « montes omnes excelsi sub universo cœlo... quindecim

VIII

M. de Buffon, avant d'expliquer le chapitre premier de la Genèse, produit quelques principes généraux sur la manière d'entendre l'Écriture.

Page 473. Plus j'ai pénétré dans le sein de la nature, plus j'ai admiré et profondément respecté son auteur; mais un respect aveugle seroit superstition; la vraie religion suppose au contraire un respect éclairé...

Page 474. Loin de manquer à Dieu en donnant à la matière plus d'ancienneté qu'au monde tel qu'il est, c'est au contraire le respecter autant qu'il est en nous, en conformant notre intelligence à sa parole : en effet, la lumière qui éclaire nos âmes ne vient-elle pas de Dieu? Les vérités qu'elle nous présente peuvent-elles être contradictoires avec celles qu'il nous a révélées? Il faut se souvenir que son inspiration divine a passé par les organes de l'homme, que sa parole nous a été transmise dans une langue pau-

« cubitis altior fuit aqua super montes quos operuerat...
« operuerunt aquæ terram centum quinquagenta diebus. »
G., l. VII, ℣ 18, 19, etc.

3° Le déluge de Noé, selon M. de Buffon, est au moins
insinué n'avoir rien de plus mémorable que ceux d'Ogygès
et de Deucalion; il est dit n'avoir été qu'une inondation
passagère, qui *n'a pas changé la surface de la terre;* c'est
ce qui ne s'allie point avec la fureur des eaux animées par
la main du Tout-puissant pour être les ministres de la vengeance la plus terrible qui ait jamais été exercée.

VIII

Ces principes d'observation quand même ils serviraient
aux vérités physiques, tendent par leur généralité à anéantir
l'autorité de l'Écriture, tout physicien pouvant d'après eux
négliger toujours le sens le plus clair, le plus suivi de l'É-
criture, lorsque ce sens ne s'alliera pas avec un système
qu'il prétendra démontré par des observations qu'il aura
faites et dans lesquelles cependant il aura pu se tromper,
ainsi que dans les inductions qu'il en aura pu tirer.

Les physiciens que M. de Buffon, dans sa première théorie, a réfutés par l'autorité de Moïse (Whiston, Leibnitz.
Burnet) et tous ceux qui imagineraient de nouveaux systèmes, quelque contraires qu'ils fussent à l'Écriture, pour-
roient employer les mêmes défenses.

La parole de Dieu seroit contradictoire ou inintelli-
gible, etc... La parole nous a été transmise dans une
langue pauvre, etc.

PROPOSITIONS EXTRAITES DES ÉPÓQUES DE LA NATURE.

vre, dénuée d'expressions précises pour les idées abstraites.....

Page 476. La parole de Dieu seroit contradictoire ou inintelligible, si nous n'admettions point l'existence de ces premiers temps antérieurs à la formation du monde tel qu'il est.

IX

Page 476. Toute raison, toute vérité venant également de Dieu, il n'y a de différence entre les vérités qu'il nous a révélées et celles qu'il nous a permis de découvrir par nos observations et nos recherches. que celle d'une première faveur faite gratuitement à une seconde grâce qu'il a voulu différer.

Page 477. Les vérités de la nature ne devoient paroître qu'avec le temps, et le souverain Être se les réservoit comme le plus sûr moyen de rappeler l'homme à lui lorsque la foi, déclinant dans la suite des siècles, seroit devenue chancelante.

IX

Il y a d'autres différences entre les vérités révélées et celles que nous découvrons par nos observations. Ce qu'on appelle vérité physique, connue par des observations, n'est pas aussi certain que les vérités que Dieu nous révèle, ou du moins ne l'est pas toujours.

Les vérités de la nature ne sont pas le plus sûr moyen de rappeler l'homme à Dieu, témoin les philosophes dont parle l'Apôtre dans son épître aux Romains. « Qui cum co- « gnovissent Deum, non sicut Deum glorificaverunt. » Ce n'est pas par la physique, mais par une révélation nouvelle que Dieu a réformé le monde. Eh! comment les vérités physiques seroient-elles le *plus sûr moyen*, lorsque M. de Buffon avoue lui-même (page 476) « qu'il n'y a qu'un petit « nombre d'hommes auxquels les vérités physiques et as- « tronomiques soient assez connues à n'en pouvoir douter, « et qui puissent en entendre le langage. »

X

Page 478. Une vérité nouvelle est une espèce de miracle; l'effet en est le même, et elle ne diffère du vrai miracle qu'en ce que celui-ci est un coup d'éclat que Dieu frappe immédiatement et rarement, au lieu qu'il se sert de l'homme pour découvrir et manifester les merveilles dont il a rempli le sein de la nature, etc...

X

C'est ôter au miracle sa force probante, anéantir ses effets, que de lui comparer, de lui assimiler ce qu'on appelle une vérité nouvelle de physique; celle ci n'est jamais aussi certaine, elle n'a point une fin aussi déterminée que celle pour laquelle le miracle est fait, elle n'est pas à la portée de tout le monde, au lieu que le miracle, le vrai miracle, frappe et a la force de convaincre les plus ignorants comme les plus savants.

XI

On ajoute, pour finir ces observations, que l'ensemble du système proposé dans l'ouvrage des *Époques de la nature* ne s'accorde en rien avec ce qui est rapporté dans le premier chapitre de la Genèse.

Les différentes époques de M. de Buffon n'ont aucun rapport avec les différents jours de la création, *ni pour l'ordre du temps ni pour les circonstances des faits*, et cependant M. de Buffon avoit dit en 1751 : « Je déclare que je n'ai « eu aucune intention de contredire l'Écriture... que je « crois très-fermement tout ce qui est rapporté sur la créa- « tion, *soit pour l'ordre des temps, soit pour les circon- « stances des faits*, et que j'abandonne ce qui, dans mon « livre, regarde la formation de la terre, et en général tout « ce qui pourroit être contraire à la narration de Moïse. »

Le système des époques est-il présenté comme une pure hypothèse ou comme une véritable assertion? Pour résoudre cette question, il faut distinguer ce qui est dit dans cet ouvrage de la première formation des planètes, et ce qui est dit des révolutions par lesquelles elles (surtout la terre) ont passé.

M. de Buffon (page 487) demande seulement qu'on se contente de conclure avec lui que, « *si Dieu l'eût permis,* « *il se pourroit, par les seules lois de la nature, que la terre* « *et les planètes eussent été formées comme il le dit* (par « le choc d'une comète qui les eût détachées du soleil). »

Mais pour les révolutions de la terre qui ont suivi sa première formation et que M. de Buffon appelle les Époques, ce sont des faits qui appartiennent à l'histoire de la terre, faits ensevelis, à la vérité *historique* desquels il faut remonter par la seule force des faits subsistants; c'est un passé ancien qu'il faut juger par les faits, par les monuments, par les traditions, moyens qui ne peuvent servir à une pure hypothèse, d'une chose possible dans un autre ordre; ce sont des faits prouvés dans toute la rigueur qu'exige la plus stricte logique, d'abord *à priori...*; 2° *ab actu...*; 3° *à posteriori.*

D'ailleurs les seuls efforts que fait M. de Buffon pour concilier ses Époques avec le récit de Moïse prouvent qu'il prétend parler de l'organisation passée de la terre.

EXPLICATIONS ET RÉPONSES[1]

I

Deux mots, si sublimes qu'ils expriment la création de tout ce qu'embrasse l'univers, ne semblent-ils pas devoir envelopper les images de ces formations immenses que les premiers instants de l'existence du monde virent sortir des mains du Créateur? Or, dans ces deux mots mystérieux, où la terre est nommée avec le ciel, où un point est compté avec l'immensité — au commencement Dieu fit le *ciel* et la *terre* — n'entrevoit-on pas que la terre appartenoit alors au ciel d'une manière beaucoup plus étroite que lorsque l'on put concevoir qu'elle en étoit entièrement détachée? C'est alors que je puis penser que dans ce ciel, océan de feu, d'où jaillirent des globes innombrables, la terre, pénétrée elle-même d'un feu qui n'étoit point pour elle de la lumière, étoit vide et nue, et le demeura de même jusqu'à ce que l'ex-

[1] Le lecteur n'oublie pas que ce projet d'*explications* et de *réponses* est de Bexon.

tinction de son feu la couvrît de ténèbres proprement dites, qui en effet ne l'offusquèrent pas plus que ne pouvoit faire sa propre incandescence, puisqu'il est reconnu que la seule réflexion des rayons sur des corps opaques peut produire des images, que dans le foyer même de la lumière tout objet est invisible, et qu'un œil placé dans le soleil ne verroit rien de l'univers? C'est après ces ténèbres du chaos, où les feux et la nuit confondus ombrageoient à l'envi la terre ; c'est dans ce premier instant d'équilibre et de repos, que la lumière jaillit sur elle, que le soleil exista pour elle, et que la lune lui prêta sa clarté. Loin donc que je nie que les premiers temps de la terre n'aient commencé par une nuit totale, je reconnois qu'elle ne put jouir que par la suite d'une clarté proprement dite, et que son premier état, qui la rendoit accidentellement lumineuse pour d'autres globes, étoit d'être pour elle-même un abîme absolument sans lumière.

II

Ce qui est avancé ici n'est donné que comme conjecture, et je reconnois, en examinant plus profondément ce point, que l'établissement de la végétation sur de grandes portions de la terre a pu et même dû précéder la production de la nature vivante au sein des eaux ; et qu'en effet l'on peut encore admirer ici l'accord des monuments de la nature avec la narration de l'écrivain sacré : car il est très-possible, et même probable, que la chute des grandes cavernes eût absorbé une partie de l'ancien océan, et par conséquent découvert des portions élevées du globe, où dut s'établir d'abord la végétation, avant que l'océan lui-même ne fût

parvenu au point de température favorable à la naissance
des êtres vivants dont il plut alors au Créateur de le peupler : ainsi la première production des végétaux a précédé,
dans ce point de vue, celle des animaux vivants au sein des
mers; et ce n'est que relativement à la retraite subséquente
de ces mêmes mers, et à l'établissement de la végétation
étendue de proche en proche sur les terres qu'elles aban-
donnoient, que l'on peut dire que la population des eaux
et la naissance des végétaux sur une grande partie de la
terre sont contemporaines.

III

Sans doute qu'un coin de la terre planté de la main de
Dieu même n'attendoit pas que la foible main de l'homme
vînt le féconder et l'embellir; mais cet heureux asile de
l'homme innocent fut, comme on sait, effacé d'une terre
qui ne portoit plus que des coupables : c'est à ces tristes
origines que nous sommes forcés de nous arrêter, puisqu'il
ne resta rien de la félicité première qu'un souvenir et des
regrets; et, en considérant le globe en ce dernier état,
il faut avouer que, dans toutes ses parties, l'homme a subi
l'arrêt qui le condamnoit à lutter contre la nature pour se
la rendre favorable, et qu'il n'en est aucune en effet où la
persévérance et les efforts de l'homme n'aient dû seconder
la nature pour amener cet heureux degré de température
et de fécondité qui fait de notre séjour, non pas à la vérité
un paradis, mais un lieu d'exil adouci ou du moins assez
supportable.

IV

Ce n'est pas du premier homme, ni de l'heureux et tranquille séjour qu'il habita si peu de temps, mais de ses descendants malheureux, et de la vaste demeure de peine, d'angoisse et de mort, où ils furent tous jetés, que j'ai voulu parler, en les peignant éperdus et tremblants devant les puissances de la nature irritées, et qui sembloient les menacer de toutes parts; aussi n'ai-je pas dit le *premier homme*, mais, les *premiers hommes, témoins des mouvements convulsifs*, etc. Quant à Adam et Ève dans le paradis, je sais parfaitement qu'ils ne rougissoient point et n'avoient pas à rougir de leur nudité, que ce n'étoit point une nudité *honteuse* et *affligeante*, et j'avoue qu'en parlant de la nudité de leurs tristes enfants, c'est surtout sur la *nudité d'esprit* qu'il me semble que doit tomber tout ce que l'expression peut comporter d'idée d'affliction et de honte.

Et pour ce qui regarde la crainte qu'imprimoit aux premiers hommes la fureur des animaux féroces, on ne peut se dissimuler que l'homme n'ait été dépouillé de son empire sur eux en même temps que de ses autres prérogatives, que dès lors ils ne soient devenus pour lui des ennemis redoutables que l'art seul, joint à la force, a pu dompter.

Je sais de plus qu'Adam, en signe de son domaine sur les animaux, les nomma tous; mais ces dénominations ont été sans doute perdues, car il paroît qu'il a fallu en créer d'autres dans toutes les langues; les rabbins sont, je crois, les seuls qui aient soutenu que ces dénominations primitives étoient conservées dans la langue hébraïque, et que de plus elles renfermaient la véritable notion des vertus et du naturel de chaque animal; mais nous sommes forcés d'avouer qu'en consultant les noms hébreux des animaux relativement à leur histoire naturelle, nous n'avons pu y découvrir cette énergie.

V

Toutes les choses que la révélation nous fait connoître étant nécessairement de celles que la nature ne peut ni nous offrir ni nous apprendre, il suit que la prédiction de saint Pierre sur la destruction du monde doit nous l'annoncer d'une toute autre manière que de celles que nous pourrions conjecturer par la suite des inductions naturelles: or celles-ci paraissant toutes nous convaincre du dépérissement futur du globe par l'extinction graduelle de la chaleur qui lui est propre, il suit que la prédiction de saint Pierre reçoit de cette hypothèse même le caractère le plus respectable et le plus important de la révélation, qui est d'annoncer des choses entièrement au delà de la nature, et que par ses propres forces elle ne peut pas plus faire prévoir que faire arriver.

VI

L'époque de la séparation des deux grands continents peut bien être plus ancienne que la date des déluges, sans que celle de la première existence du genre humain en soit reculée au delà des bornes que les traditions sacrées lui assignent, puisque cette séparation peut s'être faite avant qu'il n'y eût des hommes; la conjecture qui fait rapporter cette séparation au moment de la submersion de l'Atlantide ne doit point s'opposer à cette possibilité: premièrement, ce n'est qu'une simple conjecture ; en second lieu, ce qui est dit de la puissante population de l'Atlantide n'est fondé que sur un récit de Platon; or il est clair que, dans la concurrence une autorité de ce philosophe ne peut jamais balancer celle de Moïse.

Et quant à l'ancien peuple savant auquel il avoit peut-être fallu trois mille ans pour trouver la période lunisolaire, ne put-il pas être détruit et disparaître dans ce point même de sa splendeur, sans que par conséquent sa durée ait excédé celle qui peut être renfermée dans l'étendue des huit mille ans fixée par les interprétations permises de la chronique sacrée?

VII

Le déluge universel étant en lui-même un article de foi, puisqu'aucune cause naturelle ne peut produire sur le globe une fois découvert, un déluge véritablement universel, et que l'Écriture nous le fait en effet regarder, non comme une catastrophe de la nature, mais comme un fléau versé par la vengeance divine, ce n'est point sur ce déluge que j'ai pu raisonner quand j'ai parlé de ceux qui sont arrivés par la suite des révolutions du globe : ainsi les inductions tirées des temps, soit du déluge des Grecs ou d'Ogygès, soit de celui dont les Égyptiens avoient conservé la mémoire qu'ils avoient pu transmettre aux Hébreux, ne peuvent fournir matière à aucune difficulté concernant l'époque du déluge universel, que je crois d'autant plus par la foi, qu'il doit, comme je viens de le remarquer, moins être compris dans l'histoire de la nature.

VIII

Loin que ce que j'ai dit sur l'interprétation légitime de

l'Écriture, dans les points où les vérités naturelles doivent nécessairement se concilier avec elle, puisse autoriser les physiciens à en négliger le sens, je crois leur avoir donné un exemple, non-seulement du soin avec lequel on doit chercher à le pénétrer, mais du respect avec lequel on doit toujours regarder cette sainte Écriture, et des efforts que l'on doit faire pour y rapporter tout ce qu'une observation constante fait découvrir de vérités dans l'histoire de la nature. Si mes tentatives n'étoient point heureuses, mes intentions du moins seroient estimables; et il y auroit plus que de l'inconséquence à m'objecter que j'ai autrefois réfuté des physiciens pour avoir proposé des systèmes inconciliables avec le récit de Moïse, puisqu'ici je donne un nouvel exemple du soin avec lequel on doit chercher à les concilier. Si j'ai dit que l'histoire sacrée étoit écrite dans une langue pauvre, ce qui est reconnu de la langue hébraïque par tous les savants, ce n'est que pour mieux faire sentir la nécessité de porter la réflexion la plus profonde à l'interprétation de tous les mots du livre sacré qui peuvent embrasser l'étendue des notions métaphysiques, ou envelopper comme en énigmes les vérités de la nature : et il faut avouer avec moi que les interprétations bornées ou factices de l'ignorance, ou le servile attachement à la lettre, rendroient cette sainte parole aussi *inintelligible* qu'elle devient claire et lumineuse quand on en développe les sens profonds et qu'on en pénètre l'esprit.

IX

Je reconnois la différence immense qui se trouve entre les vérités révélées et celles que la simple observation nous

16

fait découvrir ; j'avoue que la certitude de la vérité physique, fondée seulement sur l'observation, n'est jamais
égale à celle que doit produire le témoignage de Dieu
même; et je m'étonne même que l'on ait semblé accorder que ces deux certitudes puissent quelquefois être de
niveau[1]. Mais je pense qu'il faut m'accorder aussi que ces
certitudes, si différentes en elles-mêmes, se rapprochent
dans la manière dont nous les acquérons toutes deux,
qui est également le rapport constant de nos sens, ici
sur les phénomènes que nous présente uniformément la
nature, là sur la suite non interrompue d'une tradition
authentique et transmise sans altération par tous ses
organes.

X

L'aveuglement des philosophes dont parle saint Paul, sur
les grandes vérités que prêchent les merveilles de la nature qu'ils ont connues, ne peut pas plus nuire à la persuasion qu'elles produisent sur les vrais sages que l'incré-
dulité de ceux qui résistent à la foi ne nuit à la conviction
des vrais chrétiens qui lui soumettent leur esprit. C'est en
vain qu'on objecte que les grandes vérités physiques et
astronomiques ne sont à portée que d'un petit nombre
d'hommes : c'est pour ce nombre, petit mais précieux pour
sa conviction et sa persuasion, que Dieu a donné à ces vérités tant de force et de majesté, et qu'il a fait du spectacle
de l'univers le magnifique emblème d'une intelligence et
d'une puissance infinie.

---

[1] Ce qu'on appelle vérités physiques connues par des observations n'est pas aussi certain que les vérités que Dieu nous révèle,
ou du moins ne l'est pas toujours. (Obs. de Messieurs de Sorbonne.)

Ce n'est rien ôter de leur force aux miracles particuliers que Dieu dans certaines circonstances a voulu faire éclater aux yeux des hommes, que d'écouter en même temps la voix toujours parlante des merveilles de la création, de ces grands miracles de la nature qui nous enseignent sans cesse cette science divine, que, suivant une expression sublime et sacrée, *le jour annonce au jour et la nuit révèle à la nuit.* Les miracles particuliers, dira-t-on, agissent plus généralement et sur un plus grand nombre; je l'avoue, mais les miracles de l'univers n'en agissent que plus puissamment sur le petit nombre des esprits qui, se tirant de l'ignorance aveugle de la foule commune, s'élèvent à la contemplation des œuvres admirables de la Divinité.

XI

Le système des époques, pour ce qui concerne la formation des planètes, est une hypothèse, et, loin de rétracter ce que j'ai toujours pensé et ce que j'ai dit autrefois de la subordination des idées systématiques à des vérités d'un ordre infiniment plus respectable, j'ai, dans cet ouvrage même, renouvelé là-dessus ma soumission et ma déférence. Mais, quant à la partie des faits, j'avoue que je regarde mes Époques comme un ouvrage vraiment historique, parce qu'en effet les faits y sont authentiques et constatés, et qu'à moins d'anéantir les preuves innombrables que toute la nature nous en fournit, il faut reconnoître avec moi que le globe a passé par toutes les révolutions dont nous avons suivi les traces empreintes sur toute sa surface. C'est donc à concilier ces faits, puisqu'on ne peut les détruire, que doivent se porter tous les efforts

des esprits sages ; que si ma conciliation n'étoit pas aussi
complète et aussi solide que je la crois, ce ne seroit
qu'une raison de plus pour chercher à en trouver une
autre ; aucune découverte n'ayant été faite jusqu'à présent dans la nature qui n'ait pu se concilier avec les principes sacrés, et réciproquement aucune vérité physique
bien établie n'ayant pu jusqu'ici être attaquée par l'É-
criture, sinon lorsqu'on se refusoit à l'interpréter et à l'entendre, comme trop souvent la présomption, l'obstination
et l'ignorance en ont été la cause : cause funeste, puisqu'elle a compromis inutilement et sans fruit les principes
respectables de la religion, en même temps que flétri la
raison et affligé l'humanité.

PAGE XCII. *C'est en effet à M. de Breteuil*[1] *à donner
des ordres au Jardin royal, et non à M. d'Angeviller,
qui n'y est rien tant que j'y serai.*

Non-seulement Buffon ne supportait aucun empiétement
sur son autorité, mais il la voulait entourée des formes les
plus pompeuses. L'échantillon suivant (dont le modèle est
resté dans les archives de l'administration du Jardin des
plantes) prouve qu'en ce genre il allait jusqu'au luxe.

« Nous, Georges-Louis Le Clerc, chevalier, comte et seigneur de Buffon, la Mairie et les Berges, vicomte
de Quincy, Rougemont et autres lieux, l'un des Quarante
de l'Académie Française, trésorier perpétuel de l'Académie
royale des sciences à Paris, des Académies de Londres,
Édimbourg, Berlin, Pétersbourg, Rome, Florence, Bo-

[1] Ministre de la maison du Roi.

logne, Philadelphie, Boston, etc., etc., Intendant du Jardin et Cabinet du Roi, à Paris, à tous ceux qui ces présentes lettres verront, salut.

« Sur ce qui nous a été représenté que l'office de professeur de chimie aux écoles du Jardin du Roi... est actuellement vacant par le décès du S. Macquer, et qu'il est nécessaire de nommer un successeur capable de remplir les fonctions de cet office de professeur de chimie aux écoles dudit jardin. En conséquence et en vertu des pouvoirs à nous accordés par le Roi, ainsi qu'à nos prédécesseurs Intendants dudit Jardin royal, de nommer et présenter à Sa Majesté, tous les officiers qui dépendent de cet établissement, nous nous sommes duement informés de la personne et de la capacité du sieur Antoine-François Fourcroy, docteur en médecine de la Faculté de Paris, comme aussi de sa bonne vie et mœurs et religion, l'avons, sous 'le bon plaisir de Sa Majesté, nommé et présenté, nommons et présentons par ces présentes, pour être etc.

« 23 février 1784. »

A M. de Lacépède sollicitant un office au Jardin royal, Buffon demanda l'engagement suivant :

« J'ai l'honneur de déclarer et d'assurer à M. le comte de Buffon que si je suis assez heureux pour obtenir quelque place qui demande que l'on réside à Paris, je renoncerai à tout emploi ou service étranger, incompatible avec la résidence dans cette capitale.

« Le comte DE LACÉPÈDE.

« 5 décembre 1784. »

PAGE XCIII. *Il le maria n'ayant encore que vingt ans.*

La jeune femme qu'avait choisie Buffon était orpheline de père; deux cent mille francs lui appartenaient à titre d'héritage. Buffon se chargea de gérer la fortune des jeunes gens.

Dans le registre des dépenses courantes qu'il tenait se trouve cette note :

« Je donne à mon fils 4,500 livres par quartier, ce qui fait 18,000 livres par an. Or, je lui donne 11,000 livres en un seul payement au commencement de chaque année, et madame la marquise de [1].... lui donne 2,000 livres par chaque an, ce qui fait en tout 31,000 livres.

« Payé à mon fils jusques au 7 février 1787. »

Un autre registre constate minutieusement les produits de ses terres, prés, vignobles, maisons, etc., etc., et enfin les revenus ou appointements que lui payait l'État.

« 1° Ma place d'Intendant du Jardin et Cabinet du roi me vaut 6,000 livres, qui sont payés par semestre par l'administration des domaines du roi. Le sieur Lucas est chargé du recouvrement.

« 2° Il m'a été accordé par le roi, après trente-cinq ans de service, une somme de 3,000 livres en supplément de mes appointements par une ordonnance sur le trésor royal, dont il faut tous les ans solliciter l'expédition.

---

[1] Sa belle-mère.

« Reçu toutes les années jusques et y compris le 31 décembre 1786.

« 3° Il m'a été accordé par le roi une pension de 6,000 livres, dont 4,000 sont réversibles sur la tête de mon fils et qui me sont payées au trésor royal.

« Reçu toutes les années jusques et y compris le 31 décembre 1786.

« 4° J'ai une pension, en qualité de trésorier de l'Académie des sciences, de 3,000 livres.

« Reçu toutes les années jusques et y compris le 31 décembre 1785, ainsi l'année 1786 m'est due.

« 5° Le roi a eu la bonté de m'accorder sur sa cassette une pension de 800 livres par an, laquelle se paie d'avance et par quartier.

« Reçu toutes les années jusques et y compris le quartier d'octobre 1786.

« 6° Le roi m'a accordé une gratification annuelle de 4,000 livres sur la caisse du commerce, et qui se paie chez M...., par six mois, sur ma simple quittance.

« Reçu jusques et y compris le 31 décembre 1786. »

Page xciv. *Les instructions les plus dignes, les plus touchantes que puisse inspirer un esprit ferme et juste uni à un cœur hautement moral.*

Elles furent portées par M. Faujas de Saint-Fond. Le jeune Buffon servait dans les Gardes françaises à l'époque de son mariage; il quitta ce corps en 1786 pour entrer comme capitaine dans le régiment de Chartres. Incapable de concevoir un soupçon injurieux, il s'était laissé éloigner. Le 22 juin 1787, son père lui écrit : « .....L'honneur vous commande, avec moi, de sortir de votre régiment pour n'y jamais rentrer..... » La démission du jeune homme fut remise au roi. Le maréchal de Ségur le fit, plus tard, rentrer dans un autre corps. Dans les premiers jours d'avril 1788, madame Necker lui adresse cette lettre :

« Vous êtes major en second, monsieur; je le sais depuis deux jours, mais c'est encore un secret, et je n'ai pas même aujourd'hui la permission de vous le dire : ainsi n'en parlez absolument qu'à votre sublime père, on me l'apprendra en forme quand vous devrez le savoir et remercier. Au reste, ce que je vous dis est sûr. Madame de Grammont et M. de Guibert ont mis le plus grand zèle dans votre cause, et M. de Brienne s'y est prêté malgré tous les obstacles; j'ai déjà témoigné ma reconnaissance, mais nous conviendrons ensemble des visites que vous aurez à faire, quand la chose sera connue. C'est une nouvelle obligation que vous avez à votre sublime père, votre respect filial vous a bien servi dans l opinion. J'avais fait copier votre billet, celui qui accompagnait cette ravissante lettre sur l'ouvrage de M. Necker, et tout le monde a lu ce billet aussi avec attendrissement; si j'étais capable de quelque mouvement de joie, cet événement me l'aurait donné. Adieu, monsieur, redoublez de soins, s'il est possible, auprès de ce lit de douleurs, et que vos vertus vous rendent digne du nom que vous portez; mille compliments et amitiés. »

Page xciv. *Au mois de décembre il fit son testament.*

Voici un extrait de ce testament :

« Par-devant les conseillers du roi, notaires au Châtelet,

« Fut présent M. Georges Louis le Clerc de Buffon, seigneur, etc., etc.

« Trouvé par les susdits notaires dans un cabinet ayant vue sur le jardin au premier étage du bâtiment de l'intendance dudit jardin, dans son fauteuil, malade de corps, mais sain d'esprit, mémoire et jugement, etc., etc.....

« Je laisse à mon fils les soins de faire convenablement mes obsèques et de donner aux pauvres les aumônes qu'il jugera à propos.

« Je prie ma très-respectable et plus chère amie, madame Necker, d'agréer le legs que je prends la liberté de lui faire du déjeuner de porcelaine qui m'a été donné par le prince Henri de Prusse; on remettra aussi à madame Necker la boîte sur laquelle elle a eu la bonté de me donner son portrait.

« Je donne et lègue à M. le chevalier de Buffon, mon frère, trois mille livres de rente en pension viagère exempte de toutes retenues, etc.

« Je donne et lègue à madame Nadault, ma sœur, deux mille livres de rentes en pension viagère, etc., etc..... : elle en recevra les intérêts sur ses simples quittances sans avoir besoin de l'autorisation de son mari. De laquelle rente la moitié sera réversible sur la tête de mademoiselle Sophie Nadault, ma nièce.

« Voulant reconnaître les soins, le zèle et la fidélité de la demoiselle Blesseau, surveillante de ma maison depuis dix-neuf années, je lui donne et lègue quinze cents livres de rente viagère, et je lui donne et lègue en outre cinq années de ses gages à raison de six cents livres par année, ce qui fait une somme de trois mille livres une fois payée que j'entends lui être délivrée dans les six mois de mon décès.....

« Je confirme la pension d'aumônes viagères de huit cents livres par année que j'ai faite au révérend père Ignace Bougot, ancien gardien des capuciniens et actuellement vicaire desservant ma paroisse de Buffon,..... et entends en outre que ledit révérend père Ignace Bougot conserve la jouissance pendant sa vie de tous les meubles meublants, effets mobiliers, même de la vaisselle d'argent qui m'appartiennent et qui se trouveront dans ma maison seigneuriale de Buffon et dépendances d'icelle.

« Je donne et lègue au sieur Lucas, huissier de l'Académie des sciences, une somme de trois mille livres une fois payée, en reconnaissance des services assidus qu'il m'a toujours rendus.

« Je donne et lègue à M. le vicomte de Saint-Belin, mon neveu et filleul, un diamant de la valeur de huit mille livres.

« Je veux et entends que tous les legs par moi ci-dessus faits soient délivrés francs et quittes de tous droits d'insinuation et autres, lesquels seront entièrement à la charge de ma succession.

« Je fais et institue Georges-Louis-Marie Le Clerc de Buffon, mon fils unique, mon héritier et légataire universel dans tous les biens dont je mourrai pourvu.........

« Je veux et j'entends que les deux cent mille livres que j'ai reçus à compte sur la dot de madame de Buffon (sa belle-fille) soient affectées spécialement sur les fonds qui m'appartiennent et qui forment les cinq huitièmes de la valeur des priviléges de l'*Histoire naturelle* et de tous les volumes qui en font et feront partie, montant à plus de trois cent mille livres, ce qui est plus que suffisant pour le remboursement de ladite dot, le cas y échéant; en conséquence, j'engage mon fils à faire emploi des fonds qui proviendront dudit privilége jusqu'à concurrence de deux cent mille livres en acquisition de contrats sur les états de Bourgogne ou autres, à titre de remploi des deniers dotaux de ladite dame de Buffon, afin que le surplus de mes biens soit déchargé de toute affectation relativement aux créances de ladite dame pour les deux cent mille livres que j'ai reçus de sa dot.

« Je nomme et choisis pour exécuter mes dernières intentions, M. le chevalier de Buffon, mon frère, et M. le chevalier de Saint-Belin, mon beau-frère; je les prie de vouloir bien me donner cette dernière preuve de leur attachement et d'aider de leurs conseils mon fils ; je l'exhorte à se conduire en tout par les sages avis de ses oncles.

« Je révoque tous testaments, codicilles et autres dispositions de dernières volontés que j'ai faits avant le présent testament, auquel seul je m'arrête comme contenant mes dernières intentions..... »

Page xciv. *Il se souvint alors douloureusement des plans de M. d'Angeviller, et fit un dernier effort pour ressaisir cette survivance tant désirée pour son fils.*

Il écrivit à M. de Breteuil. Il fit écrire par son fils au marquis de la Billarderie, frère de M. d'Angeviller. Celui-ci qui, seize ans auparavant, avait obtenu que la survivance du Jardin royal lui serait accordée, n'osa point alors faire valoir ce titre, bien qu'il eût reçu de Buffon une sorte de démission. Voici la réponse du marquis de la Billarderie au jeune comte de Buffon :

« J'ai écrit hier à mon frère, monsieur, comme je vous l'avais promis; n'ayant pas reçu la réponse, j'ai pris le parti d'aller à Versailles. Je n'ai pu le voir que tard et j'arrive ce soir à onze heures. Je ne me suis pas trompé en vous prévenant de sa délicatesse sur ce qui est affaire d'argent; il m'a dit qu'il ne s'était pas cru susceptible d'une pareille offre, et qu'il ne se pardonnerait jamais s'il avait été capable de balancer un instant à la refuser; je m'y attendais d'autant plus que ma manière de penser est toute semblable. Il m'a ajouté qu'il a déjà fait des démarches assez fortes pour obtenir que je lui fusse substitué, et qu'il ne pouvait rien changer à ses dispositions. Quant à moi, monsieur, ma tendre amitié pour M. votre père et celle que j'ai pour vous depuis votre enfance vous assurent des soins que je me donnerais pour vous obtenir ma survivance si nous avons le malheur de perdre M. votre père, et je compte assez sur votre amitié pour me flatter que dans ce cas vous me souhaiteriez d'aussi longs jours que j'ai désirés à mon respectable ami; c'est au moins une justice que vous rendrez aux sentiments avec lesquels je suis.....

« 1er avril 1788, à minuit. »

Les deux lettres suivantes, adressées par le jeune Buffon probablement à M. de Breteuil, bien que celui-ci fût alors remplacé dans le ministère de la maison du roi par M. de Villedeuil, mettent en lumière sa déférence filiale et son désintéressement.

« Monseigneur,

« Monseigneur l'archevêque de Sens[1] n'est point à Paris, et il m'est impossible, dans des moments où mon père est aussi malade, de le quitter et d'aller à Versailles; j'ai donc l'honneur de vous envoyer les deux papiers relatifs à la survivance du Jardin du roi. Vous en ferez, monseigneur, ainsi que de la lettre que vous a écrite mon père, l'usage que vous croirez convenable. Je suis bien sûr que l'amitié que vous avez toujours eue pour mon père et la supériorité de vos lumières vous fera prendre le parti que je dois suivre.

« 1er avril 1788. »

« Monseigneur,

« J'ose vous prier de vouloir bien ne faire aucun usage de l'acte que je vous ai remis de la part de mon père concernant la survivance de l'intendance du Jardin du roi. Je n'ai fait en cela qu'exécuter sa volonté positive, et je n'ai nulle part à l'acte qu'il a fait. La démission qui existe dans vos bureaux, monseigneur, me persuade que mon père a eu à ce sujet une absence de mémoire, qu'il n'est pas étonnant d'avoir après une maladie aussi longue. Enfin je vous demande, monseigneur, de vouloir bien regarder cet acte comme non avenu et d'ordonner qu'il me soit renvoyé. J'ai

____

[1] Étienne-Charles de Loménie de Brienne, né à Paris en 1727; sacré évêque de Condom en 1761, archevêque de Toulouse en 1763; chef du conseil des finances en 1787; archevêque de Sens et ministre principal en 1788.

17

écrit à Monseigneur l'archevêque de Sens pour lui faire la même demande, et j'espère qu'il voudra bien avoir égard à ma lettre.

« J'ai l'honneur, » etc.

Le marquis de la Billarderie parvint à être Intendant du Jardin du roi; mais il le fut peu de temps. En 1791, effrayé de la gravité des événements, il quitta son poste et passa à l'étranger.

Son frère, qui avait aussi émigré, tomba dans la détresse, et mourut en Russie en 1810. L'impératrice Catherine lui avait fait une pension.

Page xcv. *Les dernières lignes que Buffon dicta furent adressées à madame Necker.*

Il venait de se faire lire (deux jours avant sa mort) l'introduction du livre de M. Necker sur les opinions religieuses :

« Ah! la superbe introduction! Ce ne sont point de vains arguments, mais des vérités constantes que l'auteur développe avec une force qui n'appartient qu'à lui. Y a-t-il, en effet, aucun ordre social dans lequel le souverain et son peuple ne doivent être de même opinion religieuse, quelle que soit cette religion? et notre grand homme, plus attaché à la sienne, a eu toute raison de la donner pour exemple, en disant même comment il a été conduit, après le vide des affaires, à des spéculations plus élevées. Je puis lui promettre en effet trois sortes d'immortalités : la première, celle dont il ne doute pas, et qui, par un élan su=

blime, porte son âme dans cette immensité dont elle est propre à faire partie; la seconde immortalité sera celle que l'histoire donnera à M. Necker, comme administrateur regretté de la nation entière; et enfin la troisième immortalité de mon éloquent ami sera celle d'un écrivain qui n'a pas eu de modèle, et dont le cœur et l'âme se réunissent pour le bonheur des hommes.

« Cette partie m'a d'autant plus touché, qu'il y réunit les vertus de ma sublime amie, que je n'ai cessé de respecter et d'admirer comme un don divin, et dont elle seule avait été favorisée par le souverain Être. »

« J'ai présenté la plume à mon père, et il a encore eu la force de signer. »

Madame Necker écrit au jeune Buffon :

« Comment vous rendrais-je, monsieur, toutes les impressions que nous avons reçues hier? L'étonnement, la douleur, la tendresse, mille sentiments réunis, sont entrés dans nos cœurs comme par torrents. L'aurions-nous pu croire que ce grand homme, que dis-je? cet homme sans pareil, eût ajouté à notre admiration, et que ce fût au milieu de ses souffrances, après une longue maladie, qu'il se montrât plus sublime encore que lui-même? car il offre seul une mesure digne de lui; il me semble que je succombe sous le poids de cette merveille qui me paraît une sorte de rêve; mais, hélas! tous ces mouvements cèdent bientôt la place aux angoisses qui me dévorent. Comment a été cette nuit si redoutée? J'ouvre toujours vos lettres avec effroi. Croyez cependant, monsieur, que votre piété filiale est une consolation pour moi, et qu'elle ajoute beaucoup encore à tout l'attachement que vous m'aviez inspiré. »

Après la perte de son père, le jeune comte de Buffon reçut de madame Necker cette lettre :

« Ah ! monsieur, vous avez tout perdu, et moi que pourrai-je vous dire? Ma douleur est affreuse; j'avais pour ami cet homme unique sur la terre par la puissance de la pensée, jointe à la sensibilité, à la bonté, à des vertus aussi sublimes que son génie. Vous aviez pour père et pour le meilleur des pères celui dont le nom vivra autant que ce monde dont il fut le plus bel ornement; il vivra pour la gloire, mais il ne vivra plus pour nous. O mon Dieu! daigne recevoir dans ton sein celui dont les vertus te rendirent un si bel hommage sur la terre; daigne entretenir son enfant unique dans les principes nobles et purs dont il reçut un si bel exemple, qui sont gravés d'avance dans son cœur, et qui seuls peuvent honorer encore en particulier une mémoire illustre qui sera chère à toutes les nations. Je ne sais ce que j'écris, je ne sais ce que je pense; tout m'avertit qu'il n'est plus, et je le cherche encore dans les objets qui lui furent chers et qui ont été témoins de ses derniers moments. Il me sera doux de vous voir dès que votre affliction vous permettra de sortir, si je puis au moins trouver encore quelque douceur au milieu de l'amertume dont mon âme est inondée. Je ne puis continuer sans excéder mes forces. Vous jugez de notre affliction et de l'intérêt que M. Necker prend à vos peines.

« Le séjour de Paris m'étant odieux, je ne tarderai pas à me rendre à Saint-Ouen; mais je serai également à portée d'avoir de vos nouvelles et de communiquer avec vous. »

Plein de reconnaissance pour une amitié que n'affaiblissait point son isolement, le fils de Buffon se montra dévoué à Necker. Son caractère généreux lui fit embrasser avec ardeur toutes les réformes; pour un moment il devint l'objet de la faveur populaire; cette faveur lui valut une ovation à Bordeaux, et le fit nommer général de la première fédération que formèrent les quatre départements composant l'ancienne Bourgogne. Mais, lorsqu'on en vint à exiger qu'il abandonnât le nom porté par son père, il écrivit au président de l'Assemblée nationale :

« ..... Le nom de Buffon, que mon père a toujours porté et a tant illustré, est devenu pour moi la partie la plus chère et la plus précieuse de mon patrimoine. Je dois tout à ce nom si justement célèbre, et cependant, comme c'est le nom d'un village, je serais forcé de l'abandonner ou d'en prendre un autre. L'Assemblée nationale n'exigera pas un pareil sacrifice; il est au-dessus de mes forces, et le moment où elle a placé dans la salle de ses séances le portrait de Franklin sera celui où le fils de Buffon obtiendra d'elle de continuer à porter le nom d'un père aussi illustre par ses talents que par ses vertus. C'est à l'ombre de sa mémoire, de sa réputation et de sa gloire que j'ose vous présenter cette demande. Les titres, les armes, je les quitte sans regrets; mais renoncer à un nom si précieux est impossible pour moi.....

« 23 juin 1790. »

Dès qu'une loi autorisa le divorce, il en réclama le bénéfice. En janvier 1793, il épousa la fille de madame Daubenton, cette jeune Betzy, dont son père parle souvent dans ses lettres.

Lors de la réorganisation de l'armée, en 1790, il avait été nommé colonel d'un régiment d'infanterie ; mais bientôt profondément attristé des excès commençants de la révolution, il s'était retiré au château de Brienne et fut porté sur la liste des officiers qui avaient déserté leur corps.

Dénoncé par un domestique, il fut arrêté à Paris et enfermé au Luxembourg, en 1793. Le tribunal révolutionnaire l'accusa d'avoir trempé dans une conspiration, il refusa de se défendre. Le 10 juillet, au pied de l'échafaud, il remit au prêtre qui l'accompagnait une montre sur laquelle son père avait fait placer son portrait de vieillard en une magnifique miniature ; il pria qu'elle fût remise à sa jeune femme, oubliée alors dans une prison ; puis il gravit d'un pas ferme les marches qui le conduisaient au supplice ; mais, avant de livrer sa tête, il jeta au peuple ce mot sanglant pour la nation : « Citoyens, je me nomme « Buffon. »

POLICE ADMINISTRATIVE DE PARIS.

7 thermidor an II de la République.

Acte de décès de Louis-Marie Le Clerc-Buffon, du 22 messidor, âgé de vingt-neuf ans, domicilié à Paris, rue Matignon, 13.

Je dois indiquer au lecteur, qui a bien voulu me suivre dans cette étude, les sources où j'ai puisé.

A l'apparition du volume que je publiai en 1844, la veuve du fils de Buffon[1], *voulant*, me dit-elle, *m'engager à un nouveau travail* me confia, avec un abandon complet, toutes les lettres qu'elle possédait, tous les papiers qui étaient restés au château de Montbard : à ces matériaux précieux, elle ajouta ses souvenirs.

Madame de la Fresnaye, petite-fille de Gueneau de Montbeillard, a eu la bonté de me communiquer les lettres de Buffon à ce plus illustre de ses collaborateurs.

M. Feuillet de Conches ne s'est pas borné à m'ouvrir ses si riches et si justement célèbres collections; il a bien voulu faire fouiller, pour moi, dans les collections étrangères.

---

[1] Morte au château de Montbard en 1852, âgée de soixante-dix-huit ans.

M. Nadault de Buffon, représentant indirect, mais unique aujourd'hui, de la famille du grand naturaliste, après avoir mis en ordre les matériaux qui déjà m'avaient été confiés par madame de Buffon, a bien voulu les mettre à ma disposition.

L'érudit et excellent Walckenaer avait depuis longtemps déposé entre mes mains le fruit de ses recherches; il me léguait, disait-il, le soin d'en faire usage. M. Cousin, dont la magnifique bibliothèque embrasse tout, a bien voulu me donner quelques lettres. Je dois aussi témoigner ma reconnaissance à MM. Chasles (mon savant confrère à l'Institut), J. Janin, Chambry, Boillie et Tessereau.

TABLE DES MATIÈRES

TROISIÈME PARTIE.

FIN DE LA TABLE DES MATIÈRES.